单墫 主编

数学奥林匹克
命题人讲座

圆

田廷彦 著

上海科技教育出版社

图书在版编目(CIP)数据

圆/田廷彦著.—上海:上海科技教育出版社,2010.12(2025.1重印)
(数学奥林匹克命题人讲座/单墫主编)
ISBN 978-7-5428-5137-6

Ⅰ.①圆… Ⅱ.①田… Ⅲ.①几何课—高中—教学参考资料 Ⅳ.G634.603

中国版本图书馆CIP数据核字(2010)第238685号

责任编辑:卢 源 郑丽娟
封面设计:童郁喜

* 数学奥林匹克命题人讲座 *

圆

单 墫 主编
田廷彦 著
上海科技教育出版社有限公司出版发行
(上海市闵行区号景路159弄A座8楼 邮政编码201101)
www.ewen.co www.sste.com
全国新华书店经销 上海颛辉印刷厂有限公司印刷
开本890×1240 1/32 印张9.875 字数256 000
2010年12月第1版 2025年1月第16次印刷
ISBN 978-7-5428-5137-6/O·704
定价:36.00元

丛书序

读书,是天下第一件好事。

书,是老师。他循循善诱,传授许多新鲜知识,使你的眼界与思路大开。

书,是朋友。他与你切磋琢磨,研讨问题,交流心得,使你的见识与能力大增。

书的作用太大了!

这里举一个例子:常庚哲先生的《抽屉原则及其他》(上海教育出版社,1980年)问世后,很快地,连小学生都知道了什么是抽屉原则。而在此以前,几乎无人知道这一名词。

读书,当然要读好书。

常常有人问我:哪些奥数书好?希望我能推荐几本。

我看过的书不多。最熟悉的是上海的出版社出过的几十本小册子。可惜现在已经成为珍本,很难见到。幸而上海科技教育出版社即将推出一套"数学奥林匹克命题人讲座"丛书,帮我回答了这个问题。

这套丛书的作者与书名初定如下:

黄利兵	陆洪文	《解析几何》
王伟叶	熊　斌	《函数迭代与函数方程》
陈　计	季潮丞	《代数不等式》
田廷彦		《圆》
冯志刚		《初等数论》
单　墫		《集合与对应》《数列与数学归纳法》
刘培杰	张永芹	《组合问题》
任　韩		《图论》

田廷彦	《组合几何》
唐立华	《向量与立体几何》
杨德胜	《三角函数·复数》

显然,作者队伍非常之强。老辈如陆洪文先生是博士生导师,不仅在代数数论等领域的研究上取得了卓越的成绩,而且十分关心数学竞赛。中年如陈计先生于不等式,是国内公认的首屈一指的专家。其他各位也都是当下国内数学奥林匹克的领军人物。如熊斌、冯志刚是2008年IMO中国国家队的正副领队、中国数学奥林匹克委员会委员。他们为我国数学奥林匹克做出了重大的贡献,培养了很多的人才。2008年9月14日,"国际数学奥林匹克研究中心"在华东师范大学挂牌成立,担任这个研究中心主任的正是多届IMO中国国家队领队、华东师范大学数学系教授熊斌。

这些作者有一个共同的特点:他们都为数学竞赛命过题。

命题人写书,富于原创性。有许多新的构想、新的问题、新的解法、新的探讨。新,是这套丛书的一大亮点。读者一定会从这套丛书中学到很多新的知识,产生很多新的想法。

新,会不会造成深、难呢?

这套书当然会有一定的深度,一定的难度。但作者是命题人,充分了解问题的背景(如刘培杰先生就曾专门研究过一些问题的背景),写来能够深入浅出,"百炼钢化为绕指柔"。另一方面,倘若一本书十分浮浅,一点难度没有,那也就失去了阅读的价值。

读书,难免遇到困难。遇到困难,不能放弃。要顶得住,坚持下去,锲而不舍。这样,你不但读懂了一本好书,而且也学会了读书,享受到读书的乐趣。

书的作者,当然要努力将书写好。但任何事情都难以做到完美无缺。经典著作尚且偶有疏漏,富于原创的书更难免有考虑不足的地方。从某种意义上说,这种不足毋宁说是一种优点:它给读者留下了思考、想象、驰骋的空间。

如果你在阅读中,能够想到一些新的问题或新的解法,能够发现书中的不足或改进书中的结果,那就是古人所说的"读书得间",值得祝贺!

我们欢迎各位读者对这套丛书提出建议与批评。

感谢上海科技教育出版社,特别是编辑卢源先生,策划组织编写了这套书。卢编辑认真把关,使书中的错误减至最少,又在书中设置了一些栏目,使这套书增色很多。

单 墫

2008 年 10 月

目 录

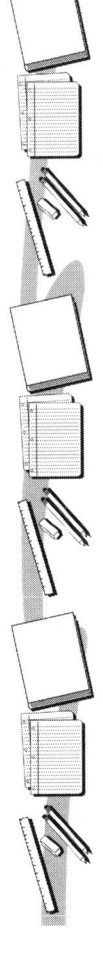

前言 / 1

第一讲 反相似（不需要画出圆的四点共圆） / 1

§1.1 题设与结论中不出现圆的简单问题 / 1

§1.2 题设与结论中不出现圆的复杂问题 / 13

§1.3 题设或结论中出现四点共圆 / 27

第二讲 圆与内接直线形 / 39

§2.1 圆内接四边形 / 39

§2.2 三角形的外接圆 / 51

第三讲 圆与切线 / 68

§3.1 一般切线问题 / 68

§3.2 三角形的内切圆与旁切圆 / 83

§3.3 圆外切四边形 / 94

第四讲 综合问题举隅 / 102

第五讲 西姆森定理及其他 / 115

第六讲　多圆问题 / 124

§6.1　从三角形出发的两圆问题 / 124
§6.2　其他两圆问题 / 140
§6.3　从三角形出发的多圆问题 / 153
§6.4　多圆共点及其他多圆问题 / 166

第七讲　六个专题 / 178

§7.1　托勒密定理 / 178
§7.2　幂、根轴及调和点列 / 189
§7.3　位似 / 204
§7.4　反演 / 220
§7.5　牛顿定理 / 232
§7.6　沢山引理 / 238

第八讲　杂题选讲 / 244

参考答案及提示 / 255

前　　言

　　记得小时候接触平面几何前,尽管数学成绩很好,但兴趣不及天文地理生物等自然科学。我只听大人多次提起,几何很有意思,也很难,若是能解出就很开心,若是考试做不出来就完了。一开始学习时我有点不适应,倒不是因为对几何图形感到陌生,而是对证明感到陌生。大约折腾了几个月,我终于领会了证明的要领。1986年秋的一天,大概是第一次解决了一个自以为比较困难的问题,一时高兴,就不停地来来回回从一间房间走到另一间房间,尽管后来看了答案的解法还要简洁,但这件事让我终生难忘。我也领会了数学的实质和精神,数学从此成为我最喜欢的学科(不过我并未否定博物,只不过有不同的侧重),按照中学老师区志华的说法,是对数学入了门。

　　后来出于比较偶然的原因,我走上了数学奥林匹克道路,也取得了不俗的成绩。在数论、不等式、组合等领域,同样看到了太多的精彩。但是,对于数学爱好者的我来说,没有一个领域可与平面几何相比,这不仅是因为当时的深刻印象,而且也是平面几何这门学科的特点所决定。跳起来摘苹果最有意思;那些随手就可摘苹果,或者无论怎样跳都摘不到苹果的事儿,大家不太爱干。平面几何问题都是跳起来有望摘到的"苹果";在数论特别是组合中,却往往使人束手无策,留下不少苦恼。当然,也有反过来的情形(有的人对组合感觉特好,看到几何就头大,总的来说,接触的奥数高手中,多数还是比较接近我的思维结构和感受)。由于后来结识了叶中豪(老封),我认识到比之初等数论、组合,平面几何更看重的是观点的难度而不是技巧的难度。

结识几何专家叶中豪(老封)

　　1995年3月10日,我第一次结识了素有"中国几何第一人"之称、"上海十大藏书家"之一的叶中豪先生。

第一次听说他的名字,也有时间可查,就是我在书店里买到单墫教授的《解析几何的技巧》一书的那一天,约在 20 年前(我习惯将购书日期写在扉页)。当时随手就翻到两道从未见过的题,说是一个叫叶中豪先生的人提供的。凭着自己对几何的了解,我觉得此人身手不凡,当然大名鼎鼎的单教授提到的人一般都不会是等闲之辈。不过,既然单教授称他为"叶中豪先生",就以为是年纪比较大的,而且这个名字确实具有古典风味,之所以一直闻所未闻,可能是比较低调的寂寞高手吧。

很久以后,我找到了这两道题的简洁的纯几何解法。在认识叶中豪之前,我比较自以为是,因为平面几何的难题几乎被做尽(除了没见过的),而且我已感觉到平面几何是"完备"的,不可能有做不出的题,无非是需要花费时间(数论就不同)。耐人寻味的是,我与熊斌、冯志刚两位教练曾给北大出版社编写过一本《初中数学奥林匹克题典》(因故未出)。平面几何主要由我负责,完成于 1994 年 6 月 5 日。这个年份有那么点意义,它是我认识叶中豪之前的最后一年,也算得上是我"自以为是"的最后一年。

话说那天天气很好,我来到了中豪老师的办公室,看到的是一位有点发福的年轻人。我知道他是高手,但因为当时的目的为找工作(后并未成为其同事),心里有点急躁。他却饶有兴致地与我讨论起几何来,约摸过了一两个小时,他提了个新发现的结果给我做,我回家以后就做掉了。他很高兴,回信叫我称他为"叶兄",而他称我为"田兄"(不过我后来还是主要习惯称其为"叶老师")。

这题其实可算是曼海姆定理的推广,我发现这个推广的方法,与定理本身的一种做法几乎是一样的,当然甚为高妙。后来我还发现,这个结果也可以推出《解析几何的技巧》中那两题中的一题(已写入本书,但本书用的是其他证法),知道这一点的人就不多了。

接下去的 15 个春秋,我不断与他交流几何,一开始最频繁,最近几年大家都很忙,所以少一些。我也见过不少与叶中豪同级别的高手,他们多数放弃了数学;中豪是极少数对数学念念不忘的人。只是他乃知者不言。不过宣传他,似乎是在奥数中未取得最佳战绩的我的职责,尽管这本书的主要目的还是整理好赛题,为自己和别人提供一点便利,做不到详尽地宣传叶老师的工作(以后或许有可能?)。叶中豪称得上是已故几何专家梁绍鸿的"传人",梁所处时代更为孤独,中豪不孤独,不过还是有点曲高和寡。

叶中豪因为在高中阶段数学竞赛中得到过第二名的骄人成绩,与这样的高手结识多年,我学到不少知识与技巧,功力大增,并感受到他对平面几何的高度热情和非凡的原创精神。我不仅意识到平面几何还有很多很多问题没做过,甚至未必做得出;更重要的是,在复旦大学数学系受过良好教育的他具备相当高的观点。这强化了我认为平面几何是一个好的数学分支的"观点"。因此,尽管有塔斯基(A. Tarski)的结论以及后来吴文俊的数学机械化,平面几何的魅力并未打上折扣;尽管我也认为,现代数学主流已不可能把关注瞥向平面几何哪怕是一点点,但是平面几何仍可以玩下去,乃至玩到观点的层次,而不仅仅是技巧而已;更何况它对于数学奥林匹克教育的价值。

对于"学而时习之,不亦说乎""学而不思则罔,思而不学则殆"这样的格言,大家都耳熟能详,但真正实践的有几人?中豪之所以显示出强大的研究能力而不狂妄自大,正是因为他善于学习很多我们不了解的牛人的工作(顺便一提,中豪擅长使用几何画板,这使他发现几何新结果得以提速。不过我要指出,早在几何画板之前,他就已经做出很多夸张的结论了);而且他乐于将自己辛苦得来的结果无偿提供给大家分享。多年来,他的这两个显著优点留给我特别深刻的印象。这样的做法其实是大大提高了自身的水平。很难想象,一个不善于学习而自恋的人、一个不愿意与高手交流的急功近利的人,能取得什么真正的成就。当然,在这两个优点的背后,体现的是他对几何真正的兴趣。老外这种人很多,中国还是太少。老外搞体育、IT这些"年轻人的游戏",中国人的论资排辈不太好使;数学也应该主要属于年轻人,很可惜也容纳了不少混混,文科就不谈了。在此情形下,中豪还能精力旺盛地做出很多原创性的、带有古典美的成果,没有兴趣的强大支撑是不可思议的。小时候读了爱因斯坦的传记,我很赞赏人应该为兴趣而活,也经常做几何,不过对平面几何还是不如中豪"专情"。中豪是一个不追求身份地位的内行,而许多人则是有身份地位的外行,他们有的是专家教授甚至博导的头衔,其水平根本不能与之相提并论。

在教学的过程中,由于面对现在的学生见多识广,所以不时需要创新,也就是自己命题。我发现命题的困难和解题的困难有相当的差异。对平面几何来说,好的命题比找到巧妙的解题思路还要困难。叶中豪就是一位相当有原创精神的命题专家,近十年来,可以说几乎所有的 CMO、国家集训队测试题都直接或间接从他那里产生,其中作者贡献的那部分,多数也是将他的问题改编而成。由于中豪受过良好的数学教育,他命题十分注意问题的背景,故而具有较高的观点。这都是难能可贵的。

在网络不甚普及的 1990 年代,叶中豪通过书信与一些几何爱好者展开频繁交流,包括曹纲、郭军伟、黄利兵、王曦(后来还有唐传发等)等一起作研究的高手。相比之下,我还是重解题而少研究的,但也与他有过一二百封信件往来。记得当时中豪在吉安路的老家,闹中取静,藏书极丰,是各路朋友汇聚的宝地。朋友们和他走街串巷,吃顿火锅,逛旧书店,也很有感觉。最难忘的是,有一次中豪介绍我参观他在家里开辟的一个隐蔽的"小天地",四周环橱,大约不到两个平方。我看了连连叫好,他太太笑着说:"也只有你说好。"想象一下某天深夜他工作累了但颇有收获时打个哈欠、伸伸懒腰的情形,斗室虽小却胸怀宇宙真理。把老杜的诗改成"细推几何须行乐,何用浮名绊此身"来表达这种生活方式再合适不过了。我的意思决不是不要物质生活,视金钱为粪土,视美女如毒蛇,只是认为所谓人生的完整,最重要一点就是精神也要富足。在精神上中豪可谓极其富有。日积月累,他把大家探讨过的那些较有原创性的信件做了仔细整理,每年都要订上一大本。后来互联网普及了,就变成了网上的交流。各路高手多用网名,至今我不晓其真名,当然这已经不重要了。

中豪特别看重志同道合的朋友。在很多中国人眼里,人只有两种分法:自己、自己人和外人,或上级、平级和下级。自己人即便是人渣也要帮,外人即使再优秀也不管,甚至还要利用、排挤。而且似乎有这样一种"平衡"心理:对自己人付出多了,非要到外人那里去占便宜。"厚黑学"也好,"潜规则"也罢,都是很浓重的缺乏社会责任感的封建思想的体现,这极大阻碍着法制观念的深入人心,破坏全社会颂扬真善美的精神面貌。中豪却不计好处、不遗余力地帮过很多"外人",比如青年几何学家曹纲,人极聪明,也做了很好的工作,但此人个性较强,不易与旁人合得来,中豪还是为了他的工作问题而屡次推荐。中豪兄也给予我莫大的生活上的帮助,却不求任何回报。在没有血缘关系的人中,其他任何一个人对我的帮助都不及中豪的一半,这些都永存我心中。汶川大地震后他也慷慨解囊。

其实,中豪兄决不是一个普通的赚点上课费的老师,也不是一个为藏书而藏书的藏书家。几十年来,他一直有一个宏伟愿望,就是将数学文化发扬光大。一个人要是有很大的能量,并希望发出光芒,而不是去隐居;并且有益于社会,而不是有害,那么就完全可以适当地"不务正业",毫无理由限制他一辈子做一个安分守己的小职员、小市民。

中豪在几何方面的天赋,凡与之略有接触者没有一个不惊叹的,他被誉为"中国(平面)几何第一人",当之无愧。他在圆型集、完美六边形、塔克图形、三相似图形等方面有大量精彩发现,其他结果也层出不穷。特别值得一提的是,中豪曾在美国著名数学刊物上发表过原创性成果,世界著名数学家康韦(J. Conway)专门为之撰写书评,但他很少向人炫耀。根据我多年的观察和阅读,凡是拍拍胸脯看上去自信满满的样子,决不是什么天才(骗骗无知少女倒是可以)。这个世界上的所有天才和准天才都是怕生的、逃避的,这是一种自我保护,因为一旦跟无知之人争辩,只会搞得自己不快。中豪兄对待这些人就是心不在焉,敷衍一下了事。至今认识的人中,我还未见到有叶中豪这般兴趣广泛、思想深邃、个性复杂的,他藏书数万,以文学名著为主,数学书也很多。坦白地说,对于他的数学,我顶多是个追随者或了解者;而其他方面就更难理解了。不过我始终认为他是一个值得理解的人。值得理解与不值得理解是首要的,至于理解了还是没有理解倒在其次。我也曾一度考虑让中豪成为本书的第一作者,因为里面引用了不少他的结果,但一想到中豪对自己的高标准(他几乎不写书),最后还是作罢,让我成为"第二作者"注定是一种奢望。

平面几何的特点

平面几何是那种具有魔力的学问。下面谈一谈本人学习平面几何25年的心得。

记得在初中时读秦关根的《爱因斯坦》(我觉得这是国人写得最好的爱氏传记之一),这位出名而孤独的人在学生时代就喜爱独立思考、厌恶死记硬背,头一年连大学也没考进。和许多德国孩子一样,爱因斯坦从小被灌输了宗教,并一度虔诚,但一接触平面几何,便深感震撼。

他后来回忆说,三角形的三条高交于一点并非直观命题,但可严格论证,以至于你丝毫的质疑也不可能,于是就立刻开始怀疑那些宗教信仰了。苏步青、陈省身、吴文俊、丘成桐这些蜚声中外的数学家从小都迷平面几何,对他们今后事业应该也有影响力。我当时接触了平面几何后,也隐隐约约感觉到这是真正的数学和科学道路,从此对创造这门学问的古希腊文明充满崇敬。认识中豪之后,我还感到搞几何需要极为丰富的想象力,更甚于诗歌创作。

在平面几何解题上,我想我还是有一点发言权的。解平面几何题的特色不同于奥数其他分支。用一句话概括:它是基于某种完整性或对称性绕过硬算而完成,为了达到这个目标,我们常要添辅助线。这无疑是困难的,因为图形千变万化,解析几何克服了这个困难,代价是较多的计算量,当然平面几何中也有计算。其实计算也是有技巧的,比如直接算两条线段 $a=b$ 可能很麻烦,后来发现引进第三条线段 c,证明 $\dfrac{a}{c}=\dfrac{b}{c}$ 就相当简便,原因在于 c 的计算虽然麻烦但我们不需要,而比值却很好算。所以将解析几何与平面几何的解题方法完全对立起来、将平面几何中的计算和纯几何推导对立起来的观点也是不正确的。

其他奥数分支就很不一样。2008 年和 2010 年 IMO 的第 3 题都与数论有关,这两个题都是条件极强,而解答却只用到了很弱的性质。这就是代数和组合数论等问题的特点。关键是极强的条件"诱惑"你陷入细节之中,而命题人就是要你走出细节,发现"本质",这样就能很快解出问题。比如 2010 年 IMO 的第 3 题,从奥数角度来看,这无疑是非常精彩的问题,但对于研究来说却不是好的课题,因为研究需要正视细节,发现有价值的新概念新方法,而不是"绕"。

平面几何与初等数论等很不相同。主要原因有两点:第一,它是一个完备的公理化体系,所以几乎不存在条件太强的情形,一般来说条件和结论刚好相配,这从若干条件与结论可以互换而编成一道新题就可以看出来,从同一法就可以看出来,而这种情形在数论和代数中是不可想象的。所以,从研究的角度来说,平面几何做得相当完善,只可惜它比较初等,已不可能代表当代数学的主流。所有的研究都是在不断改造条件和结论,尽量使它们刚够得上,最好是充要条件,但数论等奥数命题的目的往往相反,它就是要迷惑你,因此建立过强的条件,使你不容易看出它与结论的关系,但一旦揭穿,也就很简单。所以,有人批评奥数好的人为什么成不了大数学家,实在是很不理解这两者之间的显著区别。第二,尽管所有的奥数难题都可以说是寻找怎么"绕过细节"的手段,但由于平面几何已经完备,原则上所有难题都可用解析几何解决,解析几何不怎么需要"绕",尽管把它理解为蛮算也是错误的,但总比平面几何要机械化一点。当然,现在的命题都有意做得很难使用解析方法,因此也必须学会"绕",但平面几何带有研究性质,这不同于初等数论那种"连猜带骗",而是寻求最纠结的点、线位置的新的刻画,或者完全弱化这种刻画,或者发现成对的纠结的点、线之间的关系并不纠结(犹如负负得正),凡此种种决不是"削弱"它的条件。总体来说,平面几何更像下明棋,而数论代数更像下暗棋。关于这一点,我想读者只要多做些有难度的题必能体会。

在奥数中,几何特别需要琢磨,值得细细品味,决不是依靠小聪明。可惜的是,学校里数学教育的时间是如此之长,却无法减少公众对数学的无知。即使是奥数,也很遗憾地被公众们看成是和数独、24点和速算属同类,这种观念不指望能有改变。以前班上有个数学差生,算24点极快。这只能说明他反应快,有点小聪明。那为什么一做几何题就不行了呢?因为反应快此时不起作用了。这就好比进入一座迷宫,他虽体力强壮、善于奔跑,但却找不到方向,很快就屡屡撞墙(可惜很多人一辈子也走不出小聪明,除了环境限制,自身认知能力也有限)。国际上看好IMO金牌,认为是未来数学家的苗子,IMO金牌得主后来得菲尔兹奖的确实很多。有谁会认为24点或数独高手是未来数学家的苗子呢?

谈谈本书

全书的内容称得上丰富,参考了梁绍鸿的名著《初等数学复习及研究(平面几何)》,还有《中等数学》(特别是它的增刊,价值很大)。正文多数例题是作者自己解的,习题解答则悉数精简。本书亦选用了不少中豪的结果,主要是国家集训队测试题等,本希望用一部分"东方论坛"上的题(已征得中豪的同意),可惜时间实在来不及,只得忍痛割爱。有兴趣的读者可到网上浏览(http://forum.cnool.net/thesis.jsp?thesisid=494)。

在搜集、整理过程中确有一点乐趣和成就感,毕竟平面几何方面我比较强。不过坦白地说,写这样的书蛮辛苦的,按世俗的眼光叫"吃力不讨好":又初等又困难,不像一些"科研论文"可以用来升职称、搞经费。眼下一些所谓的论文,姑且不说那些造假剽窃的,很多是花里胡哨的概念公式一大堆忽悠人,其实自己也未必清楚,也甭管它有没有价值,反正可以生钱,我对某些人只关心有用无用、不关心是真是假颇为反感,平面几何怎么了,实打实的真功夫!做几何感觉很踏实。柏拉图不是还在他的学院门口写上一行字——"凡不学几何者勿入此门"呢!(我小时候也在自己的小间门口用毛笔写这样的字,当然谁都可以入,我只是推崇几何,同学一看笑死了。)

关于奥数教育的争论

最后不得不谈谈今天中国的奥数教育。

有人批评中国的奥数教育,说是拿了 100 多块金牌,还未在国际数学前沿做出像模像样的工作;而其他很多国家拿菲尔兹奖的数学才俊,往往曾是 IMO 奖牌的获得者。以此说明学习能力和创新能力很不一样,那是教育心理学的老话题,这里也没必要多谈。我认为,可能光有好的解题能力是不够的,还要看有没有好的命题能力,看看我们的教练或学生自己能不能出些更有水平的题目(最低层次是计算,其次是难度或技巧,最高层次是观点);这一点,俄罗斯和一些东欧国家明显比我们强,他们的原创精神令人慨叹。中国大概因为有叶中豪先生的存在,在平面几何这一块不亚于国际水平,但其他领域就要稍逊一点,尤其是组合数学(所以中国学生到国际上比赛,代数和几何实力很强,而组合数学的成绩就比较差)。也许只有我们的命题水平大幅提高了(主要指观点方面而不是难度),然后才可指望创新,特别是到现代数学里创造出新的概念和联系(初等数学已很难有大的创新),达到真正研究的层次,中国才能成为真正的数学强国,到那个时候,菲尔兹奖大概也就不远了。目前我们最多处于技巧的层次。

这里要为奥数辩护几句。我们的奥数教育确实有很多不足之处,但这仅仅是奥数的问题吗?今天中国的考试文化仍难以消除过去科举制度的影子。科举考试对于封建社会来说,也有一定的帮助,它与今天的考试目的应该是不同的。对科举来说,读书人有机会谋得一个升官发财的机会,"吃得苦中苦,方为人上人";皇帝要的是听他的话、为他办事的官员。至于什么创造力、想象力等天赋,好像不是考试应该关心的(当然也不能太窝囊)。

谁都明白,中国如需发展,要屹立于世界,那就需要大量人才;谁也明白,考试很难考出一个人真正的能力。但是,有人辩解说,我们能找到比考试更好的方式吗?诚然,考试也有泄题、作弊、走后门等不正当手段,但总的来说,要是没有考试,情况可能更糟。这个理由应该说是比较有力的。不过,我要说的是,撇开泄题、作弊、走后门不谈,我们的考试本身也有相当的不公正,比如它大大便宜了那些死记硬背的人,也大大照顾了那些钻营考试套路的人,把人锻炼成彻头彻尾的应试机器。这些人要是获得好名次,其他人未必服气。而能有效克服死记硬背的,不正是奥数么?当然我们也必须指出,目前,奥数在中国确实比较功利,它没能克服"钻营考试套路",因此中国队在世界上之所以能够摘金夺银、在尔后的研究生涯中成绩平平(前面说过,很多带有欺骗性的所谓论文,使用一大堆花里胡哨的概念和符号,恐怕是作者本人都不知所云,远不如奥数来得真刀实枪),就是给这个过多的"钻营考试套路"给害的,真正具有创造力的人还是很难脱颖而出;而国外就不同了,那些在 IMO 上获得奖牌的,确实有天赋,如得到重点培养,便有望出大成果。所以,切莫奢谈素质教育,即使是考试本身,也有好坏之分。竞争的好处是激励成功者,而有利于一些狂妄的失败者走出自我;但这一效果未必很明显,也可能带来负面影响(例如成功者愈加自我,而失败者则自卑了),对于更多没什么感觉、被父母"押解"来的学生,纯粹是浪费时间和财力。当然,这决不是奥数本身的错,我们整个教育等同于应试,其恶果是学生宁愿接受一些乱七八糟的东西,如星座、迷信等以及其他一些时髦玩意,这是一件非常让人担忧的事情(不是说教育乃百年大计么)。前面提到爱因斯坦,他成名后还颇有兴致地与人讨论门奈劳斯定理的几种证法。不过,这样的转变过程对多数人来说是不可能的,加上考试的负担一重,就更加排斥了。所以,为什么社会中很多成年人还十分粗俗甚至迷信,可以说(至少对这部分人而言)是教育失败所致(但教育也不是那么容易改变的,所以不能把所有问题都归咎于教育部门)。

我看了不少报道,对奥数的最大批评无非集中于两点:一是奥数的功利性,摧残了很多学生特别是小学生。二是奥数只有技巧没有思想,不能培养数学家,甚至还有反作用。当然,这第一点是不能怪奥数本身的,因为现在的教育体制是这样的,如果取消了奥数,那么还有别的东西来替代它,学生依然要受"摧残"。谁都知道,任何一项制度或体制,都是由一代代适应的人去继承并从中得益,这再正常不过,否则要这个制度或体制干吗?这也就是为什么制度或体制难以改变的原因。与之不同的是第二点,似乎在怪罪奥数本身。所谓奥数不能培养大数学家,不能理解为奥数是扼杀大数学家的罪魁祸首。因为奥数有问题,那是整个教育有问题;而教育有问题,也决不仅仅是教育本身有问题。中国谋求发展,发展需要人才。可是我们的国民有多少具备这种"人才意识"呢?在国外,也知道考试远远不是挖掘真正人才的有效手段,因此并不十分吹捧第一名,因此在大学里一旦发现好的苗子,许多诺贝尔奖级别的大师都愿意一对一地悉心辅导,可以说是爱才如命。在中国的大学里,导师带一帮子学生,经常互相不见面,导师搞经费走关系还来不及。所以,要让奥数这么"小"的一块去承担一个很大的责任,本身就是荒谬的。只是偏偏总有一群门外汉,或是见到别人赚钱心里不平衡,或是自以为很有思想,抓住一切机会指手画脚,评头论足,不亦乐乎,但对奥数的内容和奥数教育的实质却并不清楚。

忽然又想起一件事。我曾在课堂上面对数十位初中生说,"你们知道吗?数学中有七大未解决难题,每解决一个就可以得到100万美元,所以学好数学也是有可能发财的。"出乎我意料,学生的回答是"才100万啊!"这使我颇为震动。我本来以为他们学习都是非常功利的,原来内心还是能认识到学术的价值。

写到此处,就以一首拙作《水调歌头·赞几何人生》结束吧,我无力把它写得出色,但求表达心意:

海上名城夜,宝马聚香车。无论新贵旧友,挥金争豪奢。不绝笑声绕梁,常添美酒盈樽,今宵须尽兴。宴终人散后,多少醉归客。世间乐,莫过此,长嗟叹,人生几何,纸上岁月亦如歌。点线巧妙配圆,皆叹造化奇特。恍然悟真意。天地有大美,知者来唱和。

作　者
2010 年 10 月

第一讲 反相似（不需要画出圆的四点共圆）

§1.1 题设与结论中不出现圆的简单问题

四点共圆本质上是反相似，反相似也叫逆相似. 在 $\triangle ABC$ 中，AB,AC 上若有两点 E,F，使 E,F,C,B 共圆，则称 EF 是（BC 的）逆平行线. 与正相似（或顺相似）一样，反相似也有着丰富内涵，尤其在四点共圆这里，判定多、性质更多，且都是充要条件，这正说明结论很"强"、很完整. 由于四点共圆的判定和性质很多，又由于一对三角形反相似往往导致另一组三角形反相似，这也就意味着前一次相似的性质，成为后一种相似的判定，一环扣一环，变幻多样. 有时候，即使仅仅只出现一次四点共圆，由于圆本身并不显现题中，要看出哪"四点"共圆，也需要丰富的解题经验. 这一讲，我们讨论的都是四点共圆型的反相似.

除了常见的一些教科书内容，本书还经常用到的结论如下（后面不再赘述）：

（1）在 $\triangle ABC$ 中，AD 是高，则有 $AB^2-AC^2=DB^2-DC^2$（平方差等式），反之亦然. 在四边形 $ABCD$ 中，若 $AC\perp BD$，则有 $AB^2+CD^2=BC^2+DA^2$，反之亦然.

（2）$\triangle ABC$ 所在平面内有一点 P，PD,PE,PF 分别垂直直线 AB,BC,CA 于点 D,E,F，则有 $AD^2+BE^2+CF^2=BD^2+AF^2+CE^2$；反之，若 $AD^2+BE^2+CF^2=BD^2+AF^2+CE^2$，点 D,E,F 分

别在直线 AB,BC,CA 上,则过点 D,E,F 分别作 AB,BC,CA 的垂线共点.(若 AB,BC,CA 退化为共点三直线,则上述判定失效,取而代之的是托勒密定理.)

(3) 到两定点距离的和、差、平方和、平方差、比值为定值的动点轨迹分别为椭圆、双曲线(的一支)、圆、直线和阿波罗尼斯(Apollonius)圆.

(4) 设等腰 $\triangle ABC$ 的底边 BC 上有一点 P,则 $AB^2 - AP^2 = BP \cdot CP$;若点 P 在 BC 的延长线上,则 $AP^2 - AB^2 = BP \cdot CP$.

(5) A,B,C 为一直线上依次三点,P 为直线外一点,则
$$\frac{\sin\angle APB}{PC} + \frac{\sin\angle CPB}{PA} = \frac{\sin\angle APC}{PB};$$
反之,若存在这样的等式(B 在 $\angle APC$ 内),则 A,B,C 三点共线.

(6) 设 H 为 $\triangle ABC$ 的垂心,则 $\dfrac{AH}{BC} = |\cot A|$.

(7) $\triangle ABC$ 中,约定 $BC = a, CA = b, AB = c$,则有 $a = b\cos C + c\cos B$ 等,这个结论也称作"射影定理".它可推出余弦定理.

(8) 设 $\triangle ABC$ 的外接圆、内切圆半径分别为 R,r,则
$$\cos A + \cos B + \cos C - 1 = \frac{r}{R} = 4\sin\frac{A}{2}\sin\frac{B}{2}\sin\frac{C}{2}.$$

(9) **门奈劳斯(Menelaus)定理**及其逆定理.

(10) **塞瓦(Ceva)定理**及其逆定理.

(11) 设过一三角形的 3 个顶点的 3 条塞瓦线共点,则该点的 3 条等角线(等角线即过某一角的顶点、且关于该角平分线对称的两条线)亦共点,此点称为该点的等角共轭点.

(12) 一三角形外心(垂心)的等角共轭点是其垂心(外心).

(13) 设 $0° < \alpha,\alpha',\beta,\beta'$,且 $\alpha+\beta = \alpha'+\beta' < 180°$,$\dfrac{\sin\alpha}{\sin\beta} = \dfrac{\sin\alpha'}{\sin\beta'}$,则 $\alpha = \alpha', \beta = \beta'$.

(14) **德萨格(Desargues)定理** 设 $\triangle A_1A_2A_3$,$\triangle B_1B_2B_3$ 满足 A_1B_1, A_2B_2 与 A_3B_3 交于一点,又设 A_1A_2 与 B_1B_2 交于点 C_3,A_2A_3 与 B_2B_3 交于点 C_1,A_3A_1 与 B_3B_1 交于点 C_2,则 C_1, C_2, C_3 共线.德萨格定理的逆命题也成立.

第一讲 反相似(不需要画出圆的四点共圆)

(15)(欧拉线)任一(非正)三角形的外心 O、重心 G 和垂心 H 在一条直线上,这条直线称为"欧拉线",且有 $GH = 2OG$.

特别需要注意的是大家容易忽视的(4)和(13).(4)算得上是等腰三角形的斯图尔特(Stewart)定理. 而作为正弦定理的变种和推论,(13)亦非常有用.

例 1 △ABC 中,$AB = AC$,点 E,F 分别在 AB,AC 上,$AE < AF$,BF,CE 交于点 P. 求证:$PF < PE$.

证明

如图 1.1,过点 F 作 $FF' \parallel BC$,则 $FF'BC$ 为等腰梯形,F,F',B,C 四点共圆,点 E 在圆外,于是有 $\angle CEF < \angle CF'F = \angle BFF' < \angle EFB$,故 $PF < PE$.

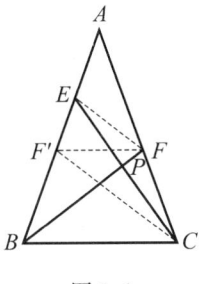

图 1.1

本题的思路是"圆外角小于圆周角". 读者可考虑若不用圆的性质是否好处理.

例 2 △ABC 中,AD 是角平分线. 证明:$AD^2 = AB \cdot AC - BD \cdot CD$.

证明

如图 1.2,延长 AD 至点 E,使 A,B,E,C 共圆,于是 $\angle 1 = \angle 2 = \angle 3$,△$ABD \sim$ △$AEC \sim$ △CED,故 $AD \cdot AE = AB \cdot AC$,$AD \cdot DE = BD \cdot CD$,两式相减即得结论.

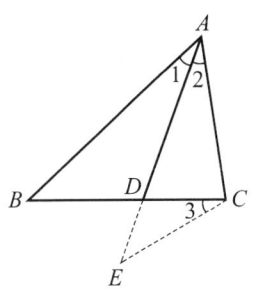

图 1.2

有不少求角平分线长度的方法,这一种最巧妙、简洁,其余多半有些代数运算量.

例3 一三角形与其垂足三角形(即以三条高的垂足为顶点的三角形)相似,求原三角形的所有形状,并求相似比(约定小于1).

解 记原三角形为△ABC,AD,BE,CF是高,H是垂心.易知△ABC不可能为直角三角形.下面分两种情况讨论.

(i) △ABC为锐角三角形,不妨设∠C≤∠B≤∠A.由F,B,D,H共圆及E,C,D,H共圆,得∠FDE=∠FDA+∠EDA=∠ABE+∠ACF=$180°-2∠A$.

同理,∠FED=$180°-2∠B$,∠EFD=$180°-2∠C$,于是必有$180°-2∠A$=∠C,$180°-2∠B$=∠B,$180°-2∠C$=∠A,∠A=∠B=∠C.

故△ABC是正三角形,D,E,F为各边中点,相似比为$\frac{1}{2}$.

(ii) △ABC为钝角三角形,不妨设∠C≤∠B<$90°$<∠A.

同理,由四点共圆,得∠EDF=$180°-2∠BHC$=$2∠A-180°$,∠EFD=$2∠C$,∠FED=$2∠B$.

易知此时必须有$2∠B$=∠A,$2∠C$=∠B,$2∠A-180°$=∠C.

解得∠$A=\frac{720°}{7}$,∠$B=\frac{360°}{7}$,∠$C=\frac{180°}{7}$,相似比为$\frac{DF}{BC}=\frac{AC}{BC}\sin\angle HCB=\frac{\sin B}{\sin A}\cdot\cos B=\frac{\sin 2B}{2\sin A}=\frac{1}{2}$.

本题需要细致地讨论.读者可考虑最后一步能否用纯几何方法来解,以避免三角函数.

第一讲 反相似(不需要画出圆的四点共圆)

例 4 如图 1.3 所示,已知 $\triangle ABC$ 与 $\triangle ACD$ 均为正三角形,过点 D 任作一直线,分别交 BA, BC 延长线于点 E, F, CE 与 AF 交于点 G. 求证: GB 平分 $\angle AGC$.

证明

设 $AB = BC = AC = a$, $AE = x$, $CF = y$. 由 $AD \parallel BF$, $CD \parallel BE$, 有

$$\frac{x}{x+a} + \frac{y}{y+a} = \frac{ED}{EF} + \frac{DF}{EF} = 1,$$

去分母整理得 $xy = a^2$. 此即 $\dfrac{AE}{AC} = \dfrac{AC}{CF}$.

又 $\angle EAC = 120° = \angle ACF$, 故 $\triangle EAC \backsim \triangle ACF$, $\angle AGE = \angle GAC + \angle ACG = \angle GAC + \angle AFC = 60°$,

故 A, B, C, G 共圆, $\angle AGB = \angle ACB = 60° = \angle BAC = \angle CGB$.

图 1.3

例 5 已知 $\triangle ABC$ 中, $AB = AC$, O, I 分别为其外心与内心, D 在 AC 上, $DI \parallel AB$. 求证: $OD \perp CI$.

证明

如图 1.4, 不妨设 O 在 $\triangle ABC$ 内, 且在 I 之上 (O 在三角形外、I 之下可类似处理). 连 AOI, OC, 则 $\angle IOC = \angle BAC = \angle IDC$, 故 O, I, C, D 共圆, 于是 $\angle KOI = \angle ICD$, 这里 K 为 DO, CI 延长线的交点.

由于 $AOI \perp BC$, 故 $\angle OIK + \angle KOI = 90° - \angle BCI + \angle ICD = 90°$, 于是 $\angle DKC = 90°$, 即 $OD \perp CI$.

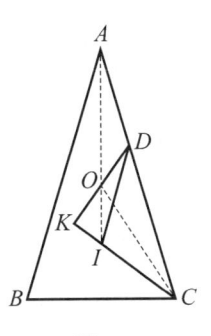

图 1.4

例 6 设 P 为 $\triangle ABC$ 内一点, $\angle APB - \angle ACB = \angle APC - \angle ABC$, 又设 I_1, I_2 分别是 $\triangle APB$ 及 $\triangle APC$ 的内心. 证明: 直线

AP, BI_1, CI_2 共点.

证明 由角平分线性质易知,只需证明 $\dfrac{AB}{PB} = \dfrac{AC}{PC}$. 如图 1.5,过 P 向 BC, CA, AB 作垂线,垂足分别为 T, S, R,连 RS, ST, TR. 由四点共圆及条件知 $\angle RST = \angle SRT$,于是 $RT = ST$. 又由四点共圆知 $RT = BP\sin B$, $ST = PC\sin C$,于是 $\dfrac{BP}{PC} = \dfrac{\sin C}{\sin B} = \dfrac{AB}{AC}$. 故原命题得证.

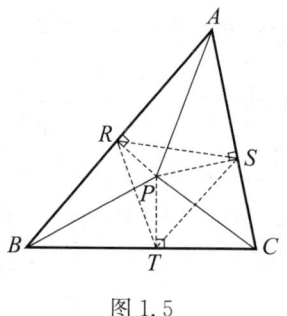

图 1.5

例 7 已知 $\triangle ABC$ 中,AB, AC 上各有一点 R, Q,直线 RQ 与 BC 延长线交于点 P. 求证: $\dfrac{AQ \cdot CQ}{PQ \cdot RQ} + \dfrac{PC \cdot PB}{PQ \cdot PR} - \dfrac{AR \cdot BR}{QR \cdot PR} = 1$.

证明 如图 1.6,在 PR 上取 S,使 A, R, C, S 共圆,则 $\angle QSC = \angle A$, $AQ \cdot QC = RQ \cdot SQ$. 又在 PR 上取 T,使 T, C, B, R 共圆,则 $\angle CTP = \angle B$, $PC \cdot PB = PT \cdot PR$,于是 $\dfrac{AQ \cdot CQ}{PQ \cdot RQ} + \dfrac{PC \cdot PB}{PQ \cdot PR} = \dfrac{SQ}{PQ} + \dfrac{PT}{PQ} = 1 + \dfrac{TS}{PQ}$. 问题转化为求证 $\dfrac{TS}{PQ} = \dfrac{AR \cdot BR}{QR \cdot PR}$.

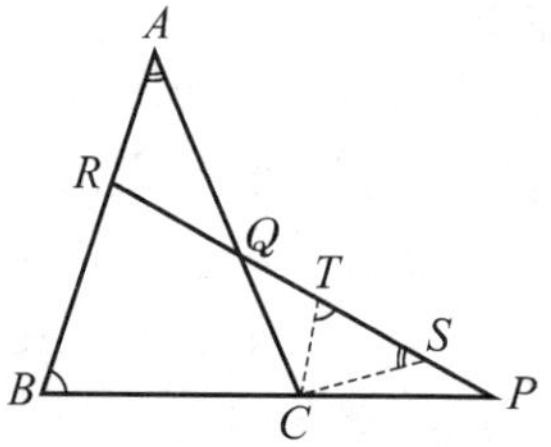

图 1.6

显见 $\triangle STC \sim \triangle ABC$, $\dfrac{TS}{AB} = \dfrac{CS}{AC}$,又 $\triangle ARQ \sim \triangle SCQ$,故 $\dfrac{AR}{RQ} = \dfrac{SC}{CQ}$. 欲证式成为 $\dfrac{AB}{AC \cdot PQ} = \dfrac{BR}{CQ \cdot PR}$,或 $\dfrac{AB}{BR} \cdot \dfrac{PR}{PQ} \cdot \dfrac{CQ}{AC} = 1$,此即门奈劳斯定理,故结论成立.

第一讲 反相似(不需要画出圆的四点共圆)

例 8 如图 1.7,在平行四边形 $ABCD$ 中,过点 C 作 AB, AD 的垂线 CM, CN,垂足分别为 M, N, MN, BD 的延长线交于点 P. 求证: $PC \perp AC$.

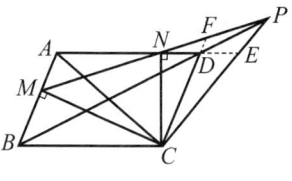

图 1.7

证明

延长 CD, AD, 分别交 MP, CP 于点 F, E. 由比例线段及 $\triangle CBM \backsim \triangle CDN$ 知 $\dfrac{FD}{ED} = \dfrac{BM}{BC} = \dfrac{ND}{CD}$,于是 $\triangle FND \backsim \triangle ECD$. 又由 A, M, C, N 共圆,得 $\angle ECD = \angle FND = \angle ANM = \angle ACM$, 于是 $\angle ACP = \angle MCD = 90°$.

 本题有多种证法,利用四点共圆最为巧妙.

例 9 正方形 $ABCD$ 中,P 是 CD 上任一点,$BS \perp AP$ 于点 S, $AT \perp BP$ 于点 T, CT, DS 延长后交于点 K. 求证: $\angle DKC + \angle APB = 90°$, $AK \perp BK$.

证明

如图 1.8,分别延长 BS, AT 交 AD, BC 于点 M, N,连 PM, PN. 由 $\angle DKC = \angle ADK + \angle BCK$,以及 M, S, P, D 共圆,P, T, N, C 共圆,$\angle ADK = \angle MPA$, $\angle BCK = \angle NPB$,得 $\angle DKC + \angle APB = 90° \Leftrightarrow PM \perp PN$. 易知 $\triangle ABM \cong \triangle DAP$, $AM = PD$, $MD = PC$.

同理,$DP = CN$, $\triangle MDP \cong \triangle PCN$,故 $\angle MPD + \angle NPC = 90°$,故 $PM \perp PN$,因此 $\angle DKC + \angle APB = 90°$.

又由 $\angle SKT = 90° - \angle APB = \angle SAT = \angle SBT$,得 A, K, B, T, S 共圆,于是 $AK \perp BK$.

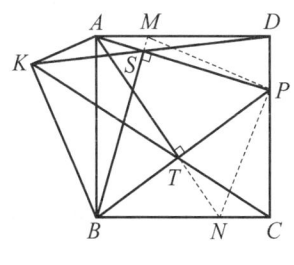

图 1.8

例10 如图 1.9，AC 垂直平分 BD，交 BD 于点 S，$AB \perp BC$，$AD \perp DC$. ESF 是任一直线（不与 BD 重合），点 E，F 分别在直线 AB，AD 上，M 是 EF 的中点，AM 交 BD 于点 K. 求证：$CK \perp EF$.

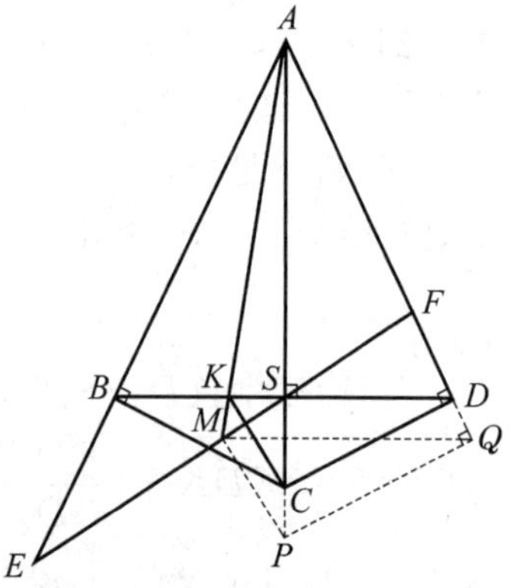

证明

设 $\triangle AEF$ 外接圆交直线 AC 于点 P，易知 PM 垂直平分 EF. 于是问题变为证明 $PM \parallel CK$.

图 1.9

作 $PQ \perp AD$ 直线于点 Q，连 MQ.

由 F，M，P，Q 共圆，$\angle AQM = \angle FPM = \dfrac{1}{2}\angle EPF = 90° - \dfrac{1}{2}\angle EAF = \angle ADS$，于是 $KD \parallel MQ$.

又由 $CD \parallel PQ$，知 $\dfrac{AK}{AM} = \dfrac{AD}{AQ} = \dfrac{AC}{AP}$，故 $PM \parallel CK$.

于是结论得证.

这是一道结论和解法都十分精彩的例题，其中 K 的位置本是很难刻画的（但直觉上会引导人去"刻画"，这是所有初学者的困惑），它承载了前面所有点的信息. 我们通过引进一些点和线化解了这个困难，且只用到了很简单的性质：K 在 BD，AM 上！这就是纯几何证明的魅力. 当然也可以用判定垂直的平方差等式证明，但比较烦琐. 其实可以看出，MQ 就是 $\triangle AEF$ 的西姆森线，而西姆森线这个概念能流传到今天，必定不简单. 此外，C 与 P 不重合请读者说明. 本题若添出圆，还有其他简便做法.

第一讲 反相似(不需要画出圆的四点共圆)

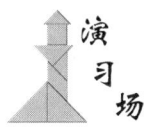

习题 1.a

1. $\triangle ABC$ 中,$AB=AC$,D 是 BC 的中点,M,N 分别在 AB, AC 上,MD,NB 交于点 P,ND,MC 交于点 Q,下面哪一条可以判定 $BM=CN$?(1) $MD=ND$;(2) $DP=DQ$;(3) $MP=NQ$.

2. AD 为锐角 $\triangle ABC$ 的高,$DE\perp AB$,$DF\perp AC$,BE 的中垂线与 CF 的中垂线交于点 K. 求证:$KE=KF$.

3. $\triangle ABC$ 中,BC 最短,AD 是角平分线,$\angle B$,$\angle C$ 的外角平分线分别交射线 AC,AB 于点 E,F,过 D 作 BC 的垂线,过 E 作 AC 的垂线,过 F 作 AB 的垂线,这三条垂线交于一点 Q. 求证:$AB=AC$.

4. 已知锐角 $\triangle ABC$,CC' 是高,D,E 是 CC' 上两个不同的点,F,G 分别是 D 在 AC,BC 上的投影. 求证:若四边形 $DGEF$ 是平行四边形,则 $\triangle ABC$ 是等腰三角形.

5. 在 $\triangle ABC$ 中,$\angle C=30°$,外心为 O,内心为 I,D,E 分别在直线 BC,AC 上,$BD=AE=AB$. 求证:DE 与 IO 相等且垂直.

6. 已知 $\triangle ABC$ 的边 BC,CA,AB 上分别有点 D,E,F,使 $\angle A=\angle EDF$,$\angle B=\angle DEF$,$\angle C=\angle DFE$. 求证:若设 $\triangle ABC$ 的外心是 O,则 $DO\perp EF$.

7. 在 $\triangle ABC$ 中,BC 最短,I 是内心,AB,AC 上分别有点 E,F, $EB=BC=CF$,O,O' 分别是 $\triangle ABC$,$\triangle AEF$ 的外心. 求证:$OI\perp EF$,$O'I\perp BC$.

8. 已知凸四边形 $ABCD$,证明:在四边形内存在一点 P 满足 $\angle PAB+\angle PDC=\angle PBC+\angle PAD=\angle PCD+\angle PBA=\angle PDA+\angle PCB=90°$ 的充要条件是 $AC\perp BD$.

9. CH 是直角 $\triangle ABC$ 的斜边上的高,且与角平分线 AM,BN 分别交于点 P,Q. 求证:QN,PM 的中点的连线平行于 AB.

10. M 在平行四边形 $ABCD$ 的内部,N 位于 $\triangle AMD$ 的内部,且满足 $\angle MNA+\angle MCB=\angle MND+\angle MBC=180°$. 求证:$MN\parallel AB$.

11. D，E 分别是 △ABC 的边 AB，BC 上的点，P 是三角形内一点，满足 $PE = PC$，且 △DEP 与 △PCA（对应）相似. 求证：$\angle DPB = \angle BAP$.

12. O 是平行四边形 $ABCD$ 内一点，使得 $\angle AOB + \angle COD = 180°$. 求证：$\angle OBC = \angle ODC$.

13. 已知凸四边形 $ABCD$ 的对角线交于点 M，$\angle ACD$ 的角平分线交 BA 的延长线于点 K. 若 $MA \cdot MC + MA \cdot CD = MB \cdot MD$，证明：$\angle BKC = \angle BDC$.

14. 已知 △ABC 的 BC 边外有一点 P，$\angle PBC = \angle PCB = \angle A$，$BC$ 延长线上有一点 Q，$PA \perp QA$. 求证：$\angle CPQ = 2\angle PAC$.

15. 凸四边形 $ABCD$ 中，AB 不平行于 CD，X 是四边形 $ABCD$ 内一点，满足 $\angle ADX = \angle BCX < 90°$，$\angle DAX = \angle CBX < 90°$. 设 AB，CD 的中垂线交于点 Y，求证：$\angle AYB = 2\angle ADX$.

16. 给定凸四边形 $ABCD$ 及内点 E、F，满足 $AE = BE$，$CE = DE$，$\angle AEB = \angle CED$，$AF = DF$，$BF = CF$，$\angle AFD = \angle BFC$. 求证：$\angle AFD + \angle AEB = 180°$.

17. 在锐角 △ABC 中，$\angle BAC = 60°$，$AB > AC$，I，H 分别是 △ABC 的内心、垂心，求证：$2\angle AHI = 3\angle ABC$.

18. 已知凸四边形 $ABCD$ 中，$\angle CAD = 45°$，$\angle ACD = 30°$，$\angle BAC = \angle BCA = 15°$，求 $\angle DBC$.

19. 在正方形 $ABCD$ 中，E，F 分别是 BC，CD 上的点，设 AE，BD 交于点 G，$FG \perp AE$，K 为 FG 上一点，且满足 $AK = EF$，求 $\angle EKF$.

20. △ABC 中，AD，AE 分别是高和中线，且在三角形内部，求证：若 $\angle DAB = \angle CAE$，则 △ABC 或者是等腰三角形，或者是直角三角形.

21. 在锐角 △ABC 中，BE 是高，H 为垂心，P 为 AB 的中点，过 C 作 $CQ \perp PH$，垂足为 Q，求证：$PE^2 = PH \cdot PQ$.

22. 在 △ABC 中，K 在中线 AM 上，且满足 $\angle BAC + \angle BKC = 180°$. 求证：$AB \cdot KC = AC \cdot KB$.

23. 设 S 是不等边锐角 △ABC 内一点，$\angle ABS = \angle ACS$，S 在

AB,AC 上的垂足分别是 M,N,$\angle ABS$ 和 $\angle ACS$ 的平分线交于点 H,$HM = HN$. 求证:S 是△ABC 的垂心.

24. 在锐角△ABC 中,D,E,F 分别是 BC,CA,AB 上的点,AD,BE,CF 交于点 H,证明:H 为△ABC 垂心的充要条件是 H 为△DEF 的内心.

25. 在△ABC 中,H 是其内部一点,AH,BH 延长后分别交对边于点 D,E,且 $DH \cdot DA = BD \cdot DC$,$EH \cdot EB = AE \cdot CE$. 问:$H$ 是否为△ABC 的垂心?

26. P 是△ABC 所在平面上一点,证明:

(1) 若满足 $\angle BPC = 2\angle BAC$,$\angle CPA = 2\angle CBA$,$\angle APB = 2\angle ACB$,则 P 是△ABC 的外心;

(2) 若满足 $\angle BPC = 90° + \dfrac{1}{2}\angle BAC$,$\angle CPA = 90° + \dfrac{1}{2}\angle CBA$,$\angle APB = 90° + \dfrac{1}{2}\angle ACB$,则 P 是△ABC 的内心;

(3) 若满足 $\angle BPC = 180° - \angle BAC$,$\angle CPA = 180° - \angle CBA$,$\angle APB = 180° - \angle ACB$,则 P 是△ABC 的垂心.

27. 已知凸四边形 $ABCD$,$\angle ABC = \angle ADC$,$BM \perp AC$,M' 是 AC 上一点,且满足 $\dfrac{AM \cdot CM'}{AM' \cdot CM} = \dfrac{AB \cdot CD}{BC \cdot AD}$. 证明:$DM'$ 与 BM 的交点与△ABC 的垂心重合.

28. 设四边形 $ABCD$ 的对角线交于点 O,且 $AB = BC$,$CD = DA$. 设△ABD,△BCD 的边 AB,CD 上的高分别为 DN,BK,证明:N,O,K 三点共线.

29. 若凸四边形 $ABCD$ 中,仅 $\angle BAD$ 是直角,$AC = BD$,AB 与 CD 的中垂线交于点 Q,AD 与 BC 的中垂线交于点 P,求证:P,Q,A 三点共线.

30. 已知锐角△ABC,E,B 在直线 AC 的异侧,D 为线段 AE 上一点,满足 $\angle ADB = \angle CDE$,$\angle BAD = \angle ECD$,$\angle ACB = \angle EBA$,证明:B,C,E 三点共线.

31. 已知 P,Q,R 分别是锐角△ABC 的三边 BC,CA,AB 上的

11

点,使得△PQR是正三角形,且在所有这些正三角形中有最小的面积.
证明:由A,B,C分别向QR,RP,PQ所作的垂线共点.

32. 在△ABC中,P,Q分别是AB,AC上的点,满足$\angle APC = \angle AQB = 45°$,过$P$作$AB$的垂线与$BQ$交于点$S$,过$Q$作$AC$的垂线与$CP$交于点$R$.设$D$是$BC$上的点,且使得$AD \perp BC$.证明:$PS$,$AD$,$QR$三线共点,且$SR \parallel BC$.

33. 在凸四边形$ABCD$中,$\angle A = 60°$,$\angle B = 90°$,$\angle C = 120°$,AC,BD交于点S,且$2BS = SD = 2d$,P为AC的中点,PM垂直BD于点M,SN垂直BP于点N.证明:

(1) $MS = NS = \dfrac{d}{2}$;

(2) $AD = DC$;

(3) $S_{\text{四边形}ABCD} = \dfrac{9}{2}d^2$.

34. 设△ABC内存在一点F,使$\angle AFB = \angle BFC = \angle CFA$,直线$BF$,$CF$分别交$AC$,$AB$于点$D$,$E$.证明:$AB + AC \geqslant 4DE$.

35. 已知锐角△ABC,M为△ABC内一点,使得$AB - FG = \dfrac{MF \cdot AG + MG \cdot BF}{CM}$,其中$F$,$G$分别是$M$在$BC$,$AC$上的投影.求点$M$的轨迹.

§1.2 题设与结论中不出现圆的复杂问题

例 1 已知不等边锐角 $\triangle ABC$，O 是外心．延长 AO 至点 P，使 PA 平分 $\angle BPC$，PQ，PR 分别垂直直线 AB，AC 于点 Q，R，$AD \perp BC$．求证：四边形 $DQPR$ 是平行四边形．

证明

如图 1.10，易知 $\angle QAP = \angle DAC$，故 $\triangle QAP \backsim \triangle DAC$，且为顺相似，于是 $\triangle AQD \backsim \triangle APC$．又设 $\triangle BOC$ 的外接圆与 AO 射线交于点 P'，则 $\angle OBC = \angle OP'C = \angle OP'B = \angle OCB$．若 P 不与 P' 重合，则 $\triangle PP'B \cong \triangle PP'C$，$AP$ 垂直平分

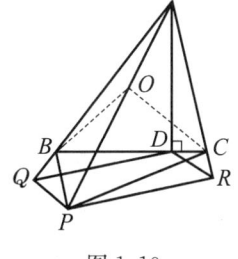

图 1.10

BC，$AB=AC$，与题设矛盾．故 P 与 P' 重合，即 O，B，P，C 共圆．由于 $\angle APC = \angle OBC = 90°-\angle A$，故 $\angle AQD = 90°-\angle A$，于是 $QD \perp AC$．而 $PR \perp AC$，于是 $QD \parallel PR$．同理 $RD \parallel PQ$，因此结论成立．

例 2 D 为 $\triangle ABC$ 的边 AC 上一点，E 和 F 分别为线段 BD 和 BC 上的点，满足 $\angle BAE = \angle CAF$．再设 P，Q 为线段 BC 和 BD 上的点，使得 $EP \parallel QF \parallel DC$．求证：$\angle BAP = \angle QAC$．

证明 如图 1.11，在 AB 上取点 R，使 $RE \parallel AQ$，连 RE，RP．

易知 $\triangle REP$ 与 $\triangle AQF$ 位似，故

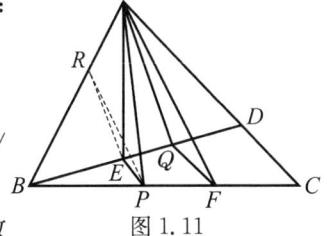

图 1.11

$\angle QAF = \angle ERP$,$\angle RPE = \angle AFQ$. 而 $QF \parallel CD$,故 $\angle AFQ = \angle FAC = \angle BAE$,从而 $\angle RPE = \angle BAE$,所以 R,A,P,E 共圆(R 与 A 不重合),于是 $\angle QAF = \angle ERP = \angle EAP$.

又 $\angle CAF = \angle BAE$,相加即得 $\angle QAC = \angle BAP$.

例3 已知 $\triangle ABC$ 中,$AB = AC$,P,Q,R 分别为 BC,AB 与 AC 上的动点,保持 $\angle QPR = \theta$ 为定值,$QP = RP$. 求证:$AQ + AR$ 为定值.

证明

方法一 如图 1.12(A),作 $\angle QPR$ 的角平分线(或其反向延长线),在其上找一点 K,使 $\angle QKP = \angle RKP = 180° - \angle B = 180° - \angle C$(在反向延长线上时为 $\angle QKP = \angle RKP = \angle B = \angle C$).

现在讨论 K 在角平分线上的情形. $\angle QKR = 360° - \angle QKP - \angle RKP = \angle B + \angle C = 180° - \angle A$,故 A,Q,K,R 共圆. 又 $QK = RK$,作 $KM \perp AB$ 于点 M,$KN \perp AC$ 于点 N,不妨设 M 在 AQ 外,N 在 AR 上(即 $\angle AQK \geqslant 90°$,$\angle ARK \leqslant 90°$),于是 $\triangle QKM \cong \triangle RKN$,$MK = NK$,$MQ = NR$,$AK$ 为 $\angle BAC$ 平分线,则 $\angle KAB = \frac{1}{2}\angle BAC$,$\angle ABK = \angle QPK = \frac{\theta}{2}$,所以 K 为定点. $AQ + AR = AM + AN = 2AK\cos\dfrac{\angle BAC}{2}$,为定值. 证毕. K 在角平分线的反向延长线上时同理可证.

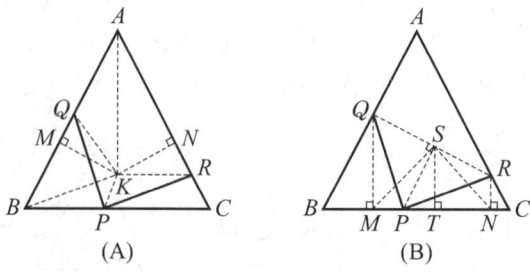

图 1.12

方法二 如图 1.12(B),连 RQ,作 QM, RN 分别垂直 BC 于点 M, N. 取 RQ 中点 S,作 $ST \perp BC$ 于点 T,连 SM, SN.

易知 Q, M, P, S 共圆,S, P, N, R 共圆,故 $\angle SMN = \angle PQR = \angle PRQ = \angle SNM$,$\triangle SMN \backsim \triangle PQR$,$\triangle SMN$ 形状固定. 于是,$\dfrac{QM+RN}{MN} = \dfrac{2ST}{MN} = k$(定值).

又 $QM = BM\tan B$,$RN = CN\tan C = CN\tan B$,代入上式,得 $(BM+CN)\tan B = k(BC-BM-CN)$,于是 $BM+CN = \dfrac{k \cdot BC}{\tan B + k}$,$BQ+CR = \dfrac{k \cdot BC}{\sin B + k\cos B}$,为定值,故 $AQ+AR$ 为定值.

例4 在 $\triangle ABC$ 中,$\angle ABC = 90°$,D, G 是边 CA 上的两点,连 BD, BG. 过点 A, G 分别作 BD 的垂线,垂足分别为 E, F,连 CF. 已知 $BE = EF$. 求证:$\angle ABG = \angle DFC$.

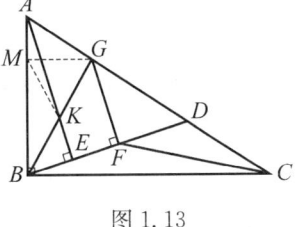

图 1.13

证明 **方法一** 如图 1.13,作 $GM \perp AB$ 于点 M,设 AE 与 BG 的交点为 K,连 KM. 由 $BE = EF$ 及 $AE /\!/ GF$ 知,K 为 Rt$\triangle BGM$斜边 BG 上的中点,所以 $BK = KG = MK$,$\angle ABG = \angle BMK$.

因为 $BF \cdot AK = 4S_{\triangle ABK} = 2S_{\triangle ABG} = AB \cdot MG$,又 $MG /\!/ BC$,所以 $\dfrac{AB}{BC} = \dfrac{AM}{MG}$,$AB \cdot MG = BC \cdot AM$,$BF \cdot AK = BC \cdot AM$,即 $\dfrac{BF}{BC} = \dfrac{AM}{AK}$.

结合 $\angle KAB = \angle CBD$,知 $\triangle KAM \backsim \triangle CBF$,所以 $\angle AMK = \angle CFB$,于是 $\angle BMK = \angle CFD$,故 $\angle ABG = \angle DFC$.

方法二 如图 1.14,作 Rt$\triangle ABC$ 的外接圆 ω,延长 BD, AE 分别交 ω 于点 K, J.

15

连 BJ,CJ,KJ,FJ. 易知 $\angle BAJ = \angle KBC$,故 $BJ = KC$. 于是四边形 $BJCK$ 是等腰梯形. 又 AJ 垂直平分 BF,故 $BJ = FJ$,故四边形 $FJCK$ 是平行四边形.

设 AE 与 BG 的交点为 M,FC 与 JK 的交点为 N,则 M, N 分别是 BG 和 FC 的中点,于是

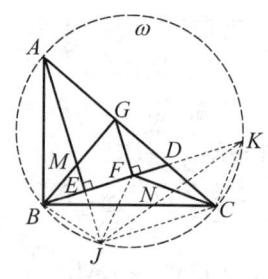

图 1.14

$$\frac{AB}{AG} = \frac{\sin\angle MAG}{\sin\angle BAM} = \frac{\sin\angle JKC}{\sin\angle BKJ} = \frac{FK}{CK}.$$

又 $\angle BAG = \angle FKC$,于是 $\triangle BAG \backsim \triangle FKC$,所以 $\angle ABG = \angle DFC$.

点评 本题系作者改编自叶中豪老师的某一结论,作者提供的是方法二,后来得知有人给出了更简洁的方法一,令人赞叹. 当然两种证法各有千秋.

例 5 四边形 $ABCD$ 中,点 P 满足 $\angle PAB = \angle CAD$,$\angle PCB = \angle ACD$. O_1, O_2 分别是 $\triangle ABC$,$\triangle ADC$ 的外心(均在形内). 求证:$\triangle PO_1B \backsim \triangle PO_2D$.

证明

如图 1.15,延长 CP 交 $\triangle ABC$ 的外接圆于点 Q,连 QA,QB,QO_1,AO_2.

在等腰 $\triangle O_1BQ$ 和等腰 $\triangle O_2AD$ 中,由于 $\angle BO_1Q = 2\angle BCQ = 2\angle ACD = \angle AO_2D$,故

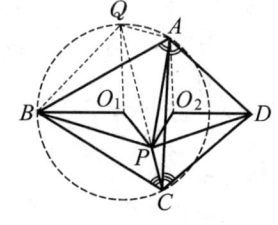

图 1.15

$$\triangle O_1BQ \backsim \triangle O_2AD. \tag{1}$$

又在 $\triangle PAQ$ 中,由正弦定理,

第一讲 反相似(不需要画出圆的四点共圆)

$$\frac{PQ}{PA} = \frac{\sin\angle PAQ}{\sin\angle PQA} = \frac{\sin(\angle PAB + \angle BAQ)}{\sin\angle CBA}$$

$$= \frac{\sin(\angle DAC + \angle BCQ)}{\sin\angle CBA} = \frac{\sin(\angle DAC + \angle DCA)}{\sin\angle CBA}$$

$$= \frac{\sin\angle CDA}{\sin\angle CBA} = \frac{\dfrac{AC}{R_2}}{\dfrac{AC}{R_1}} = \frac{R_1}{R_2},$$

其中 R_1,R_2 分别是 △BAC 和 △DAC 的外接圆半径.

而 $BQ = 2R_1\sin\angle BCQ$,$DA = 2R_2\sin\angle ACD$,

故 $\dfrac{BQ}{DA} = \dfrac{R_1}{R_2}$,由此 $\dfrac{PQ}{PA} = \dfrac{BQ}{DA}$.

又 $\angle BQP = \angle BAC = \angle PAD$,所以

$$\triangle PQB \backsim \triangle PAD. \tag{2}$$

由式(1),(2),可知 O_1,O_2 是相似 △PQB 和 △PAD 中的对应点,从而得 △PBO$_1$ ∽ △PDO$_2$. 证毕.

例6 △ABC 中,I 是内心,P 在 BC 一侧外,$IP \perp BC$,$\angle IBP + \angle ICP = 90°$,P 在 IB,IC 上的垂足分别是 M,N. 求证:$\angle MAN = \dfrac{1}{2}\angle BAC$.

证明

如图 1.16,设 IP 与 BC 交于点 Q,易知有 $IM \cdot IB = IQ \cdot IP = IN \cdot IC$.

故可在射线 IA 上找一点 K,使 A,B,M,K 共圆,A,C,N,K 共圆. 连 KB,KM,KN,KC,于是 $\angle BIC - \angle KNI = 90° + \dfrac{1}{2}\angle BAC - \angle IAC = 90°$,$BI \perp NK$,$PM \mathbin{/\mkern-5mu/} NK$. 同理,$PN \mathbin{/\mkern-5mu/} MK$,四边形 KMPN 是平

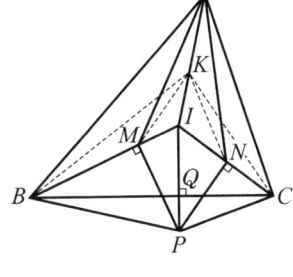

图 1.16

行四边形.

又由 $\angle IBP + \angle ICP = 90°$,知 $\triangle BMP \backsim \triangle PNC$,故有

$$\frac{KM}{BM} = \frac{PN}{BM} = \frac{CN}{PM} = \frac{CN}{KN}.$$

又 $\angle KMI = \angle BAI = \angle CAI = \angle KNI$,于是 $\triangle BMK \backsim \triangle KNC$,故有

$$\angle BAM = \angle BKM = \angle KCN = \angle IAN.$$

结合 AI 平分 $\angle BAC$,即得结论.

> **点评** 这一方法巧妙得令人欣赏,但也不易想到. 不过证明 $\angle BAM = \angle IAN$ 这一突破口是不难看出的,为此可证明 $\dfrac{\sin\angle BAM}{\sin\angle IAM} = \dfrac{\sin\angle IAN}{\sin\angle NAC}$,运用三角函数和面积比,也就无需添辅助线了. 叶中豪老师发现,联结双心四边形(既有外接圆、又有内切圆的四边形)对角线所分出的 8 个三角形的内心在一个圆上,本题即为证明这一八点共圆命题的主要步骤.

例7 已知凸四边形 $ABCD$,$AC \perp BD$,F, G, H, E 分别在 AB, BC, CD, DA 上,$AB \perp FD$,$BC \perp DG$,$CD \perp BH$,$AD \perp BE$. 求证:FH, GE, AC 共点.

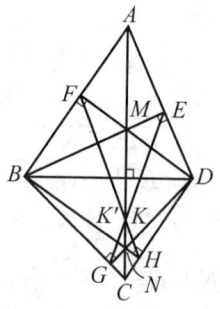

图 1.17

证明

如图 1.17,设 $\triangle ABD$,$\triangle BCD$ 的垂心分别为 M, N,FH 与 AC 交于点 K,EG 与 AC 交于点 K'.

第一讲 反相似(不需要画出圆的四点共圆)

由正弦定理及四点共圆,有

$$\frac{MK}{MF} = \frac{\sin\angle HFD}{\sin\angle MKF} = \frac{\sin\angle HBD}{\sin\angle MKF} = \frac{\sin\angle DCA}{\sin\angle MKF},$$

$$\frac{NK}{NH} = \frac{\sin\angle FHB}{\sin\angle NKH} = \frac{\sin\angle FDB}{\sin\angle MKF} = \frac{\sin\angle BAC}{\sin\angle MKF},$$

于是 $\dfrac{MK}{NK} = \dfrac{MF}{NH} \cdot \dfrac{\sin\angle DCA}{\sin\angle BAC} = \dfrac{AM}{CN}$.

同理,$\dfrac{MK'}{NK'} = \dfrac{AM}{CN}$,得 K 与 K' 重合,即 FH,GE,AC 共点.

例 8 $\triangle ABC$ 中,BE,CF 是角平分线,P 在 BC 上,$AP \perp EF$. 求证:$AB - AC = PB - PC$ 的充要条件是 $AB = AC$ 或 $\angle BAC = 90°$.

证明

先证充分性. 若 $AB = AC$,结论显然成立. 若 $\angle BAC = 90°$,如图 1.18(A),连 PE,PF,作 $EN \perp BC$,$FM \perp BC$,M,N 在 BC 上. 由勾股定理及角平分线性质,易知 $PM^2 = FP^2 - FM^2 = FP^2 - FA^2 = EP^2 - EA^2 = EP^2 - EN^2 = PN^2$,故 $PM = PN$. 考虑到 $BN = BA$,$CM = CA$,于是 $BP - PC = (BP + PN) - (PC + PM) = BN - CM = AB - AC$.

证毕.

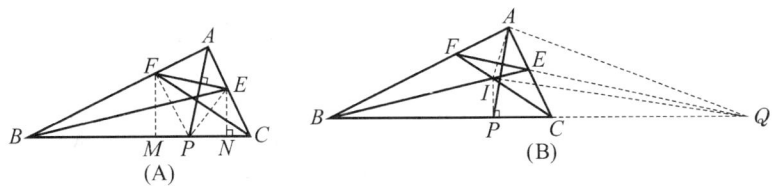

图 1.18

再证必要性.

当 $AB = AC$ 时,结论显然成立. 于是不妨设 $AB > AC$. 如图 1.18(B),FE 与 BC 延长后交于点 Q,由门奈劳斯定理及角平分线性质,知 AQ 为 $\angle BAC$ 的外角平分线. 由 P 的位置知,P 为 $\triangle ABC$ 内切圆与 BC 的切点,于是 $IP \perp BC$,I 为内心. 连 IQ,IA,于是 $IA \perp QA$. 又由 $FQ \perp AP$,及 A,I,P,Q 共圆,有 $\angle IQP = \angle IAP = \angle AQE$. 设 $\angle AQE = \alpha = \angle IQP$,$\angle AQI = \beta = \angle EQC$,$\triangle ABC$ 三对应边长为 a,b,c.

设内切圆半径为 r,则 $AI = \dfrac{r}{\sin\dfrac{A}{2}}$. 于是 $\sin\dfrac{A}{2} = \dfrac{IP}{AI} =$

$\dfrac{\sin\angle IQP}{\sin\angle IQA} = \dfrac{\sin\alpha}{\sin\beta} = \dfrac{\sin\angle AQE}{\sin\angle EQC}$. 又 $\dfrac{AQ}{CQ} = \dfrac{\sin C}{\cos\dfrac{A}{2}}$,$\dfrac{AQ\sin\alpha}{CQ\sin\beta} =$

$\dfrac{AE}{EC} = \dfrac{AB}{BC} = \dfrac{c}{a}$,故 $\dfrac{\sin C}{\cos\dfrac{A}{2}}\sin\dfrac{A}{2} = \dfrac{c}{a}$.

由正弦定理,得 $1 = 2\sin^2\dfrac{A}{2}$,$\sin\dfrac{A}{2} = \dfrac{\sqrt{2}}{2}$,故 $\angle BAC = 90°$.

> **点评** 本题是叶中豪先生告诉作者的,具有相当的难度. 其中辅助线就是用来转移"纠结"的点线之矛盾的.

例 9 如图 1.19,已知 E,F 是 $\angle AOB$ 内的两点,且满足 $\angle AOE = \angle BOF$. 自 E,F 向 OA 作垂线,垂足分别为 E_1,F_1;自 E,F 向 OB 作垂线,垂足分别为 E_2,F_2. 连 E_1E_2,F_1F_2,并设两直线交于点 P. 求证:$OP \perp EF$.

证明 设 OE 和 E_1E_2 交于点 M,OF 和 F_1F_2 交于点 N,连 MN,并设 E_1E_2 与 OF

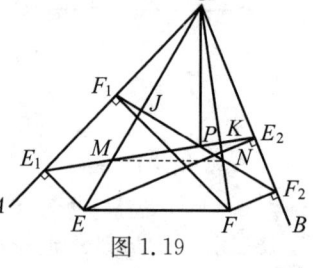

图 1.19

交于点 K，F_1F_2 与 OE 交于点 J.

先证 $MN \parallel EF$.

因为 $\angle AOE = \angle BOF$，所以 $\mathrm{Rt}\triangle OE_1E \backsim \mathrm{Rt}\triangle OF_2F$. 同理，因为 $\angle AOF = \angle BOE$，所以 $\mathrm{Rt}\triangle OF_1F \backsim \mathrm{Rt}\triangle OE_2E$. 将两组相似直角三角形合起来，就得到四边形 $OE_1EE_2 \backsim$ 四边形 OF_2FF_1. 而因上述两个四边形的对角线交点 M，N 分别是相似图形的对应点，所以

$$\frac{OM}{ME} = \frac{ON}{NF}, \quad MN \parallel EF.$$

再证 P 是 $\triangle OMN$ 的垂心.

由 O，F_1，F，F_2 四点共圆，得 $\angle F_2OF = \angle F_2F_1F$；

由四边形 $OE_1EE_2 \backsim OF_2FF_1$，得 $\angle F_2F_1F = \angle E_1E_2E$；

注意到 $EE_2 \perp OB$，得

$$\angle F_2OF + \angle OE_2E_1 = \angle E_1E_2E + \angle OE_2E_1 = 90°,$$

由此 $OF \perp E_1E_2$. 同理，$OE \perp F_1F_2$，即 $MK \perp ON$，$NJ \perp OM$，故点 P 是 $\triangle OMN$ 的垂心，所以 $OP \perp MN$. 因为前面已证 $MN \parallel EF$，所以 $OP \perp EF$.

例 10 如图 1.20，已知锐角 $\triangle ABC$，M 为 AC 的中点，O 为外心. 延长 OM 至 P，使 $AP = OP$，又在直线 AB，BC 上分别找点 Q，R，使 $\angle BQM = \angle BRM = \angle B$. 求证：$BP \perp QR$.

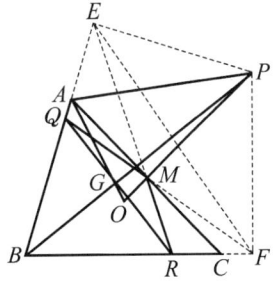

图 1.20

证明

Q，R 的位置似乎不太好，需要有更好的刻画方式.

不妨设 $\angle ABC = \theta$，延长 RM，BA 交于点 E，延长 QM，BC 交于点 F，连 PE，PF，EF. 易知 $\angle BER = \angle QFB = 180° - 2\theta = 180° - 2\angle AOP = \angle APO = \angle CPO$，故 E，Q，R，F 共圆，E，A，M，P 共圆，P，M，C，F 也共圆. 由于 $OP \perp AC$，故 $PE \perp BE$，$PF \perp BF$，E，

P,F,B 也共圆.

这样我们就可以开始简化图形了. 作圆内接四边形 $PEBF$，BP 是直径. 再在 EB，BF 上分别找点 Q,R，使 E,Q,R,F 共圆，则 $QR \perp BP$. 简化的图形如图 1.21 所示.

因此，原命题得证.

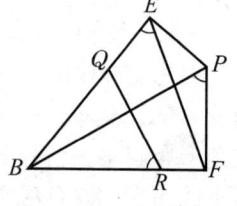

图 1.21

第一讲 反相似(不需要画出圆的四点共圆)

习题 1.b

1. O 是 $\triangle ABC$ 的外心,$AB = AC$,$\angle B$ 的平分线交 AC 于点 K,AB 上有一点 S,$SO \perp BK$,AC 上有一点 Q,$QS \perp SO$. 求证:$AS = QK$.

2. 在锐角 $\triangle ABC$ 中,$\angle A = 60°$,$AB > AC$,O 是外心,高 BE,CF 交于点 H,M,N 分别在线段 BH,HF 上,且满足 $BM = CN$. 求 $\dfrac{MH+NH}{OH}$ 的值.

3. 设 D 是 $\triangle ABC$ 内一点,满足 $\angle DAC = \angle DCA = 30°$,$\angle DBA = 60°$,$E$ 是 BC 的中点,F 在 AC 上,$AF = 2CF$. 求证:$DE \perp EF$.

4. 锐角 $\triangle ABC$ 中,$AB \neq AC$,H 为垂心,M 为 BC 的中点,D,E 分别在 AB,AC 上,且 $AE = AD$,D,H,E 共线. 求证:HM 平行于 $\triangle ABC$ 与 $\triangle ADE$ 的外心连线.

5. P,Q 是 $\triangle ABC$ 的位于 $\angle BAC$ 内部的两点,直线 PQ 是 BC 的中垂线,且满足 $\angle ABP + \angle ACQ = 180°$. 求证:$\angle BAP = \angle CAQ$.

6. 在直角 $\triangle ABC$ 中,D 是斜边 AB 的中点,$MB \perp AB$,MD 交 AC 于点 N,MC 的延长线交 AB 于点 E. 求证:$\angle DBN = \angle BCE$.

7. 已知锐角 $\triangle ABC$ 的外心,垂心分别为 O,H,D 为高 CH 的垂足,过 D 作 OD 的垂线与 BC 交于点 E. 证明:$\angle DHE = \angle ABC$.

8. $\triangle ACE$ 中有一点 D,直线 ED,CD 分别交 AC,AE 于点 B,F,P 是四边形 $ABDF$ 内一点. 证明:$\angle BPC = \angle EPF \Leftrightarrow \angle APB + \angle DPF = 180°$.

9. 凸四边形 $ABCD$ 内,AB,CD 的中垂线交于点 E,$\angle AEB = \angle CED$,AD,BC 的中垂线交于点 F,$\angle AFD = \angle BFC$. 求证:$\angle AFD + \angle AEB = 180°$.

10. O 是锐角 $\triangle ABC$ 的外心,$\angle B < \angle C$,直线 AO 交 BC 于点 D,$\triangle ABD$,$\triangle ACD$ 的外心分别为 E,F,延长 BA 和 CA,在延长线上

分别取点 G, H,使 $AG = AC$,$AH = AB$. 证明:四边形 $EFGH$ 是矩形的充要条件是 $\angle ACB - \angle ABC = 60°$.

11. 已知凸四边形 $ABCD$,$\angle ABD = 14°$,$\angle DBC = 32°$,$\angle ACB = 46°$,$\angle ACD = 28°$,求 $\angle ADB$ 的大小.

12. 求证:过锐角三角形陪位重心的 3 条逆平行线在三角形三边上所截的弦与对角的余弦成比例.

13. 设 $\triangle ABC$ 内有两点 P,P' 互为等角共轭点,它们在 BC,CA,AB 上的射影分别为 X, Y, Z;X', Y', Z'. 证明:$PX \cdot PX' = PY \cdot PY' = PZ \cdot PZ'$.

14. 凸四边形 $ABCD$ 内有一点 P,满足 $\angle APD = \angle BPC$,$\angle PAD = \angle PBC$,点 E, F 满足 $AE \perp PD$,$BE \perp PC$,$CF \perp PB$,$DF \perp PA$. 求证:$\dfrac{AE}{BE} = \dfrac{DF}{CF}$.

15. 在正 $\triangle ABC$ 的三边 BC, CA, AB 或其延长线上各取一点 X, Y, Z,求证:$\triangle AYZ$,$\triangle BZX$,$\triangle CXY$ 的欧拉线所交的三角形与 $\triangle ABC$ 全等(若 $\triangle AYZ$ 是正三角形,则以过其中心且平行于 BC 的直线来代替它的欧拉线,余类推).

16. 设锐角 $\triangle ABC$ 内一点 P 关于 $\triangle ABC$ 的三边 BC, CA, AB 的对称点分别为 D, E, F,$\triangle ABC$ 的外心、垂心分别为 O, H. 求证:$\dfrac{S_{\triangle HDE}}{S_{\triangle HDF}} = \dfrac{S_{\triangle OAB}}{S_{\triangle OAC}}$.

17. G, O 分别为 $\triangle ABC$ 的重心、外心,GA, GB, GC 的中垂线两两交于点 A_1, B_1, C_1. 证明:O 是 $\triangle A_1B_1C_1$ 的重心.

18. 已知 $\triangle ABC$ 的 3 个顶点 A, B, C 分别在锐角 $\triangle A_1B_1C_1$ 的边 B_1C_1,C_1A_1,A_1B_1 上,使得 $\angle ABC = \angle A_1B_1C_1$,$\angle BCA = \angle B_1C_1A_1$,$\angle CAB = \angle C_1A_1B_1$. 求证:$\triangle ABC$ 和 $\triangle A_1B_1C_1$ 的垂心到 $\triangle ABC$ 的外心距离相等.

19. $\triangle ABC$ 中,I 是内心,I 在 BC, CA 上的垂足分别是 M, N,射线 BI, MN 交于点 P. 证明:P 在 $\triangle ABC$ 的边 BC 的中位线所在直线上.

20. 在锐角 $\triangle ABC$ 中,H 是垂心,H 在 $\angle A$ 的内、外角平分线上

的垂足分别是 M, N. 求证：直线 MN 经过 BC 的中点.

21. 设 D 是 $\triangle ABC$ 的边 BC 上一点，但非其中点，O_1, O_2 分别是 $\triangle ABD, \triangle ADC$ 的外心. 求证：$\triangle ABC$ 的中线 AK 的中垂线经过 O_1O_2 的中点.

22. 在锐角 $\triangle ABC$ 中，$AB > AC$，M 是边 BC 的中点，P 是 $\triangle AMC$ 内一点，使得 $\angle MAB = \angle PAC$. 设 $\triangle ABC, \triangle ABP, \triangle ACP$ 的外心分别是 O, O_1, O_2. 证明：直线 AO 平分线段 O_1O_2.

23. P 是 $\triangle ABC$ 的 BC（或延长线）上一点，X 是 AP 上一点，若有 Y, Z，使 $\triangle XCP$ 与 $\triangle YAC$（对应）反相似，$\triangle XBP$ 与 $\triangle ZAB$（对应）反相似，求证：X, Y, Z 共线.

24. O 与 O' 是 $\triangle ABC$ 的等角共轭点，X, Y, Z 及 X', Y', Z' 各是 O 及 O' 在 BC, CA, AB 上的射影. 设 YZ 与 $Y'Z'$ 交于点 P，ZX' 与 $Z'X$ 交于点 Q，XY' 与 $X'Y$ 交于点 R. 求证：O, O', P, Q, R 五点共线.

25. 凸四边形 $ABCD$ 内有一点 P，$\triangle APD$ 与 $\triangle BPC$（对应）相似，且其垂心分别为 H_1, H_2. 求证：直线 H_1H_2, AB, CD 共点或平行.

26. I, H 分别是 $\triangle ABC$ 的内心和垂心，B_1, C_1 分别为边 AC, AB 的中点，射线 B_1I 交边 AB 于点 B_2（不同于 B），射线 C_1I 交边 AC 的延长线于点 C_2，B_2C_2 与 BC 相交于点 K，A_1 为 $\triangle BHC$ 外心. 证明：A, I, A_1 共线的充要条件是 $S_{\triangle BKB_2} = S_{\triangle CKC_2}$.

27. 凸四边形 $ABCD$，对边不平行，对角线交于点 O. 求证：若 $\triangle ADO$ 与 $\triangle BCO$ 的垂心连线与直线 AB, CD 共点，则 $\triangle ABO$ 与 $\triangle CDO$ 的垂心连线与直线 AD, BC 共点.

28. P 在 $\triangle ABC$ 的内部，P 在 BC, CA, AB 上的射影分别为 D, E, F，过 A 分别作直线 BP, CP 的垂线，垂足分别为 M, N. 求证：直线 ME, NF, BC 共点.

29. O, H 是锐角 $\triangle ABC$ 的外心和垂心，证明：在 BC, CA, AB 上分别存在 D, E, F，使得 $OD + DH = OE + EH = OF + FH$，且直线 AD, BE, CF 共点.

30. 给定正 $\triangle ABC$，A_1, B_1, C_1 分别是 BC, CA, AB 的中点，过 A_1, B_1, C_1 的直线 p, q, r 平行，且 p, q, r 分别与直线 B_1C_1, C_1A_1,

A_1B_1 交于点 A_2,B_2,C_2. 证明：直线 AA_2,BB_2,CC_2 交于一点.

31. 已知凸四边形的四边长分别为 a,b,c,d,求其面积的最大值.

32. 设 I 为 $\triangle ABC$ 的内心，P 是 $\triangle ABC$ 内部的一点，且满足 $\angle PBA + \angle PCA = \angle PBC + \angle PCB$. 求证：$AP \geqslant AI$，且等号成立的充要条件是 P 与 I 重合.

第一讲 反相似(不需要画出圆的四点共圆)

§1.3 题设或结论中出现四点共圆

例 1 凸四边形 $ABCD$ 中,$\angle ADC = 90°$,B 在直线 AD,AC 上的垂足分别为 E,F,其中 E 在 DA 延长线上,F 在线段 AC 上. 若 EF 经过 BD 的中点,证明:A,B,C,D 四点共圆.

证明

如图 1.22 所示设好 $\angle 1$,$\angle 2$,$\angle 3$,$\angle 4$.

EF 平分 BD 意即 $S_{\triangle EFB} = S_{\triangle EFD}$,即 $BE\sin\angle 1 = ED\sin(90° - \angle 1)$,于是 $\tan\angle 1 = \dfrac{ED}{BE} = \cot\angle 2 = \tan\angle 3$,故 $\angle 1 = \angle 3$.

又 A,E,B,F 共圆,$\angle 1 = \angle 4$,
因此 A,B,C,D 四点共圆.

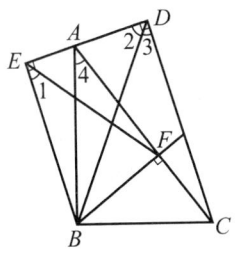

图 1.22

例 2 AD 是 $\triangle ABC$ 的中线,E,F 在 AD 上,$AE = BE$,$AF = CF$,直线 BE,CF 交于点 K. 求证:A,M,K,N 共圆,其中 M,N 分别是 AB,AC 中点.

证明

此题较依赖于 $\triangle ABC$ 的形状. 图 1.23 中的 $\angle ACB > 90°$,其余情形可类推.

记 $d(X, ST)$ 为点 X 至直线 ST 的距离,易知有 $d(A, BE) = d(B, AD) = d(C, AD) = d(A, CF)$,故 KA 平分 $\angle BKC$ 的对顶角. 易知 $\angle BKC = 180° - (\angle B + \angle C - \angle A) = $

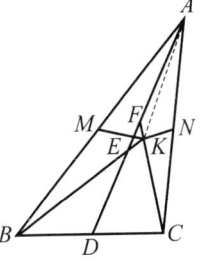

图 1.23

$2\angle A$, $\angle FKA = \angle A$,于是 $\angle BAK = \angle ACK$, $\angle ABK = \angle CAK$, $\triangle ABK \backsim \triangle CAK$. KM, KN 是对应中线,故 $\angle MKN = \angle MKA + \angle NKA = \angle MKA + \angle MKB = \angle AKB = 180° - \angle BAC$.

因此 A, M, K, N 四点共圆.

此题证明过程较为曲折,应注意中间结果的重要性.

例3 已知平行四边形 $ABCD$, E 在 BC 上, AE, DC 延长后交于点 F, O 是 $\triangle ECF$ 的外心(在 $\triangle ECF$ 内). 若 B, O, C, D 共圆, 证明: $AD = FD$.

证明 如图 1.24,设 $\angle CBO = \angle CDO = \theta$, $\angle BCO = \alpha$, $\angle OFD = \beta$. 作 $OM \perp BC$ 于点 M, $ON \perp CF$ 于点 N, 则 M, N 分别是 CE, CF 的中点.

易知 $\dfrac{BM}{MC} = \dfrac{BE + EM}{MC} = \dfrac{BE}{CM} + 1 = \dfrac{2BE}{EC} + 1 = \dfrac{2BC}{EC} - 1 = \dfrac{2AD}{CE} - 1 = \dfrac{2DF}{CF} - 1 = \dfrac{2DC}{CF} + 1 = \dfrac{CD}{NF} + 1 = \dfrac{ND}{NF}$,此即 $\dfrac{BO\cos\theta}{CO\cos\alpha} = \dfrac{DO\cos\theta}{OF\cos\beta}$, 于是 $\dfrac{BO}{\cos\alpha} = \dfrac{DO}{\cos\beta}$.

图 1.24

又由正弦定理, $\dfrac{BO}{\sin\alpha} = \dfrac{CO}{\sin\theta} = \dfrac{FO}{\sin\theta} = \dfrac{DO}{\sin\beta}$, 于是 $\tan\alpha = \tan\beta$, $\alpha = \beta$, $\triangle BOC \cong \triangle DOF$, 故 $AD = BC = DF$.

例4 已知凸四边形 $ABDC$, 点 P 在 $\triangle ABC$ 内部(不在边界上), 且 $\angle ABP = \angle CBD$, $\angle ACP = \angle BCD$, $AP = DP$. 求证: 点 A,

第一讲　反相似(不需要画出圆的四点共圆)

B，D，C 共圆.

证明

如图 1.25，在 CA 或其延长线上取一点 E，连 BE，PE，使 $\angle CEP = \angle CBD$.

易知 $\triangle BDC$ 与 $\triangle EPC$ 顺向相似，故 $\triangle PCD$ 亦与 $\triangle ECB$ 顺向相似. 再加上 $\angle PEC = \angle ABP$，知点 A，B，P，E 共圆，于是 $\angle DPC = \angle BEC = 180° - \angle AEB = 180° - \angle APB$. 由正弦定理有 $\dfrac{AP}{\sin \angle ABP} = \dfrac{AB}{\sin \angle APB}$，即 $AP = \dfrac{AB}{\sin \angle DPC} \cdot \sin \angle CBD$，又有 $\dfrac{PD}{\sin \angle PCD} = \dfrac{CD}{\sin \angle DPC}$，由 $AP = DP$，$\angle PCD = \angle ACB$，得 $AB \sin \angle CBD = CD \sin \angle ACB$，于是 $\dfrac{AB}{\sin \angle ACB} = \dfrac{CD}{\sin \angle CBD}$. 这表明 $\triangle ABC$ 与 $\triangle BCD$ 有大小一样的外接圆，于是 $\angle BAC = \angle BDC$，或 $\angle BAC + \angle BDC = 180°$. 前者是不可能的，否则 $\angle PBD + \angle BDC + \angle DCP = \angle ABC + \angle BAC + \angle BCA = 180°$. 这样一来，有 $\angle BPC = 180°$，则点 P 在 BC 边上，与它在 $\triangle ABC$ 内部矛盾. 故 $\angle BAC + \angle BDC = 180°$，即点 A，B，C，D 共圆.

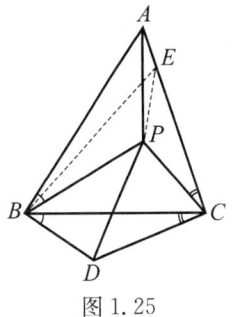

图 1.25

例 5　已知锐角 $\triangle ABC$ 中，$AB > AC$，$AD \perp BC$ 于点 D，G，F 分别在 AB，AC 上，GC，BF，AD 交于点 H. 若 G，B，C，F 共圆，证明：H 为 $\triangle ABC$ 的垂心.

证明

如图 1.26，易知 $BD > CD$. 今在 BD 上找一点 E，使 $ED = CD$. 连 AE，HE，则 E 与 C 关于 AD 对称. 于是由对称及 G，B，C，F 共圆，得 $\angle ABH = \angle ACH = \angle AEH$，于是 A，B，E，H

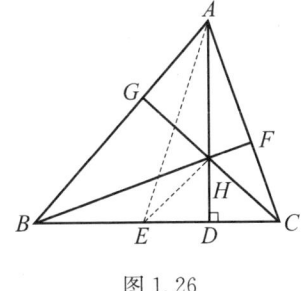

图 1.26

共圆,故 $\angle BAD = \angle HEC = \angle HCE$. 于是 $\angle AGH = \angle HDC = 90°$, 故 H 为垂心.

例 6 已知 $\triangle ABC$, D, E 分别在 AC, AB 上, BD, CE 交于点 F, $ED \parallel BC$. 求证: $\triangle AEF$, $\triangle ADF$, $\triangle EFB$, $\triangle DFC$ 的外心四点共圆.

证明

如图 1.27, 设 $\triangle BEF$, $\triangle DFC$ 的外心分别为 O_1, O_2, O 为 $\triangle EFD$ 的外心, 于是 OO_1 垂直平分 EF, OO_2 垂直平分 DF.

设 $\angle EFB = \angle DFC = \theta$, 则由垂径定理知 $OO_1 \sin\theta = \dfrac{1}{2} BD$, $OO_2 \sin\theta = \dfrac{1}{2} CE$, 于是 $\dfrac{OO_1}{OO_2} = \dfrac{BD}{CE} = \dfrac{FD}{EF}$.

易知 AF 过 ED 中点(由塞瓦定理或面积比). 作 $KD \parallel EF$, K 在 AF 上, 则 $KD = EF$, 又 $\angle KDF = 180° - \angle EFD = \angle O_1 O O_2$, 故 $\triangle O_1 O O_2 \sim \triangle FDK$.

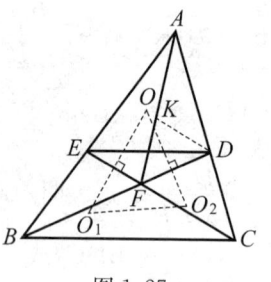

图 1.27

又设 $\triangle AEF$, $\triangle ADF$ 的外心分别为 O_3, O_4 (图中未画出), 于是 O_3, O_4 分别在直线 $O_1 O$ 与 $O_2 O$ 上, 且 $O_3 O_4 \perp AF$, 于是 $\angle OO_4 O_3 = \angle KFD = \angle OO_1 O_2$, 于是 O_1, O_2, O_3, O_4 四点共圆.

例 7 给定锐角 $\triangle PBC$, $PB \neq PC$. 设 A, D 分别是边 PB, PC 上的点, 连 AC, BD 交于点 O. 过 O 分别作 $OE \perp AB$, $OF \perp CD$, 垂足分别为 E, F. 线段 BC, AD 的中点分别为 M, N.

(1) 若 A, B, C, D 四点共圆, 求证: $EM \cdot FN = EN \cdot FM$;

(2) 若 $EM \cdot FN = EN \cdot FM$, 是否一定有 A, B, C, D 四点共圆? 证明你的结论.

解 (1) 如图 1.28(A), 设 Q, R 分别是 OB, OC 的中点, 连 EQ,

MQ, FR, MR,则

$$EQ = \frac{1}{2}OB = RM, \quad MQ = \frac{1}{2}OC = RF.$$

又四边形 $OQMR$ 是平行四边形,所以 $\angle OQM = \angle ORM$.

由题设,A, B, C, D 四点共圆,所以 $\angle ABD = \angle ACD$,于是 $\angle EQO = 2\angle ABD = 2\angle ACD = \angle FRO$,所以 $\angle EQM = \angle EQO + \angle OQM = \angle FRO + \angle ORM = \angle FRM$,故 $\triangle EQM \cong \triangle MRF$, $EM = FM$.

同理可得 $EN = FN$,所以 $EM \cdot FN = EN \cdot FM$.

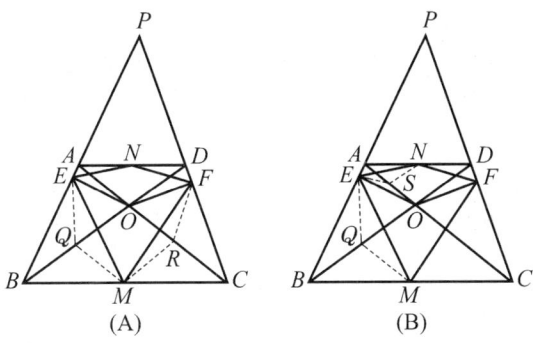

图 1.28

(2) 答案是否定的.

当 $AD \parallel BC$ 时,由于 $\angle B \neq \angle C$,A, B, C, D 四点不共圆,但此时仍然有 $EM \cdot FN = EN \cdot FM$. 证明如下:

如图 1.28(B),设 S, Q 分别是 OA, OB 的中点,连 ES, EQ, MQ, NS,则 $NS = \frac{1}{2}OD$, $EQ = \frac{1}{2}OB$,所以

$$\frac{NS}{EQ} = \frac{OD}{OB}. \tag{1}$$

又 $ES = \frac{1}{2}OA$, $MQ = \frac{1}{2}OC$,所以

$$\frac{ES}{MQ} = \frac{OA}{OC}. \tag{2}$$

31

而 $AD \parallel BC$，所以

$$\frac{OA}{OC} = \frac{OD}{OB}. \tag{3}$$

由式(1),(2),(3)得 $\dfrac{NS}{EQ} = \dfrac{ES}{MQ}$.

因为 $\angle NSE = \angle NSA + \angle ASE = \angle AOD + 2\angle AOE$,

$\angle EQM = \angle MQO + \angle OQE$
$= (\angle AOE + \angle EOB) + (180° - 2\angle EOB)$
$= \angle AOE + (180° - \angle EOB)$
$= \angle AOD + 2\angle AOE$,

所以 $\angle NSE = \angle EQM$，$\triangle NSE \backsim \triangle EQM$,

故 $\dfrac{EN}{EM} = \dfrac{SE}{QM} = \dfrac{OA}{OC}$（由式(2)）.

同理可得 $\dfrac{FN}{FM} = \dfrac{OD}{OB} = \dfrac{OA}{OC}$，所以 $\dfrac{EN}{EM} = \dfrac{FN}{FM}$，从而 $EM \cdot FN = EN \cdot FM$.

> **点评** 本题角度换算较依赖于图形，读者可分析其他情形. 此外，猜测 $EM \cdot FN = EN \cdot FM$ 等价于以下 3 个条件之一：(1) $AO \cdot OC = BO \cdot OD$；(2) $AO \cdot OD = BO \cdot OC$；(3) $AO \cdot OB = DO \cdot OC$. 有兴趣的读者可一试.

例8 $\triangle ABC$ 的 3 条塞瓦线交于一点 G，将三角形划分为 6 个小三角形. 求证：若这 6 个小三角形的外心两两不重合，则它们共圆的充要条件是 G 为 $\triangle ABC$ 的重心.

证明

不妨设 $\triangle ABC$ 三条中线分别为 AD,BE,CF，G 是重心. 又记

△AFG，△BFG，△BGD，△GDC，△CGE 和 △AGE 的外心分别为 O_1，O_2，O_3，O_4，O_5，O_6.

于是由对称性，O_1，O_2，O_3，O_4，O_5，O_6 六点共圆 $\Leftrightarrow O_1$，O_2，O_3，O_4 共圆且 O_2，O_3，O_4，O_5 共圆.

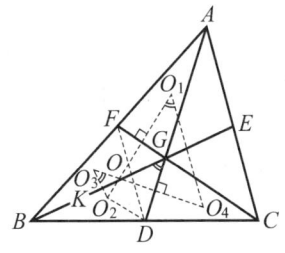

图 1.29

先证充分条件（相对比较困难），且先证 O_1，O_2，O_3，O_4 共圆. 如图 1.29，设 O_1O_2 与 O_3O_4 交于 O，则 O 是 △FGD 的外心.

易知 O_1，O 在 AD 上的投影分别是 AG，GD 的中点，因此若设 $\angle AGF = \theta$，则 $OO_1 \sin\theta = \frac{1}{2}AD$，同理 $OO_4 \sin\theta = \frac{1}{2}CF$，故

$$\frac{OO_1}{OO_4} = \frac{AD}{CF}. \tag{4}$$

又由于 $O_2O_3 \perp BE$，欲证 O_1，O_2，O_3，O_4 共圆，只需证 $\angle O_2O_3O = \angle O_4O_1O$，而 $\angle O_2O_3O = \angle BGD$.

今作 $DK \parallel GF$，K 在 BG 上，则由式（4）有 $\frac{KD}{GD} = \frac{FG}{GD} = \frac{CF}{AD} = \frac{OO_4}{OO_1}$. 又 $\angle KDG = 180° - \angle FGD = \angle O_1OO_4$，故 △$KDG \sim$ △O_4OO_1. 于是 $\angle BGD = \angle OO_1O_4$，结论成立.

注意这里只用了 $FD \parallel AC$，同理有 $FE \parallel BC$，才能满足另一组四点共圆，且可逆推. 于是必要性也顺便证掉了.

下证 G 是重心时，O_2，O_3，O_4，O_5 共圆，所用条件是 $EF \parallel BC$，相当于如下命题：

梯形 $EFBC$ 中，$EF \parallel BC$，BE 与 CF 交于点 G，D 是 BC 中点，则 △FBG，△BDG，△CGD 和 △CGE 的外心 O_2，O_3，O_4，O_5 在一个圆上，如图 1.30 所示.

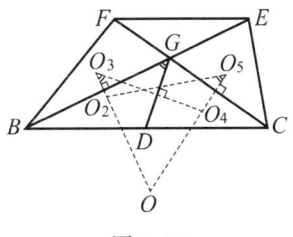

图 1.30

不妨设 $\angle GDB \geq 90° \geq \angle GDC$,各外心位置如图. 于是问题就变为证明 $\angle O_2 O_5 O = \angle BGD$,这里 O 是直线 $O_2 O_3$ 与 $O_4 O_5$ 的交点,亦为 $\triangle BGC$ 的外心.

与前面一样,由于 $\angle O = 180° - \angle BGC$,剩下的任务是证明 $\dfrac{O_2 O}{O_5 O} = \dfrac{CG}{BG}$,而这是显然的,因为 $O_5 O \sin O = \dfrac{1}{2} BE$,而 $O_2 O \sin O = \dfrac{1}{2} CF$,故 $\dfrac{O_2 O}{O_5 O} = \dfrac{CF}{BE} = \dfrac{CG}{BG}$. 证毕.

点评 如果 6 个外心有重合就很难说了,此时有的外心连线也不存在了,比如 3 条塞瓦线正好是 3 条高时. 另外还要说的一点是,本题对图形有一定的依赖.

第一讲 反相似(不需要画出圆的四点共圆)

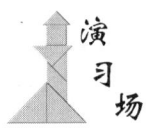

习题 1.c

1. $\triangle ABC$ 中,$\angle A$ 内部有一点 D,若 $\triangle ABC$,$\triangle ABD$,$\triangle ACD$ 的外心和 A 共圆,求 D 的所有可能位置.

2. $\triangle ABC$ 中,X 是 AB 上一点,Y 是 BC 上一点,AY 和 CX 交于点 Z. 若 $AY = CY$,$AB = CZ$. 求证:B, X, Z, Y 共圆.

3. 在锐角 $\triangle ABC$ 中,AD 是 $\angle A$ 的内角平分线,过点 D 分别作 $DE \perp AC$,$DF \perp AB$,垂足分别为 E, F,联结 BE, CF,它们相交于点 H,过 D 作 $DG \perp BE$,垂足为 G. 证明:A, F, G, H 四点共圆.

4. 梯形 $ABCD$ 中,$AB > CD$,K, L 分别在 AB, CD 上,$\dfrac{AK}{BK} = \dfrac{DL}{CL}$,线段 KL 上有点 P, Q,满足 $\angle APB = \angle BCD$,$\angle CQD = \angle ABC$. 证明:P, Q, B, C 共圆.

5. 正方形 $ABCD$ 中,AD 上有一点 K,CD 延长线上有一点 S,$\dfrac{AK}{KD} = \dfrac{SD}{CD} = \dfrac{1}{2}$. 证明:若直线 AS 与 BK 交于点 T,则 A, B, C, D, T 共圆.

6. AC 是 $\triangle ABC$ 的最大边,在 AC 上取点 A_1 和 C_1,使得 $AC_1 = AB$ 和 $CA_1 = CB$,然后在 AB 边上取点 A_2,使得 $AA_2 = AA_1$,而在 CB 边上取点 C_2 使得 $CC_2 = CC_1$. 证明:A_1, A_2, C_1, C_2 共圆.

7. $\triangle ABC$ 中,I 是内心,AB 的中垂线交直线 AI 于点 P,BC 的中垂线交直线 BI 于点 Q,AC 的中垂线交直线 CI 于点 R. 证明:P, Q, R, I 共圆.

8. 设直角 $\triangle ABC$ 的斜边高为 CH,R, S, T 是 $\triangle AHC$,$\triangle CHB$,$\triangle ABC$ 的内心,R', S', T' 是它们在 AB 上的射影. 证明:

   (1) $\triangle RR'T' \cong \triangle T'S'S \sim \triangle ABC$;

   (2) T' 为 $\triangle RST$ 的外心,T 为 $\triangle CRS$ 的垂心;

   (3) A, R, S, B 共圆,R, T', H, S 共圆.

9. △ABC 的边 BC 上有一点 D, △ABD 与 △ACD 的内心与 B, C 四点共圆. 求证: $\dfrac{AD+BD}{AD+CD} = \dfrac{AB}{AC}$.

10. 在 △ABC 中, $AB \neq AC$, I 为内心, AD, BE, CF 是角平分线, DF, DE 分别交 BI, CI 于点 G, H, 求 E, F, G, H 共圆的充要条件.

11. 在锐角 △ABC 中, 高 AD, CF 交于垂心 H, AD, CF 所夹锐角的平分线分别交 AB, BC 于点 P, Q, H 与 AC 中点的连线与 ∠ABC 的平分线相交于点 R. 求证: P, B, Q, R 四点共圆.

12. 设 ABCD 为一凸四边形, I_1, I_2 分别为 △ABC, △DBC 的内心, 过 I_1, I_2 的直线分别交 AB, DC 于点 E, F, 分别延长 AB 和 DC, 它们交于点 P, PE = PF. 求证: A, B, C, D 共圆.

13. A, B, C, D 依次共圆于圆 O, 对角线交于点 P, AB, CD 的中点分别为 E, F, 下列哪个条件可以判定 $AC \perp BD$? (1) $S_{\triangle POE} = S_{\triangle POF}$; (2) $S_{\triangle PEF} = S_{\triangle OEF}$.

14. 凸四边形 ABCD 对角线垂直且交于点 P, P 在 AB, AD 上的垂足分别为 M, N, $AB \neq AD$, 对角线中点连线的中点为 K. 问: 若 KM = KN, 则 A, B, C, D 必共圆吗?

15. 已知 CD 是 △ABC 的高, K 是高上一点(不是垂心). 证明: D 到 AC, BC, BK, AK 的垂足在一个圆上.

16. △ABC 中, AB = AC, BC 的中点是 M, E, F 分别在 AB, AC 上, AE = AF, 以 A 为圆心, AE 为半径作圆, P 是此圆上一点, 且 $PC^2 = PE \cdot PF$. 证明: B, C, P, I 共圆, 其中 I 是 △ABC 的内心.

17. 锐角 △ABC 的 3 条高是 AD, BE, CF, K 是 AD, EF 的交点, L, M 分别是 DK 的中垂线与 AB, AC 的交点. 求证: A, D, L, M 共圆.

18. 在锐角 △ABC 中, AC > BC, CF 是高, O, H 分别是 △ABC 的外心和垂心, F 是 AP 的中点, G 是 AC 的中点, 直线 PH 与 BC, OG 与 FX, OF 与 AC 分别交于点 X, Y, Z. 证明: F, G, Z, Y 四点共圆.

19. 已知凸四边形 ABCD, AC 与 BD, BA 与 CD 延长后, CB 与 DA 延长后, 分别交于点 O, P, Q, O 在 PQ 上的投影为 R. 证明: R 在

第一讲 反相似(不需要画出圆的四点共圆)

四边形 $ABCD$ 四边所在直线上的投影共圆.

20. 凸四边形 $ABCD$ 中,AB 与 CD 不平行,对角线交于点 Q,Q 在 AB,CD 上的垂足分别为 E,F,M,N 分别是 AD,BC 的中点,问:$MN \perp EF$ 的充分必要条件是 A、B、C、D 共圆吗?

21. $\triangle ABC$ 中,E,F 分别在 AB,AC 上,过 E 向 BC,AC 作垂线 EM,EN,过 F 向 BC,AB 作垂线 FP,FQ. 证明:M,N,P,Q 共圆的充要条件是 B,C,E,F 共圆.

22. 已知凸六边形 $A_1A_2A_3A_4A_5A_6$,A_1A_4,A_2A_5,A_3A_6 交于一点 K,且 $A_1A_2 = A_2A_3 = A_2K$,$A_3A_4 = A_4A_5 = A_4K$,$A_5A_6 = A_6A_1 = A_6K$. 求证:该六边形内接于圆.

23. 由已知点向一三角形各边作垂线,以每垂足为起点在所在边(所在直线)上截两线段,使其长度均等于该垂足与已知点的等角共轭点之距离. 证明:六截点共圆.

24. K 是 $\triangle ABC$ 的陪位重心,A',B',C' 分别是 AK,BK,CK 上的点. 证明:

(1) $\triangle A'B'C'$ 与 $\triangle ABC$ 的非对应边所在直线的 6 个交点共圆(塔克(Tucker)圆);

(2) 若过 A',B',C' 分别作 BC,CA,AB 的逆平行线,则它们的 6 个端点共圆.

25. 一三角形的每边所在直线上有一对点,到对顶点的连线均相等. 求证:这 6 条连线的中点共圆.

26. 已知 3 个顺相似的等腰三角形,底边分别在一已知三角形的边所在直线上,顶角顶点则分别是已知三角形的三顶点. 求证:这 3 个等腰三角形的对应腰所在直线的 6 个交点共圆.

27. 证明:三角形每边上的高线足在其他两边上的垂足共 6 点共圆(此圆称为泰勒(Taylor)圆).

28. 已知 H 是锐角 $\triangle ABC$ 的垂心,以 BC 中点为圆心,过 H 的圆与直线 BC 相交于 A_1,A_2 两点,同理定义 B_1,B_2;C_1,C_2. 求证:A_1,A_2,B_1,B_2,C_1,C_2 共圆.

29. A',B',C' 各为 $\triangle ABC$ 的 3 条高 AD,BE,CF 上的点,满足

37

$\dfrac{A'A}{A'D} = \dfrac{B'B}{B'E} = \dfrac{C'C}{C'F} = k$. 证明：$A'$，$B'$，$C'$ 分别在 CA 与 AB，AB 与 BC，BC 与 CA 上的射影共六点共圆.

30. 四边形 $ABCD$ 对角线垂直于 O，O 在四边上有四个垂足 P，Q，R，S，延长 PO，QO，RO，SO 后交对边于点 W，X，Y，Z. 求证：P，Q，R，S，W，X，Y，Z 八点共圆.

31. 在四边形 $ABCD$ 中，$AC \perp BD$，A'，C' 是 AC 上两点，B'，D' 是 BD 上两点. 证明：若 $A'B' \perp AB$，$B'C' \perp BC$，$C'D' \perp CD$，则 $D'A' \perp DA$，且四垂足及 $A'B'$ 与 CD、$B'C'$ 与 DA、$C'D'$ 与 AB、$D'A'$ 与 BC 的四个交点共八点共圆.

32. 在 $\triangle ABC$ 中，E，F 分别在 AC，AB 上，I_1，I_2 分别为 $\triangle FBC$ 和 $\triangle EBC$ 的内心，BE，CF 交于点 T，I_1'，I_2' 分别为 $\triangle FBT$ 和 $\triangle ECT$ 的内心. 证明：若 B，C，E，F 共圆，则 $I_1 I_2 \parallel I_1' I_2'$.

33. 凸四边形 $ABCD$ 对角线垂直且交于点 P，$AB \neq AD$，P 在 AB，AD 上的垂足分别为 M，N，BC，CD 的中点为 Q，R. 若 M，N，Q，R 共圆，问：凸四边形 $ABCD$ 是什么四边形？

34. 已知凸四边形 $ABCD$ 中，$AB = BC$，$AD = DC$，E 是 AB 上一点，F 是 AD 上一点，满足 B，E，F，D 共圆，作 $\triangle DPE$ 顺相似于 $\triangle ADC$，作 $\triangle BQF$ 顺相似于 $\triangle ABC$. 求证：A，P，Q 三点共线.

35. O 是锐角 $\triangle ABC$ 的外心，直线 AO 交 BC 于点 D，动点 E，F 分别在 AB，AC 上，使 A，E，D，F 共圆. 求证：EF 在 BC 上的投影长度是定值.

第二讲 圆与内接直线形

§2.1 圆内接四边形

例1 如图2.1,P,Q在BC上,R,S在AC上,M,N在AB上,且M,N,P,Q共圆,P,Q,R,S共圆,R,S,M,N共圆.求证:P,Q,R,S,M,N六点共圆.

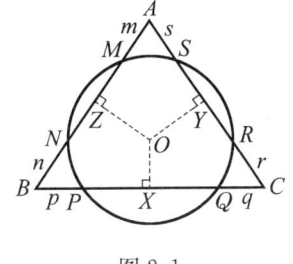

图2.1

证明 设PQ,RS,MN的中点分别为X,Y,Z.过X作BC的垂线,过Y作CA的垂线,过Z作AB的垂线,若三条直线交于一点O,O即三圆之共同圆心,于是六点共圆.

所以只需证明$BX^2 - CX^2 + CY^2 - AY^2 + AZ^2 - BZ^2 = 0$.

设$\triangle ABC$三对应边边长分别为a,b,c,$AM = m$,$BN = n$,$BP = p$,$CQ = q$,$CR = r$,$AS = s$,则由割线定理,有$m(c-n) = s(b-r)$,$n(c-m) = p(a-q)$,$q(a-p) = r(b-s)$.而$AZ^2 - BZ^2 = c(AZ - BZ) = c(m - n)$,同理$BX^2 - CX^2 = a(p - q)$,$CY^2 - AY^2 = b(r - s)$.由三个割线定理及简单代数运算立得结论.

本题结论即颇为有用的戴维斯(Davis)定理.

例 2 平面上有一条光线穿过该平面上的一圆,打在一条直径上并发生反射,最后穿出圆去. 求证:这条光线与圆的两个交点、与直径的接触点(假定不是圆心)及圆心四点共圆.

证明

如图 2.2,设这条光线为 APB,EOF 是题设中的直径. 延长 AP 交 $\odot O$ 于点 C,则 $\angle BPF = \angle APE = \angle CPF$,$B$ 与 C 关于 EF 对称. 于是 $\triangle BPO \cong \triangle CPO$. 这样,便有 $\angle OBP = \angle OCP = \angle OAP$,于是 A,O,P,B 四点共圆.

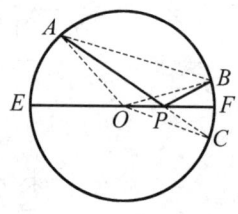

图 2.2

> **点评** 本题亦可利用圆心角做.

例 3 设 A_1,B_1 分别是 $\triangle ABC$ 的边 BC 和 AC 上的点,D,E 分别是 AA_1 与 BB_1,A_1B_1 与 CD 的交点. 证明:若 $\angle A_1EC = 90°$,点 A,B,A_1,E 共圆,则 $AA_1 = BA_1$.

证明

如图 2.3,延长 AE 交 BC 于点 F. 为证 $AA_1 = BA_1$,只需证明 $\angle ABA_1 = \angle A_1AB$. 而 A,B,A_1,E 共圆,故 $\angle A_1EF = \angle ABA_1$,$\angle A_1AB = \angle BEA_1$,于是只需证明 EA_1 为 $\angle BEF$ 的平分线.

分别利用门奈劳斯定理和塞瓦定理,得

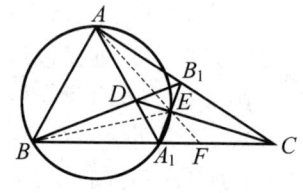

图 2.3

$$\frac{CB_1}{B_1A} \cdot \frac{AD}{DA_1} \cdot \frac{A_1B}{BC} = 1, \quad \frac{CB_1}{B_1A} \cdot \frac{AD}{DA_1} \cdot \frac{A_1F}{FC} = 1.$$

所以,

第二讲 圆与内接直线形

$$\frac{A_1F}{A_1B} = \frac{CF}{CB}. \tag{1}$$

在射线 CB 上取一点 B'，使得 $\angle B'EA_1 = \angle A_1EF$，则由 $\angle A_1EC = 90°$，可知 EC 为 $\angle B'EF$ 的外角平分线. 于是，利用内、外角平分线定理，可知 $\dfrac{B'A_1}{A_1F} = \dfrac{B'E}{EF} = \dfrac{CB'}{CF}$，从而，$\dfrac{A_1F}{CF} = \dfrac{A_1B'}{CB'}$.

对比式(1)，得 $\dfrac{A_1B'}{CB'} = \dfrac{A_1B}{CB}$，故 B 与 B' 重合. 因此，A_1E 为 $\angle BEF$ 的角平分线. 原题得证.

> **点评** 其实这里的(1)即证明了 B, A, F, C 为调和点列，这个概念后面还会专门提到.

例 4 设圆内接四边形 $ABCD$，AB，DC 延长交于点 E，AD，BC 延长交于点 F，EF 的中点为 G，AG 与圆又交于点 K. 求证：C, E, F, K 四点共圆.

证明 如图2.4，延长 AG 一倍至点 J，作平行四边形 $AEJF$. 连 CK，则 $\angle CEJ = \angle ADE = \angle AKC$，于是 E, C, K, J 共圆，或 K 在 $\triangle CEJ$ 的外接圆上.

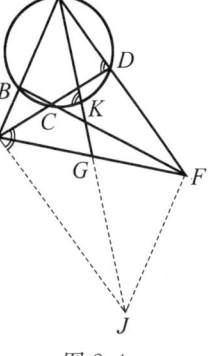

图2.4

又 $\angle EJF = \angle EAF = 180° - \angle BCD = 180° - \angle ECF$，故 E, C, F, J 共圆，或 F 在 $\triangle CEJ$ 的外接圆上.

于是 C, E, J, F, K 五点共圆，结论成立.

> **点评** 此题也是摆脱了 K 的位置的纠结，通过转化只用到 K 很"简单"的性质（在圆上），非常耐人寻味.

例5 半径为 r 的圆内接四边形 $ABCD$ 对角线互相垂直,求四边的平方和(用 r 表示);反之,若圆内接四边形 $ABCD$ 四边平方和为该值,求这种四边形的判定.

证明

如图 2.5,设 AC 与 BD 交于 P,不妨设圆心 O 在 $\angle APD$ 内. 作 $OM \perp AP$ 于点 M, $ON \perp PD$ 于点 N,则

$$AB^2 + BC^2 + CD^2 + DA^2$$
$$= 2(PA^2 + PB^2 + PC^2 + PD^2)$$
$$= 2\left(\left(\frac{AC}{2} + PM\right)^2 + \left(\frac{AC}{2} - PM\right)^2 \right.$$
$$\left. + \left(\frac{BD}{2} + PN\right)^2 + \left(\frac{BD}{2} - PN\right)^2\right)$$
$$= 2\left(\frac{AC^2}{2} + 2PM^2 + \frac{BD^2}{2} + 2PN^2\right),$$

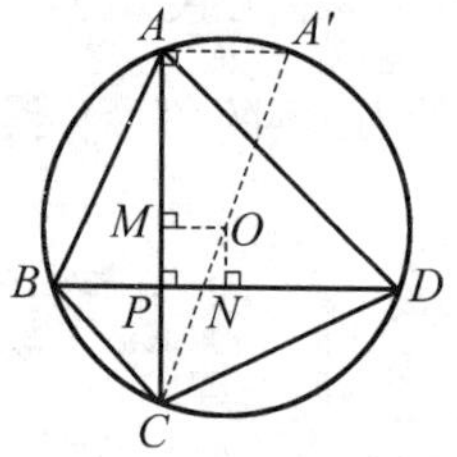

图 2.5

而 $\dfrac{AC^2}{2} + 2PN^2 = 2\left(\left(\dfrac{AC}{2}\right)^2 + MO^2\right) = 2AO^2 = 2r^2.$

同理有 $\dfrac{BD^2}{2} + 2PM^2 = 2r^2$,故四边平方和为 $8r^2$.

反之,若四边平方和为 $8r^2$. 如 BD 为直径则显然满足. 否则,N 与 O 不重合,现固定 B,C,D,$AB^2 + AD^2$ 仅取决于 AN(中线长公式). 这样,以 N 为圆心,AN 为半径的圆与⊙O 有两个交点 A 与 A'(包含重合,但不影响结论),$AC \perp BD$,而 $AA' // BD$,即 $A'C$ 为直径.

综上,满足四边平方和为 $8r^2$ 的四边形对角线垂直或至少有一条对角线是直径.

例6 $ABCD$ 是圆内接四边形,AC 是圆的直径,$BD \perp AC$,AC 与 BD 的交点为 E,F 在 DA 的延长线上. 连 BF,G 在 BA 的延长线上,使得 $DG // BF$,H 在 GF 的延长线上,$CH \perp GF$. 证明:B,E,F,H 四点共圆.

第二讲 圆与内接直线形

证明 如图 2.6,连 BH, EF, CG. 因为 $\triangle BAF \backsim \triangle GAD$, 所以

$$\frac{FA}{AB} = \frac{DA}{AG}.$$

又因为 $\triangle ABE \backsim \triangle ACD$, 所以 $\frac{AB}{EA} = \frac{AC}{DA}$, 从而得 $\frac{FA}{EA} = \frac{AC}{AG}.$

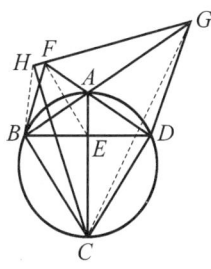

图 2.6

因为 $\angle FAE = \angle CAG$, 所以 $\triangle FAE \backsim \triangle CAG$, 于是 $\angle FEA = \angle CGA$.

由题设知,$\angle CBG = \angle CHG = 90°$,所以 B, C, G, H 四点共圆,得 $\angle BHC = \angle BGC$. 于是

$$\begin{aligned}\angle BHF + \angle BEF &= \angle BHC + 90° + \angle BEF\\&= \angle BGC + 90° + \angle BEF\\&= \angle FEA + 90° + \angle BEF = 180°,\end{aligned}$$

故 B, E, F, H 共圆.

例 7 设四边形 $ABCD$ 内接于圆,BA, CD 延长后交于点 R,AD, BC 延长后交于点 P,$\angle A$, $\angle B$, $\angle C$ 指的都是 $\triangle ABC$ 的内角. 求证:若 AC 与 BD 交于点 Q, 则 $\dfrac{\cos A}{AP} + \dfrac{\cos C}{CR} = \dfrac{\cos B}{BQ}.$

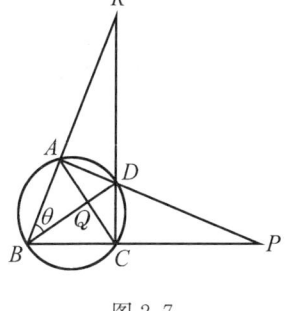

图 2.7

证明 如图 2.7, 设 $\angle ABD = \theta$, 则 $\angle R = \angle BDC - \theta = \angle A - \theta$, $\angle BQC = \angle A + \theta$, $\angle P = \angle C - \angle CAD = \angle C - \angle DBC = \angle C - (\angle B - \theta) = \angle C - \angle B + \theta.$

在 $\triangle ABP$，$\triangle ABQ$ 和 $\triangle BCR$ 中分别运用正弦定理，有 $\dfrac{AP}{\sin B} = \dfrac{AB}{\sin(C-B+\theta)}$，$\dfrac{BQ}{\sin A} = \dfrac{AB}{\sin(A+\theta)}$，$\dfrac{CR}{\sin B} = \dfrac{BC}{\sin(A-\theta)}$，所以

$$\dfrac{\cos A}{AP} + \dfrac{\cos C}{CR} - \dfrac{\cos B}{BQ}$$

$$= \dfrac{\cos A \sin(C-B+\theta)}{AB \sin B} + \dfrac{\cos C \sin(A-\theta)}{BC \sin B} - \dfrac{\cos B \sin(A+\theta)}{AB \sin A}.$$

欲证此式为零，先将右边乘以 AB，由正弦定理知，只需证下式：

$$\dfrac{\cos A \sin(C-B+\theta)}{\sin B} + \dfrac{\cos C \sin(A-\theta)\sin C}{\sin A \sin B} = \dfrac{\cos B \sin(A+\theta)}{\sin A},$$

即 $\sin 2A \sin(C-B+\theta) + \sin 2C \sin(A-\theta) - \sin 2B \sin(A+\theta) = 0$.

用和角公式按 θ 展开后，$\sin \theta$ 的系数为

$$\sin 2A \cos(C-B) - \sin 2C \cos A - \sin 2B \cos A$$

$$= \dfrac{1}{2}(\sin(2A+C-B) + \sin(2A+B-C) - \sin(2C+A)$$

$$\quad - \sin(2C-A) - \sin(2B+A) - \sin(2B-A))$$

$$= \dfrac{1}{2}((\sin(2A+C-B) - \sin(2B-A)) - (\sin(2C+A)$$

$$\quad + \sin(2B+A)) + (\sin(2A+B-C) - \sin(2C-A))).$$

考虑到 $\angle A + \angle B + \angle C = 180°$，上面三对的每一对都为零；又 $\cos \theta$ 的系数为

$$\sin 2A \sin(C-B) + \sin 2C \sin A - \sin 2B \sin A$$

$$= \sin 2A \sin(C-B) + (\sin 2C - \sin 2B)\sin A$$

$$= \sin 2A \sin(C-B) + 2\sin(C-B)\cos(C+B)\sin A$$

$$= \sin(C-B)(\sin 2A - 2\cos A \sin A)$$

$$= 0,$$

于是结论成立.

第二讲 圆与内接直线形

例 8 如图 2.8,已知圆内接四边形 $ABCD$,圆心 O 在 $\triangle ABC$ 内,Q, P 分别是 AB, BC 上的点,O 在 $\triangle DQP$ 内,且 $\angle PDC = \angle OAB = \alpha$,$\angle ADQ = \angle OCB = \beta$. 若 CO 与 PQ 延长后交于点 M,AO 与 QP 延长后交于点 N,求证:

$$\frac{MD}{ND} \cdot \frac{OP}{QO} = \frac{PD}{QD} \cdot \frac{OM}{ON}.$$

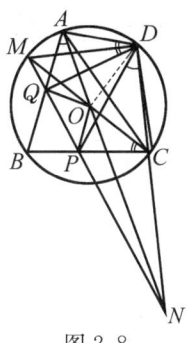

图 2.8

证明

不妨设 $\angle A = \angle BAC$, $\angle C = \angle ACB$.

设 $\angle ACD = \theta$, $\angle CAD = \gamma$, 圆半径为 R. 由正弦定理易知, $\angle OCB = 90° - \angle BAC$, 即 $\angle A + \beta = 90°$, $\dfrac{QD}{AD} = \dfrac{QD}{2R\sin\theta} = \dfrac{\sin(A+\gamma)}{\sin(A+\gamma+\beta)} = \dfrac{\sin(A+\gamma)}{\cos\gamma}$, 故 $QD = \dfrac{2R\sin\theta\sin(A+\gamma)}{\cos\gamma}$. 同理, $PD = \dfrac{2R\sin\gamma\sin(C+\theta)}{\cos\theta}$. 由于 $\angle C + \angle A + \theta + \gamma = 180°$, 故 $\dfrac{QD}{PD} = \dfrac{\sin\theta\cos\theta}{\sin\gamma\cos\gamma} = \dfrac{\sin 2\theta}{\sin 2\gamma}$, 又 $\angle DQP + \angle DPQ = 180° - (180° - \angle B - \alpha - \beta) = \angle B + \alpha + \beta = \angle B + 90° - \angle C + 90° - \angle A = 2\angle B$, $\theta + \gamma = 180° - (180° - \angle B) = \angle B$, 所以 $2\theta + 2\gamma = 2\angle B$. 于是由正弦定理, $\dfrac{\sin\angle QPD}{\sin\angle DQP} = \dfrac{\sin 2\theta}{\sin 2\gamma}$, 即 $\dfrac{\sin(2\angle B - \angle DQP)}{\sin\angle DQP} = \dfrac{\sin(2B - 2\gamma)}{\sin 2\gamma}$, 展开即 $\sin 2B \cot\angle DQP - \cos 2B = \sin 2B \cot 2\gamma - \cos 2B$. 由于点 O 在 $\triangle ABC$ 内, $\angle B < 90°$, $\sin 2B \neq 0$, 于是 $\cot\angle DQP = \cot 2\gamma$, 所以 $\angle DQP = 2\gamma$, $\angle DPQ = 2\theta$, 于是 $\angle MQD = 180° - \angle DQP = 180° - 2\gamma = 180° - \angle DOC = \angle MOD$, 故点 M, Q, O, D 四点共圆.

同理, 点 N, P, O, D 亦四点共圆. 于是 $\dfrac{MD}{ND} \cdot \dfrac{OP}{OQ} = \dfrac{MD}{OQ} \cdot \dfrac{OP}{ND} = \dfrac{\sin 2\gamma}{\sin\angle ODQ} \cdot \dfrac{\sin\angle ODP}{\sin 2\theta}$. 而 $\dfrac{PD}{QD} \cdot \dfrac{OM}{ON} = \dfrac{\sin 2\gamma}{\sin 2\theta} \cdot \dfrac{\sin\angle ONM}{\sin\angle OMN}$

$$= \frac{\sin 2\gamma}{\sin 2\theta} \cdot \frac{\sin \angle ODP}{\sin \angle ODQ}.$$ 于是结论成立.

点评 本例所使用的三角方法很有用处,很多问题都可用这一方法快速解决.

例 9 已知 A, B, C, D 共圆,M, N 分别为 AC, BD 的中点,BA, CD 延长后交于点 E,AD, BC 延长后交于点 F. 求证:$\frac{BD}{AC} - \frac{AC}{BD} = \frac{2MN}{EF}$.

证明 如图 2.9 所示,不妨设 EF 中点为 L. 由于完全四边形三条对角线中点共线(牛顿线),所以 $MN = LN - LM$.

下证:$\frac{2LN}{EF} = \frac{BD}{AC}$,$\frac{2LM}{EF} = \frac{AC}{BD}$,即 $\frac{LN}{LE} = \frac{BD}{AC} = \frac{LE}{LM}$.

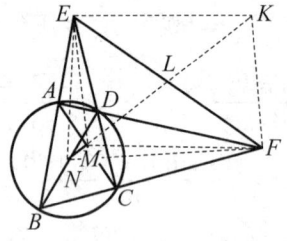

图 2.9

延长 ML 至点 K,则有平行四边形 $EMFK$,且 $\triangle EDB \backsim \triangle EAC$. N, M 分别为 BD, CA 的中点. 所以 $\triangle EDN \backsim \triangle EAM$,$\angle END = \angle EMA$. 同理,$\angle FND = \angle FMC$. 所以 $\angle ENF = \angle EMA + \angle FMC = 180° - \angle EMF = 180° - \angle EKF$. E, N, F, K 四点共圆. 所以 $EL \cdot LF = LN \cdot LK$,$LN \cdot LM = EL^2$,$\triangle LEN \backsim \triangle LME$. 因此 $\frac{LN}{LE} = \frac{LE}{LM} = \frac{EN}{ME}$. 又由 $\triangle EDN \backsim \triangle EAM$,$\triangle EDB \backsim \triangle EAC$,所以 $\frac{EN}{ME} = \frac{ED}{EA} = \frac{DB}{AC}$,故 $\frac{LN}{LE} = \frac{LE}{LM} = \frac{DB}{AC}$. 结论成立.

第二讲 圆与内接直线形

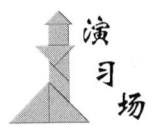

习题 2.a

1. 圆内接四边形中,以每条边中点向对边作垂线,求证:这4条垂线共点.

2. 设四边形 $ABCD$ 内接于圆,AC 平分 BD,求证:$AB^2+BC^2+CD^2+DA^2=2AC^2$.

3. 设四边形 $ABCD$ 内接于圆,$BC=CD$,求证:$AB\cdot AD=AC^2-BC^2$.

4. 已知凸四边形 $ABCD$,O 是对角线的交点,且 $OA\cdot\sin A+OC\cdot\sin C=OB\cdot\sin B+OD\cdot\sin D$. 求证:四边形 $ABCD$ 是圆内接四边形.

5. 已知圆内接四边形 $ABCD$ 对角线交于点 S,S 在 AB,CD 上的投影分别为 E,F. 证明:EF 的中垂线平分 BC 和 DA.

6. 已知圆内接四边形 $ABCD$,直线 AD 和 BC 交于点 E,C 在 B,E 之间,对角线交于点 F,M 是 CD 的中点,N 是 $\triangle ABM$ 的外接圆上不同于 M 的点,满足 $\dfrac{AN}{BN}=\dfrac{AM}{BM}$. 证明:$E$,$F$,$N$ 共线.

7. 设 L 是正方形 $ABCD$ 的外接圆弧 $\overparen{CD}$ 上任一点(不含端点 C,D),AL 与 CD 交于点 K,CL 与 AD 交于点 M,MK 与 BC 交于点 N. 证明:B,M,L,N 共圆.

8. 已知凸四边形 $ABCD$ 的对角线交于点 T,$\triangle ABT$ 的垂心与 $\triangle CDT$ 的外心重合. 证明:

(1) A,B,C,D 共圆;

(2) $\triangle CDT$ 的外心在凸四边形 $ABCD$ 外接圆上.

9. 圆上四点两两连成4个三角形,非圆上任一点关于这4个三角形各得一等角共轭点. 证明:所得四点共圆或共线.

10. 已知圆内接四边形 $ABCD$,P 是圆上一点,求证:P 到对边距离之积相等,该值也等于 P 到对角线距离之积.

11. 四边形 $ABCD$ 内接于 $\odot O$,且 $AC\perp BD$,证明:$\triangle OAB$,

△OBC,△OCD,△ODA 的垂心共线.

12. 证明：圆内接四边形的两对角线的中点，在四边形四边中点连成的平行四边形的各边所在直线上的射影共 8 点共圆.

13. 圆内接四边形 $ABCD$ 的边 AB，DC 延长交于点 E，AD，BC 延长交于点 F，对角线交于点 T，P 为圆上任一点，直线 PE，PF 还分别交圆于点 R，S. 求证：R，T，S 共线.

14. 四边形 $ABCD$ 内接于⊙O，直线 AD，BC 交于点 P，L，M 分别是 AD，BC 的中点，Q 和 R 分别是 O，P 到 LM 的垂足. 求证：$LQ=RM$.

15. 过圆内接四边形 $ABCD$ 的顶点 C 在形外作一直线，分别交 AB，AD 的延长线于点 E，F. 求证：

   (1) $AB \cdot CE \cdot DF + AD \cdot BE \cdot CF = BC \cdot CD \cdot EF$；

   (2) $AE \cdot CF \cdot BC = AF \cdot EC \cdot CD$.

16. 四边形 $A'BCD'$ 是四边形 $ABCD$ 关于 BC 的反射，四边形 $A''B'CD'$ 是四边形 $A'BCD'$ 关于 CD' 的反射，四边形 $A''B''C'D'$ 是四边形 $A''B'CD'$ 关于 $D'A''$ 的反射. 证明：若 $AA'' \parallel BB''$，则四边形 $ABCD$ 是圆内接四边形.

17. 已知圆内接四边形 $ABCD$，K，L，M，N 分别是 AB，BC，CD，DA 的中点. 证明：△AKN，△BKL，△CLM，△DMN 的垂心是一个平行四边形的顶点.

18. 已知圆内接四边形 $ABCD$，直线 AB 关于∠CAD，∠CBD 的内角平分线对称所得直线的交点是 M. 证明：$OM \perp CD$.

19. 已知圆内接四边形 $ABCD$ 对角线 BD 上的点 K 满足 ∠$AKB = $∠$ADC$，$I$，$I'$ 分别△ACD，△ABK 的内心，线段 II' 与 BD 交于点 X. 求证：A，X，I，D 共圆.

20. 在圆内接四边形 $ABCD$ 中，已知 $AB = BC$，$AD = 3DC$，R 为对角线 BD 上一点，且满足 $DR = 2RB$，Q 为线段 AR 上一点，且满足 ∠$ADQ = $∠$BDQ$，$P$ 为线段 AB 与直线 DQ 的交点. 若 ∠$ABQ + $∠$CBD = $∠$QBD$，求∠$APD$.

21. 设凸四边形 $ABCD$ 的外接圆圆心为 O，$AC \ne BD$，AC 与 BD 交于点 E. 若 P 为四边形 $ABCD$ 内一点，使得 ∠$PAB + $∠$PCB = $

$\angle PBC + \angle PDC = 90°$. 求证: O, P, E 共线.

22. 圆内接四边形 $ABCD$ 中, L, M 分别为 $\triangle ABC, \triangle BCD$ 的内心, 过 L 垂直于 AC 的直线与过 M 垂直于 BD 的直线交于点 R. 求证: $\triangle LMR$ 为等腰三角形.

23. 凸四边形 $ABCD$ 为 $\odot O$ 的内接四边形, DA 的延长线与 CB 交于点 E, 且 $CD^2 = AD \cdot ED$, F 为过 A 与 ED 垂直的直线与 $\odot O$ 的另一个交点. 证明: $AD = CF$ 的充要条件是 $\triangle ABE$ 的外心在直线 ED 上.

24. 已知圆内接四边形 $ABCD$, 圆的半径为 r, 在 CD 上存在一点 P, 满足 $CB = BP = PA = AB$. 证明:

(1) 存在满足条件的 A, B, C, D, P;

(2) $PD = r$.

25. 设正方形 $ABCD$ 的外接圆是 $\odot O$, M 是不包含 A 的弧 $\overparen{CD}$ 上一点, AM 分别与 BD, CD 交于点 P, R, BM 分别与 AC, DC 交于点 Q, S. 证明: $PS \perp QR$.

26. 设凸四边形 $ABCD$ 内接于 $\odot O$, 且圆心 O 不在四边形边上, AC, BD 交于点 P, $\triangle OAB, \triangle OBC, \triangle OCD, \triangle ODA$ 的外心分别为点 O_1, O_2, O_3, O_4. 求证: 直线 O_1O_3, O_2O_4, OP 共点.

27. 设凸四边形 $ABCD$ 内接于圆, 且 AD 与 BC 不平行, E, F 为 CD 上的点, G, H 分别为 $\triangle BCE$ 和 $\triangle ADF$ 的外心. 求证: AB, CD, GH 三直线共点或两两平行的充要条件是 A, B, E, F 共圆.

28. 证明: 在圆内接四边形中, 若自每边两端向邻边所引的垂线相交, 则这些交点共线.

29. 在圆内接四边形 $ABCD$ 中, 对角线交于点 O, AB, CD 的中点分别是点 U, V. 求证: 过 O, U, V 且分别垂直于 AD, BD, AC 的直线共点.

30. 证明:

(1) 若过调和四边形(即对边乘积相等的圆内接四边形)的对角线交点引直线平行于每边而与两邻边相交, 则八交点共圆;

(2) 在调和四边形 $ABCD$ 中, A', C' 是 AC 上两点, B', D' 是 BD 上两点. 若四边形 $A'B'C'D'$ 与四边形 $ABCD$ 有三对对应边平行, 则第

49

四对对应边也平行,而非对应边所在直线交于 12 点,其中有 8 个点共圆,4 个点共线. 又如果 A', C' 是 BD 上两点,B', D' 是 AC 上两点,其他条件不变,则有相仿结论.

§2.2 三角形的外接圆

三角形和它的外接圆之间有不少性质.

1. 任意三角形的三条高的三个垂足、三边中点及垂心到三顶点连线的中点,都落在一个直径为 R(R 为三角形外接圆的半径)的圆上,这个圆称为三角形的"九点圆". 九点圆的圆心在欧拉线上,且为垂心与外心连线的中点.

2. 三角形外心与三顶点的连线,分别垂直于垂足三角形的三条对应边.

3. 三角形外接圆上任一点到三边的距离与至对顶点的距离成反比.

4. I 为 $\triangle ABC$ 的内心(或旁心),直线 AI 还交 $\triangle ABC$ 外接圆于点 T,则 $BT=CT=IT$.

这个结果极其重要,它的一部分也可以用一句话说明白:三角形内心与旁心的连线被三角形外接圆平分.

5. 三角形垂心关于每边(及每边中点)的对称点,在该三角形的外接圆上.

6. 三角形外心与垂心互为等角共轭点.

7. 三角形面积公式 $S=\dfrac{abc}{4R}=pr$,其中 a, b, c 是三边长,R, r 分别是外接圆、内切圆半径,p 是半周长.

8. 三角形的 3 个顶点与它的垂心共 4 点,过其中任意 3 点的圆是等圆.

9. 设 $\triangle ABC$ 的边 BC, CA, AB 上各有一点 D, E, F,则 $\triangle AEF$, $\triangle BFD$, $\triangle CDE$ 的外接圆共点(称为密克(Miquel)点).

10. $\triangle ABC$ 外接圆上任一点 P(不与 A, B, C 重合),P 在三边上

的垂足共线(称为西姆森(Simson)线).

11. 正五边形的边长 $= \sqrt{\dfrac{5-\sqrt{5}}{2}} R$,$R$ 是正五边形外接圆半径.

12. 在 $\triangle ABC$ 中,$\angle A$ 的角平分线交 BC 于点 E,交 $\triangle ABC$ 外接圆于点 M,则有:

(1) $AE \cdot AM = AB \cdot AC$;

(2) $AE^2 = AB \cdot AC - EB \cdot EC$;

(3) $MB^2 = ME \cdot MA$;

(4) 若过 M 作 AB,AC 的垂线 MS,MT,则

$$MS = MT = \dfrac{AB+AC}{2}.$$

对于外角平分线也有类似结论.

例1 求覆盖 $\triangle ABC$ 的最小圆.

证明

覆盖直角三角形和钝角三角形的最小圆显然以最长边为直径,下证覆盖锐角 $\triangle ABC$ 的最小圆即其外接圆. 设此圆为 $\odot K$,$\triangle ABC$ 的外心为 O,易知无论 K 在平面上什么位置,$\triangle ABK$,$\triangle BCK$,$\triangle CAK$ 总将 $\triangle ABC$ 覆盖. 由于 O 在 $\triangle ABC$ 内,不妨设 O 在 $\triangle BCK$ 内,于是 $\odot K$ 的半径 $\geqslant \max(KB,KC) \geqslant \dfrac{1}{2}(KB+KC) \geqslant \dfrac{1}{2}(OB+OC) = \odot O$ 半径,证毕.

例2 设 O,H 分别是锐角 $\triangle ABC$ 的外心和垂心,在 AB 上截取 $AD = AH$,在 AC 上截取 $AE = AO$. 求证:DE 等于 $\triangle ABC$ 外接圆半径.

证明

设 $\triangle ABC$ 外接圆半径为 R,易知有 $AH = 2R\cos A$. 由余弦定理,

$$DE^2 = AD^2 + AE^2 - 2AD \cdot AE\cos A$$
$$= 4R^2\cos^2 A + R^2 - 4R^2\cos^2 A = R^2. \text{ 即证.}$$

> **点评** O 至 BC 距离为 $|R\cos A|$，AH 是这个距离的两倍，这是一常见结论. 读者可利用添加外接圆的纯几何方法加以论证.

例 3 设 $\triangle ABC$ 的内、外心分别为 I，O，$AI \perp OI$，求 AB，AC，BC 之间需满足的等式关系.

证明 如图 2.10，延长 AI 交 BC 于点 F，交 $\odot O$ 于点 E，则 E 为弧 $\overset{\frown}{BC}$ 中点. 连 CE，则有 $EC = EI$，$EC^2 = EF \cdot EA$.

由 $OI \perp AE$，得 $AE = 2EI = 2EC$，代入上式，得 $EF = \frac{1}{2}EC = \frac{1}{2}EI$，即 $FI = \frac{1}{2}AI$.

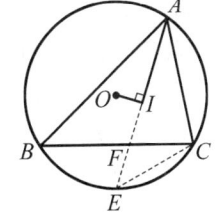

图 2.10

于是由角平分线性质，得 $\dfrac{AB+AC}{BC} = \dfrac{AI}{IF} = 2$.

$AB + AC = 2BC$，即是所求关系.

例 4 已知锐角 $\triangle ABC$ 中，$AB > AC$，AD，BF，CG 是高，AD 的延长线与 $\triangle ABC$ 的外接圆交于点 E，GF 与 BC 延长线交于点 H. 求证：$\triangle AEH$ 的外接圆经过 BC 的中点.

证明 如图 2.11，作点 B 关于点 D 的对称点 K，连 AK.

由条件知，$BD > CD$，故 K 在 CH（或延长线）上. 于是 $\angle K = \angle ABC =$

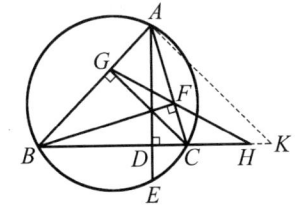

图 2.11

$\angle CFH$,故 $\triangle FCH \sim \triangle KCA$,于是 $CH \cdot CK = CF \cdot CA = CD \cdot CB$.

设 BC 中点为 J(图中未画出),易知 J 在 BD 上,于是 $CK = BK - BC = 2BD - 2BJ = 2DJ$. 又 $BC = 2BJ$,代入前式,得 $CH \cdot DJ = CD \cdot BJ$. 于是 $\dfrac{CH}{CD} = \dfrac{BJ}{DJ}$,从而 $\dfrac{DH}{CD} = \dfrac{BD}{DJ}$,故 $DH \cdot DJ = CD \cdot BD = AD \cdot DE$,因此 A, J, E, H 在一个圆上.

例 5 在 $\triangle ABC$ 中,$AB < BC$,I 为内心,M 是 AC 中点,N 是外接圆上的弧 $\overset{\frown}{ABC}$ 的中点. 求证:$\angle IMA = \angle INB$.

证明

如图 2.12,过点 M 作外接圆直径 NP,则 $\angle NBP = \angle NAP = 90°$.

于是,P 是弧 $\overset{\frown}{AC}$ 的中点. 故 $\angle ABP = \angle CBP$,即 BP 是 $\angle ABC$ 的平分线. 因此,I 位于 BP 上.

易知有 $AP = IP$.

由于 AM 是 $\text{Rt}\triangle NAP$ 的高,所以 $\dfrac{AP}{MP} = \dfrac{NP}{AP}$. 从而 $\dfrac{IP}{MP} = \dfrac{NP}{IP}$,故 $\triangle PMI \sim \triangle PIN$. 因而,$\angle PMI = \angle PIN$.

显然,$\angle IMA = \angle PMI - 90°$. 又 $\triangle BNI$ 为直角三角形,所以
$$\angle INB = \angle PIN - \angle IBN = \angle PIN - 90° = \angle IMA.$$

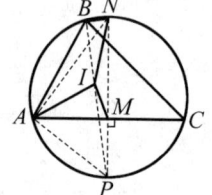

图 2.12

例 6 已知锐角 $\triangle ABC$ 垂心为 H,内心为 I,且 $AC \neq BC$,延长 CH, CI,分别与 $\triangle ABC$ 外接圆交于 D, L. 求证:$\angle CIH = 90° \Leftrightarrow \angle IDL = 90°$.

证明

如图 2.13,设 $\triangle ABC$ 的外心为 O,外接圆半径为 R,H 在 CL 上的投影为 Q,HQ 交直

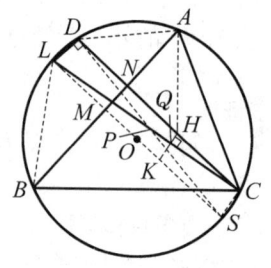

图 2.13

第二讲 圆与内接直线形

线 LO 于点 K，LO 与 $\odot O$ 交于点 S，CL 交 DS 于点 P，AB 分别交 LO，CD 于点 M，N.

因为 $\angle AHD = \angle ABC = \angle ADH$，且 $DH \perp AB$，所以 DH 的中垂线为 AB. 从而，N 是 DH 的中点.

又因 $DC /\!/ SL$，$HK /\!/ CS$，所以四边形 $DLKH$ 是等腰梯形. 于是，AB 是 LK 的中垂线. 因此，有

$$\frac{LQ}{LC} = \frac{LK}{LS} = \frac{LM}{R}, \text{故 } LQ = \frac{LC \cdot LM}{R}.$$

因为 $PO \perp LS$，$LC \perp SC$，所以 $\triangle LOP \backsim \triangle LCS$.

于是，$LP = \dfrac{LO \cdot LS}{LC} = \dfrac{2R^2}{LC}$.

易知 $LB^2 = LS \cdot LM = 2R \cdot LM$.

又因为 $LQ \cdot LP = 2R \cdot LM$，所以 $LP \cdot LQ = LB^2$.

由于 $LB = LI$，可得 $LP \cdot LQ = LI^2$.

特别地，$Q = I$ 等价于 $P = I$.

又因为 $\angle CIH = 90°$ 等价于 $Q = I$，$\angle IDL = 90°$ 等价于 $P = I$，所以，$\angle CIH = 90°$ 的充要条件是 $\angle IDL = 90°$.

例7 已知 $\triangle ABC$ 的外心为 O，P 为外接圆弧 $\overset{\frown}{AB}$ 上一点. 由 P 向 BO 作垂线交 AB 于点 S，交 BC 于点 T；由 P 向 AO 作垂线交 AB 于点 Q，交 AC 于点 R. 证明：

(1) $\triangle PQS$ 是等腰三角形；

(2) $PQ^2 = QR \cdot ST$.

证明

(1) 如图 2.14，由 $PR \perp OA$，$PT \perp OB$，有
$$\angle PQS = \angle AQR$$
$$= 90° - \angle OAB$$
$$= 90° - \angle OBA$$
$$= \angle BST$$
$$= \angle PSQ,$$

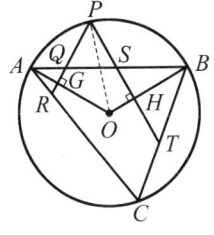

图 2.14

故 $PQ = PS$.

(2) 设 ⊙O 的半径为 r,PR 交 OA 于点 G,PT 交 OB 于点 H. 设 $\angle POA = \alpha - \beta$,$\angle POB = \alpha + \beta$,$\angle AOB = 2\alpha$, 则 $\angle QPS = 180° - 2\alpha$,$\angle PQS = \angle PSQ = \alpha = \angle C$.
故 $\triangle AQR \backsim \triangle ACB \backsim \triangle TSB$.
所以 $\dfrac{AQ}{TS} = \dfrac{QR}{SB}$,即 $QR \cdot ST = AQ \cdot SB$.
又 $OG = OP\cos\angle POG = r\cos(\alpha - \beta)$,$PG = r\sin(\alpha - \beta)$, 则 $AG = r(1 - \cos(\alpha - \beta))$,

$$AQ = \frac{AG}{\sin\angle AQG} = \frac{r(1 - \cos(\alpha - \beta))}{\sin\alpha},$$

$$QG = AQ\cos\angle AQG = \frac{r(1 - \cos(\alpha - \beta)) \cdot \cos\alpha}{\sin\alpha}.$$

故 $PQ = PG - QG$

$$= r\left(\sin(\alpha - \beta) - \frac{\cos\alpha(1 - \cos(\alpha - \beta))}{\sin\alpha}\right)$$

$$= \frac{r(\cos\beta - \cos\alpha)}{\sin\alpha}.$$

同理,$SB = \dfrac{r(1 - \cos(\alpha + \beta))}{\sin\alpha}$.

注意到

$$PQ^2 = QR \cdot ST \Leftrightarrow PQ^2 = AQ \cdot SB$$

$$\Leftrightarrow (\cos\beta - \cos\alpha)^2 = (1 - \cos(\alpha - \beta))(1 - \cos(\alpha + \beta))$$

$$\Leftrightarrow (\cos\beta - \cos\alpha)^2 = 2\sin^2\frac{(\alpha - \beta)}{2} \cdot 2\sin^2\frac{(\alpha + \beta)}{2}$$

$$\Leftrightarrow \cos\beta - \cos\alpha = 2\sin\frac{\alpha - \beta}{2} \cdot \sin\frac{\alpha + \beta}{2},$$

而最后一式显然成立,故 $PQ^2 = QR \cdot ST$.

 适当的三角运算可以帮助理清思路、降低难度.

例8 $\triangle ABC$ 中,$AB \neq AC$,D 为 CB 延长线上一点,满足 $BA = BD$. 设 I_C 为 C 所对 $\triangle ABC$ 的旁心,T 为 $I_C C$ 与 $\triangle ABC$ 外接圆的交点($T \neq C$). 若 $4\angle TDI_C = \angle ABC + \angle ACB$,求 $\angle BAC$.

证明

如图 2.15,因 $AB = BD$,所以

$$\angle BAD = \angle ADB = \frac{1}{2}\angle ABC.$$

又 $\angle I_C AC = \angle BAC + \frac{1}{2}(180° - \angle BAC) = 90° + \frac{1}{2}\angle BAC$,

及 $\angle ACI_C = \frac{1}{2}\angle ACB$,

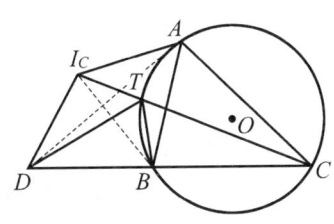

图 2.15

则 $\angle AI_C C = 180° - \angle I_C AC - \angle ACI_C = \frac{1}{2}\angle ABC$.

故 $\angle ADC = \angle AI_C C$.

所以 A,C,D,I_C 四点共圆. 于是,

$$\angle CDI_C = 180° - \angle I_C AC = \frac{1}{2}\angle ABC + \frac{1}{2}\angle ACB.$$

又已知 $4\angle TDI_C = \angle ABC + \angle ACB$,故 DT 平分 $\angle I_C DC$.

类似于上述得到 $\angle TI_C A = \frac{1}{2}\angle ABC$ 的过程,可得 $\angle TI_C B = \frac{1}{2}\angle BAC$.

又 $\angle TBI_C = \angle ABI_C - \angle ABT = 90° - \frac{1}{2}\angle ABC - \frac{1}{2}\angle ACB = \frac{1}{2}\angle BAC$,

则 $\angle TI_C B = \angle TBI_C$,故 $TB = TI_C$.

而点 T 在 $\angle I_C DC$ 的平分线上,故 T 到 $I_C D$ 的距离等于 T 到 CD

的距离. 于是,要么 $\angle TI_cD = \angle TBD$,要么 $\angle TI_cD + \angle TBD = 180°$.

(i) 若 $\angle TI_cD = \angle TBD$,则
$$\triangle DTI_c \cong \triangle DTB.$$

因此 $\triangle I_cDB$ 为等腰三角形,有

$2\angle I_cBD + \angle BDI_c = 180°$
$\qquad = 180° - \angle ABC + \dfrac{1}{2}\angle ABC + \dfrac{1}{2}\angle ACB$,

故 $\angle ACB = \angle ABC$.

这与题目条件 $AB \neq AC$ 矛盾.

(ii) 若 $\angle TI_cD + \angle TBD = 180°$,则 T, I_c, D, B 四点共圆. 故

$\angle BTC = \angle I_cDB = \dfrac{1}{2}\angle ABC + \dfrac{1}{2}\angle ACB = 90° - \dfrac{1}{2}\angle BAC$.

又 $\angle BTC = \angle BAC$,故 $\angle BAC = 60°$.

例 9 在锐角 $\triangle ABC$ 中,A_1, B_1, C_1 分别为边 BC, CA, AB 的中点,$\triangle ABC$ 的垂心、外心分别为 H, O,射线 HA_1, HB_1, HC_1 分别与 $\triangle ABC$ 的外接圆交于点 A_0, B_0, C_0. 证明:O, H, H_0 三点共线,其中 H_0 为 $\triangle A_0B_0C_0$ 的垂心.

证明

如图 2.16,联结 HB, HC, A_0B, A_0C, A_0A.

因为 H 为 $\triangle ABC$ 的垂心,所以
$\angle BHC = \angle 180° - \angle BAC$
$\qquad = \angle BA_0C$.

又 A_1 为边 BC 的中点,由同一法知四边形 $BHCA_0$ 为平行四边形. 故 $\angle ACA_0 = 90°$.

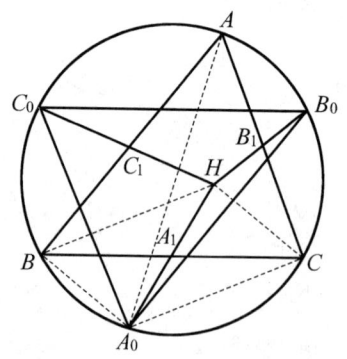

图 2.16

于是,AA_0 为 △ABC 外接圆的直径.

所以 O 为 △ABC 和 △$A_0B_0C_0$ 的对称中心,H_0 与 H 关于 O 对称,且 O 为 HH_0 的中点.

例 10 已知△ABC 为确定的三角形,A_1,B_1,C_1 分别为边 BC,CA,AB 的中点,P 为△ABC 外接圆上的动点,射线 PA_1,PB_1,PC_1 分别与△ABC 的外接圆交于另外的点 A',B',C'.若 A,B,C,A',B',C' 是不同的点,则直线 AA',BB',CC' 交出一个三角形.证明:这个三角形的面积不依赖于点 P.

证明

如图 2.17,不妨设点 P 在弧 $\overset{\frown}{AC}$ 上.

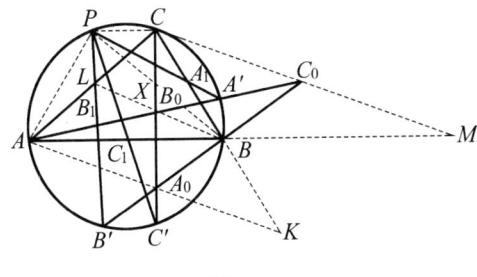

图 2.17

在 AC 上取一点 L,使得 $\angle CBL = \angle PBA$,

则 $\angle LBA = \angle CBP$.

又因为 $\angle BAL = \angle BAC = \angle BPC$,$\angle LCB = \angle APB$,

所以 △$BAL \backsim$ △BPC,△$LCB \backsim$ △APB.

类似地,在 CB,AB 的延长线上分别取点 K,M,使得

$$\angle KAB = \angle CAP,\angle BCM = \angle PCA.$$

由 $\angle KAC = \angle BAP$,$\angle ACM = \angle PCB$,得 △$ABK \backsim$ △$APC \backsim$ △MBC,△$ACK \backsim$ △APB,△$MAC \backsim$ △BPC.

从而,$\angle CMB = \angle KAB = \angle CAP$.

又因为 $\angle CAP = \angle CBP = \angle LBA$,所以 $AK \parallel BL \parallel CM$.

设 CC' 与 BL 交于点 X. 因为 $\angle LCX = \angle ACC' = \angle APC' = \angle APC_1$，$PC_1$ 是 $\triangle APB$ 的中线，且 $\triangle APB \backsim \triangle LCB$，从而可得 X 是 BL 的中点.

同理，AA' 过 BL 的中点，
因此 $X = B_0$.
类似地，A_0，C_0 分别是 AK，CM 的中点.
由 $AA_0 \parallel CC_0$ 及 B_0 是 BL 的中点得

$$S_{\triangle A_0B_0C_0} = S_{\triangle AC_0A_0} - S_{\triangle AB_0A_0}$$
$$= S_{\triangle ACA_0} - S_{\triangle AB_0A_0} = S_{\triangle ACB_0} = \frac{1}{2}S_{\triangle ABC}.$$

> **点评** 从 L 的一开始定义到 $AK \parallel BL \parallel CM$，等于是从不对称到对称，即"重新定义"，这十分重要.

例 11 在 $\triangle ABC$ 中，已知 $\angle B > \angle C$，T 是 $\triangle ABC$ 外接圆弧 $\overparen{BAC}$ 的中点，I 是 $\triangle ABC$ 的内心，E 满足 $\angle AEI = 90°$，$AE \parallel BC$，直线 TE 与 $\triangle ABC$ 外接圆的第二个交点为 P. 若 $\angle B = \angle IPB$，求 $\angle A$.

证明

如图 2.18，设 M 是不包含点 A 的弧 $\overparen{BC}$ 的中点，延长 PI 交外接圆 $\odot O$ 于点 Q，联结 AP.

因为 I 是内心，M 是弧 $\overparen{BC}$ 的中点，所以 A，I，M 和 T，O，M 分别三点共线.

又 $AE \parallel BC$，$\angle AEI = 90°$，则 $IE \perp BC$.

因为 $TM \perp BC$，所以 $IE \parallel TM$，故 $\angle AIE = \angle AMT = \angle APT$.

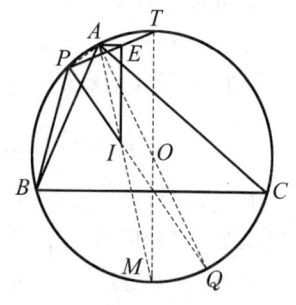

图 2.18

于是 A, P, I, E 四点共圆.

因此，$\angle API = 180° - \angle AEI = 90°$，即 $\angle APQ = 90°$.

所以在 $\odot O$ 中，AQ 是直径，即 A, O, Q 三点共线，从而
$$\angle BPI = \angle BPQ = \angle BAQ = 90° - \angle ACB.$$

若 $\angle B = \angle IPB = 90° - \angle ACB$，则 $\angle B + \angle ACB = 90°$. 因此，$\angle BAC = 90°$.

习题 2.b

1. 锐角 $\triangle ABC$ 外接圆是 $\odot O$,延长 BO 交 $\odot O$ 于点 K,I 是 $\triangle ABC$ 的内心,分别延长 AB,CB 至 T,S,满足 $CS = AT = \frac{1}{2}(AB+BC+CA)$. 求证:$IK \perp ST$.

2. 已知一 $\odot ABC$(即过 A,B,C 三点的圆)及不在这圆上的一点 P,直线 AP,BP,CP 还分别交圆于点 A',B',C',在此圆内作三弦 $A'X \parallel BC$,$B'Y \parallel CA$,$C'Z \parallel AB$,求证:AX,BY,CZ 共点.

3. 过 $\triangle ABC$ 的顶点 A,B,C 各作一直线使得它们交于一点 P,且交 $\triangle ABC$ 的外接圆于点 A',B',C',又在外接圆上任取一点 Q. 求证:QA' 与 BC,QB' 与 CA,QC' 与 AB 的交点共线.

4. $\triangle ABC$ 中,$AC > AB$,B,C 在 $\angle A$ 的平分线上的垂足分别是 M,N,S,T 分别是 BC,CA 的中点,$\triangle MNS$ 的外接圆 $\odot O$ 还交 BC 于点 K. 求证:T,K,O,S 共圆.

5. $\triangle ABC$ 内有两点 P,Q,延长 AP,AQ 分别交 $\triangle ABC$ 的外接圆于点 A_1,A_2,直线 A_1A_2 交直线 BC 于点 A_3,类似地定义 B_3,C_3. 求证:A_3,B_3,C_3 共线.

6. $\triangle ABC$ 中,M 为 BC 的中点,$AM^2 = AB \cdot AC$,$\angle C - \angle B = 60°$. 求证:$AM$ 等于 $\triangle ABC$ 外接圆的半径.

7. 锐角 $\triangle ABC$ 的高为 AD,BE,CF,直线 EF,BC 交于点 P,过 D 且平行于 EF 的直线分别交直线 AC,AB 于点 Q,R. 证明:$\triangle PQR$ 的外接圆经过 BC 的中点.

8. $\triangle ABC$ 的 $\angle A$,$\angle B$,$\angle C$ 的平分线延长后分别交 $\triangle ABC$ 的外接圆于点 K,L,M,R 是 AB 上一内点,点 P,Q 满足 $RP \parallel AK$,$BP \perp BL$ 和 $RQ \parallel BL$,$AQ \perp AK$. 证明:KP,LQ,MR 三线共点.

9. 过 $\triangle ABC$ 外接圆弧 $\overset{\frown}{BC}$(不含 A)上一点 P 分别向 BC,CA,AB 所在直线作垂线 PK,PL,PM,其中 K,L,M 是垂足. 求证:

$$\frac{BC}{PK} = \frac{AC}{PL} + \frac{AB}{PM}.$$

10. $\triangle ABC$ 中,$AB = AC < BC$,P 是 BC 上一点,$AP^2 = BC \cdot PC$,CD 是 $\triangle ABC$ 外接圆直径. 求证:$DA = DP$.

11. 在 $\triangle ABC$ 外接圆上,弧 $\overset{\frown}{BC}$(不包含 A,下同),$\overset{\frown}{CA}$,$\overset{\frown}{AB}$ 的中点分别是 D,E,F,DE 分别交 CB,CA 于点 G,H,DF 分别交 CB,BA 于点 I,J,GH 和 IJ 的中点分别为 M,N.

(1) 用 $\triangle ABC$ 的内角表示 $\triangle DMN$ 的 3 个内角;

(2) 若 O 为 $\triangle DMN$ 外心,P 是 AD 与 EF 的交点. 证明:O,M,P,N 共圆.

12. 设 I 是 $\triangle ABC$ 内心,I 关于 BC,CA,AB 的对称点分别是 A',B',C'. 证明:若 $\triangle A'B'C'$ 的外接圆经过点 B,则 $\angle B = 60°$.

13. O,H 分别是锐角 $\triangle ABC$ 的外心和垂心,$\angle BAC$ 的角平分线交 $\triangle ABC$ 的外接圆于点 D,D 关于直线 BC 的对称点为 E,关于 O 的对称点为 F. 设 AE 与 FH 交于点 G,BC 的中点为 M. 证明:$GM \perp AF$.

14. 已知 O 是锐角 $\triangle ABC$ 的外心,直线 AO 与 BC 交于点 K,L,M 分别是 AB,AC 上的点,且有 $KL = KB$,$KM = KC$. 证明:$LM \parallel BC$.

15. 以锐角 $\triangle ABC$ 的一边 AC 为直径作圆,分别与 AB,BC 交于点 K,L,CK,AL 分别与 $\triangle ABC$ 外接圆交于点 F,D($F \neq C$,$D \neq A$),E 为 $\triangle ABC$ 外接圆中劣弧 $\overset{\frown}{AC}$ 上一点,BE 与 AC 交于点 N,若 $AF^2 + BD^2 + CE^2 = AE^2 + CD^2 + BF^2$. 求证:$\angle KNB = \angle BNL$.

16. 设 I_a 为 $\triangle ABC$ 中 $\angle A$ 内的旁心,AI_a 与 $\triangle ABC$ 外接圆交于点 T,X 是线段 TI_a 上一点,且满足 $XI_a^2 = XA \cdot XT$,X 在 BC 上的投影为 A',类似地定义 B',C'. 证明:AA',BB',CC' 三线共点.

17. 在 $\triangle ABC$ 中,AD,BE 是角平分线,F,G 是 $\triangle ABC$ 外接圆上的点,且满足 $AF \parallel DE$,$FG \parallel BC$. 求证:$\dfrac{AG}{BG} = \dfrac{AB+AC}{AB+BC}$.

18. 在锐角 $\triangle ABC$ 中,已知 M 为 AC 上一内点,N 为 AC 延长线上的点,且满足 $MN = AC$,D,E 分别为 M,N 在 BC,AB 上的投影.

证明：△ABC 的垂心 H 在△BED 的外接圆上.

19. 不等边△ABC 中，X，Y 分别是 AB，AC 上的点，且满足 $BX = CY$，M，N 分别是 BC，XY 的中点，直线 XY 与 BC 交于点 K. 证明：若 X，Y 分别在 AB，AC 上移动，则△KMN 的外接圆有一个不同于 M 的公共点.

20. 定角∠XAY 内有一定点 P，过 P 作任一直线交∠A 两边于点 M，N，过 A，M，N 的圆与∠XAY 的平分线交于点 K，求 AK 的最小值. 这里假定 $PA = l$，$\angle XAP = \alpha$，$\angle PAY = \beta$. 读者还可考虑 K 是 AP 延长后与圆的交点的情况.

21. 在△ABC 中，$\angle ACB = 60°$，A_1，B_1 分别在 BC，AC 上，且 AA_1，BB_1 分别是∠BAC，∠ABC 的角平分线，直线 A_1B_1 与△ABC 的外接圆交于点 A_2，B_2. 证明：

(1) 若 O，I 分别是△ABC 的外心和内心，则 $OI \parallel A_1B_1$；

(2) 若 R 是弧 $\overset{\frown}{AB}$（不含 C）的中点，P，Q 分别为 A_1B_1 与 A_2B_2 的中点，则 $RP = RQ$.

22. 已知直线 l 与△ABC 的边 AB，AC 分别交于点 D，F，与 BC 延长线交于点 E，过 A，B，C 且与 l 平行的直线与△ABC 外接圆分别交于点 A_1，B_1，C_1，证明：A_1E，B_1F，C_1D 三线共点.

23. 已知 P 是△ABC 内一点，$\angle C = 90°$，$AP = 4$，$BP = 2$，$CP = 1$，P 关于 AC 的对称点 Q 在△ABC 的外接圆上，求△ABC 各角的度数.

24. BB_1 是△ABC 的角平分线，过 B_1 作 BC 的垂线交△ABC 外接圆的弧 $\overset{\frown}{BC}$ 于点 K，过 B 作 AK 的垂线交 AC 于点 L. 求证：K，L 及弧 $\overset{\frown}{AC}$（不含 B）的中点共线.

25. 在△ABC 中，∠BCA 的平分线与△ABC 的外接圆交于点 R，与边 BC 的中垂线交于点 P，与 AC 的中垂线交于点 Q，设 K，L 分别是 BC，AC 的中点，证明：$S_{\triangle RPK} = S_{\triangle RQL}$.

26. H 为△ABC 垂心，D，E，F 为△ABC 外接圆上的点，$AD \parallel BE \parallel CF$，S，T，U 分别为 D，E，F 关于边 BC，CA，AB 的对称点，求证：S，T，U，H 共圆.

27. I 是△ABC 的内心，M 是 BI 的中点，E 是 BC 的中点，F 是

△ABC 外接圆的弧 $\overset{\frown}{BC}$(不含 A)的中点, N 是 EF 的中点, MN 交 BC 于点 D. 求证：$\angle ADM = \angle BDM$.

28. 在△ABC 外接圆的圆弧 $\overset{\frown}{AB}$(不含 C)和圆弧 $\overset{\frown}{BC}$(不含 A)上分别取点 K 和 L,使得 $KL \parallel AC$. 证明：△ABK 和△CBL 的内心到圆弧 $\overset{\frown}{AC}$(包含 B)中点的距离相等.

29. 给定平行四边形 $ABCD(AB<BC)$,在其边 BC,CD 上任取两动点 P,Q,满足 $CP = CQ$. 证明：△APQ 的外接圆都经过除了 A 之外的另一个定点.

30. 锐角△ABC 外心为 O, M, N 为直线 AC 上两点,且满足 $\overrightarrow{MN} = \overrightarrow{AC}$,设 D 是 M 在直线 BC 上的射影,E 是 N 在直线 AB 上的射影. 证明：

(1) △ABC 的垂心 H 位于以 O' 为圆心的△BED 的外接圆上；

(2) AN 的中点与 B 关于线段 OO' 的中点对称.

31. 自一三角形的两顶点各作一双等角线,求证：这 4 条等角线构成的完全四边形的密克点在三角形的外接圆上.

32. 设△ABC 与△$A'B'C'$ 镜像相似,求证：自 A, B, C 分别所引 $B'C'$, $C'A'$, $A'B'$ 的平分线必共点,这点在△ABC 的外接圆上；自 A, B, C 分别所引 $B'C'$, $C'A'$, $A'B'$ 的垂线也共点,这点也在△ABC 的外接圆上.

33. 已知 H 是△ABC 的垂心,直线 l, m, n 分别过 A, B, C 且相互平行. 证明：AH, BH, CH 分别关于 l, m, n 的对称线共点,此点在△ABC 的外接圆上.

34. 三角形的陪位中线(中线的等角共轭线)交外接圆于三点,证明：以这三点为顶点的三角形与原三角形具有共同的陪位重心.

35. 设 X, Y, Z 是△ABC 外接圆上一点 P 在 BC, CA, AB 上的射影,求证：$\dfrac{PX \cdot YZ}{BC} = \dfrac{PY \cdot ZX}{CA} = \dfrac{PZ \cdot XY}{AB}$.

36. 证明：正三角形外接圆上任一点至三边所在直线距离的平方和是一常数.

37. 设 AD 是△ABC 外接圆的直径,联结 BD, CD 各交直线 AC, AB 于点 E, F,令 A 分别关于 EF, DE, DF 的对称点为 A', B', C',

又设 $\triangle ABC$ 的陪位中线 AK 交 $\triangle ABC$ 外接圆于点 K. 求证：A', B', C', D, E, F, K 七点共圆.(这个圆叫做 $\triangle ABC$ 的七点圆.一个三角形可有 3 个七点圆.)

38. 设 P, Q 是 $\triangle ABC$ 外接圆上两点，A', B', C' 是 Q 关于 BC, CA, AB 的对称点. 求证：PA' 与 BC, PB' 与 CA, PC' 与 AB 的交点共线.

39. 已知 $\triangle ABC$ 及两点 P, P', 设直线 AP, BP, CP 及 AP', BP', CP' 还交 $\triangle ABC$ 外接圆 $\odot O$ 于点 D, E, F 及 D', E', F', 而 DD' 与 BC, EE' 与 CA, FF' 与 AB 各交于点 X, Y, Z, 求证：X, Y, Z 共线.

40. 设一直线被三角形每角的内外角平分线各截下一段,求证：各顶点分别与所截的对应线段中点的连线交于三角形外接圆上一点.

41. 证明：一直线关于三角形各边的对称线所交的三角形，与原三角形是透视的,它们的透视中心在原三角形的外接圆上.

42. (Fuhrmann)设 H 是 $\triangle ABC$ 垂心，I 是内心或旁心，N 是对应的内格尔点，连 AI, BI, CI 交 $\triangle ABC$ 外接圆于点 A', B', C', 记这三点分别关于 BC, CA, AB 的对称点是 A_2, B_2, C_2. 作 $NA_1 \perp AH$, $NB_1 \perp BH$, $NC_1 \perp CH$ 于点 A_1, B_1, C_1, 证明：A_1, B_1, C_1, A_2, B_2, C_2, H, N 八点共圆.

43. (Hagge)设 H 是 $\triangle ABC$ 垂心，P 是任一点，连 AP, BP, CP 交 $\triangle ABC$ 外接圆于点 A', B', C', 记这三点分别关于 BC, CA, AB 的对称点是 A_2, B_2, C_2, 直线 PA_2, PB_2, PC_2 分别交 AH, BH, CH 于点 A_1, B_1, C_1, 证明：A_1, B_1, C_1, A_2, B_2, C_2, H 七点共圆.

44. 锐角 $\triangle ABC$ 中,已知 $AB > AC$, 设 $\triangle ABC$ 的内心为 I, 边 AC, AB 的中点分别为 M, N, 点 D, E 分别在线段 AC, AB 上，且满足 $BD \parallel IM$, $CE \parallel IN$, 过内心 I 作 DE 的平行线与直线 BC 交于点 P, 点 P 在直线 AI 上的投影为 Q. 证明：点 Q 在 $\triangle ABC$ 的外接圆上.

45. 在锐角 $\triangle ABC$ 中,A_1, A_2 为 BC 上的点(A_2 靠 C 近),B_1, B_2 为 CA 上的点(B_2 靠 A 近),C_1, C_2 为 AB 上的点(C_2 靠 B 近),满足 $\angle AA_1A_2 = \angle AA_2A_1 = \angle BB_1B_2 = \angle BB_2B_1 = \angle CC_1C_2 = \angle CC_2C_1$, 直线 AA_1, BB_1, CC_1 围成一个三角形，直线 AA_2, BB_2,

CC_2 围成另一个三角形. 证明：这两个三角形有公共的外接圆.

46. 已知 $\triangle ABC$，$AB=AC$，M 为 BC 的中点，X 是 $\triangle ABM$ 外接圆劣弧 $\overset{\frown}{MA}$ 上的一动点，T 是 $\angle BMA$ 内一点，满足 $\angle TMX = 90°$，$TX = BX$. 证明：$\angle MTB - \angle CTM$ 的值不依赖于 X 的位置.

第三讲 圆与切线

§3.1 一般切线问题

例1 ⊙O 分别切 $\triangle ABC$ 的边 AB，BC 于点 E，C，BC 上有一点 D，$ED \parallel AC$，ED，AC 分别与 ⊙O 交于另两点 K，H，延长 BK 交 AC 于点 G. 求证：$AH = CG$.

证明

如图 3.1，联结 KC，EH，EC，易知四边形 $EKCH$ 是等腰梯形，$EH = KC$.

由相似三角形及比例线段知，

$$\frac{CG}{CA} = \frac{DK}{DE} = \frac{S_{\triangle KDC}}{S_{\triangle EDC}} = \frac{KC^2}{EC^2}$$
$$= \frac{EH^2}{EC^2} = \frac{S_{\triangle AEH}}{S_{\triangle AEC}} = \frac{AH}{AC},\text{证毕}.$$

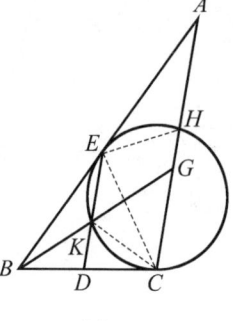

图 3.1

 本题的解法一气呵成，比例式的转换耐人寻味. 本题结论是叶中豪先生告诉作者的.

例2 在 $\triangle ABC$ 中，$\angle A = 90°$，$AB < AC$. D，E，F 分别为边 BC，CA，AB 上的点，使得四边形 $AFDE$ 为正方形. 设 l_A 为过 A 所

作 $\triangle ABC$ 外接圆的切线. 证明：BC, EF 和 l_A 三线共点.

证明

如图 3.2, 设 l_A 交直线 BC 于点 G, 连 GF 延长交 AC 于点 E'. 只需证明 E 与 E' 重合.

记 $\triangle ABC$ 的三边长分别为 a, b, c, 正方形 $AFDE$ 的边长为 x. 则由 $\dfrac{DF}{AC} = \dfrac{FB}{AB}$, 可知 $\dfrac{x}{b} = \dfrac{c-x}{c}$, 故 $x = \dfrac{bc}{b+c}$.

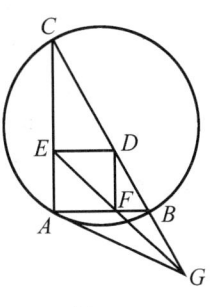

图 3.2

由 AG 为 $\triangle ABC$ 外接圆的切线, 得 $\angle BAG = \angle C$, 故 $\triangle ABG \backsim \triangle CAG$, 从而 $\dfrac{AB}{CA} = \dfrac{BG}{AG} = \dfrac{AG}{GC}$, 于是 $\dfrac{GB}{GC} = \dfrac{BG}{AG} \cdot \dfrac{AG}{GC} = \left(\dfrac{AB}{CA}\right)^2 = \dfrac{c^2}{b^2}$, 即 $\dfrac{GB}{a+GB} = \dfrac{c^2}{b^2}$, 从而 $GB = \dfrac{ac^2}{b^2-c^2}$. 结合 $\dfrac{BD}{BC} = \dfrac{DF}{CA} = \dfrac{x}{b}$, 可知 $BD = \dfrac{ac}{b+c}$, 故 $GD = \dfrac{ac^2}{b^2-c^2} + \dfrac{ac}{b+c} = \dfrac{abc}{b^2-c^2}$, $GC = GB \cdot \dfrac{b^2}{c^2} = \dfrac{ab^2}{b^2-c^2}$. 所以 $\dfrac{DF}{CE'} = \dfrac{GD}{GC} = \dfrac{c}{b}$, 即 $CE' = \dfrac{b^2}{b+c}$.

而 $CE = b - x = b - \dfrac{bc}{b+c} = \dfrac{b^2}{b+c}$, 所以 $CE = CE'$, 故 E 与 E' 重合. 命题获证.

例 3 已知 $\triangle ABC$ 中, $AB=AC$, 一个半圆圆心在 BC 上, 半圆与两腰 AB, AC 相切于点 M, N. AM, AN 上分别有动点 E, F, EF 与半圆也相切, P 为 $\triangle ABC$ 内一点, $PE \perp AB$, $PF \perp AC$, $PQ \perp BC$ 于点 Q. 求证：$\dfrac{AP}{PQ}$ 是定值.

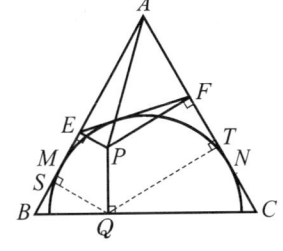

图 3.3

证明

如图 3.3, 作 $QS \perp AB$ 于点 S, $QT \perp$

AC 于点 T,易知对 BC 上任一点(不妨设 Q), $BS+CT$ 为常数 $(BC\cos B)$. 故 $BS+CT=BM+CN$,于是 $ES+FT=EM+FN=EF=AP\sin\angle BAC$.

在直角梯形 $EPQS$ 中,$\angle PQS=\angle B$,故 $ES=PQ\sin B=PQ\sin C$. 同理, $FT=PQ\sin C$,因此 $AP\sin A=ES+FT=2PQ\sin C$,于是 $\dfrac{AP}{PQ}=\dfrac{2\sin C}{\sin\angle BAC}=\dfrac{2AB}{BC}$,是定值.

点评 本题解法甚为巧妙,该结论是叶中豪先生告诉作者的.

例 4 设 $\odot O$ 半径为 r,AM,AN 是切线,L 是劣弧 $\overparen{MN}$ 上异于 M,N 的一点,过点 A 且平行于 MN 的直线分别交直线 ML,NL 于点 P,Q. 求证:$r^2=OP\cdot OQ\cdot\cos\angle POQ$.

证明 如图 3.4,连 OA,OM,设 $\angle AOP=\alpha$, $\angle AOQ=\beta$,易知 $AM=AN$,$AO\perp MN$. 由 $PQ\parallel MN$ 知 $AO\perp PQ$.

由于 $\cos\angle POQ=\cos(\alpha+\beta)=\cos\alpha\cos\beta-\sin\alpha\sin\beta=\dfrac{OA^2-AP\cdot AQ}{OP\cdot OQ}$,

又由弦切角及内错角,知 $\triangle AMP\backsim\triangle AQN$,故 $AP\cdot AQ=AM\cdot AN=AM^2$, 于是 $OA^2-AP\cdot AQ=OA^2-AM^2=r^2$. 因此结论成立.

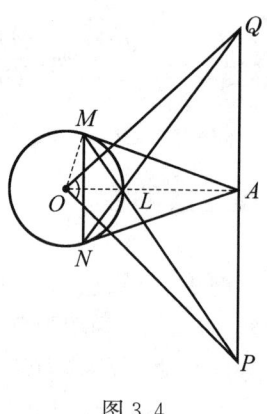

图 3.4

例 5 已知锐角 $\triangle ABC$,BC 的中点为 Q,作 $\triangle ABC$ 外接圆的切线 BP,CP,交点为 P. 求证:$\angle BAQ=\angle PAC$.

第三讲 圆与切线

证明

方法一 如图 3.5(A),作 QD,PF 与 AB(或延长线)垂直,垂足分别为 D,F;又作 QE,PG 与 AC(或延长线)垂直,垂足分别为 E, G. 连 DE,FG.

由对顶角及弦切角,知 $\angle FBP = \angle ACB$,$\angle PCG = \angle ABC$,于是 $\dfrac{FP}{GP} = \dfrac{BP\sin\angle FBP}{CP\sin\angle PCG} = \dfrac{\sin\angle ACB}{\sin\angle ABC} = \dfrac{AB}{AC}$.

又 $S_{\triangle ABQ} = S_{\triangle ACQ}$,故 $AB \cdot DQ = AC \cdot EQ$,或 $\dfrac{EQ}{DQ} = \dfrac{AB}{AC}$,

所以 $\dfrac{EQ}{DQ} = \dfrac{FP}{GP}$.

因为 $\angle DQE = 180° - \angle BAC = \angle FPG$,

所以 $\triangle DQE \sim \triangle GPF$,$\angle DEQ = \angle GFP$.

又由点 A, D, Q, E 及点 A, F, P, G 分别四点共圆,知 $\angle BAQ = \angle DEQ = \angle GFP = \angle PAC$.

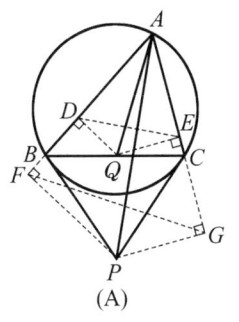 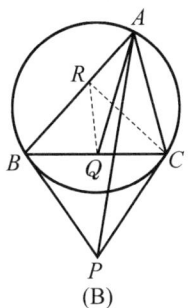

(A)　　　　　(B)

图 3.5

方法二 如图 3.5(B),在 BA 上取一点 R,使 $RC \perp AB$,连 RQ,则 $QB = QR$,$\angle ARQ = 180° - \angle B = \angle ACP$.

又 $PB = PC$,故 $\dfrac{RQ}{CP} = \dfrac{CQ}{CP} = \cos A = \dfrac{AR}{AC}$,$\triangle ARQ \sim \triangle ACP$,于是 $\angle BAQ = \angle PAC$.

例6 过圆外一点 P 作圆的两条切线 PA,PB,A,B 为切点.再过点 P 作圆的一条割线,分别交圆于 C,D 两点.过切点 B 作 PA 的平行线,分别交直线 AC,AD 于点 E,F.求证:$BE = BF$.

证明

如图 3.6,连 BC,BA,BD,则 $\angle ABC = \angle PAC = \angle E$,所以 $\triangle ABC \backsim \triangle AEB$.从而 $\dfrac{BE}{BC} = \dfrac{AB}{AC}$,即

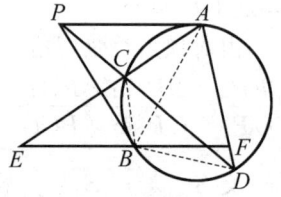

图 3.6

$$BE = \dfrac{AB \cdot BC}{AC}. \qquad (1)$$

又 $\angle ABF = \angle PAB = \angle ADB$,所以 $\triangle ABF \backsim \triangle ADB$,从而 $\dfrac{BF}{BD} = \dfrac{AB}{AD}$,即

$$BF = \dfrac{AB \cdot BD}{AD}. \qquad (2)$$

另一方面,因为 $\triangle PBC \backsim \triangle PDB$,$\triangle PCA \backsim \triangle PAD$,所以

$$\dfrac{BC}{BD} = \dfrac{PC}{PB}, \dfrac{AC}{AD} = \dfrac{PC}{PA}.$$

而 $PA = PB$,所以

$$\dfrac{BC}{BD} = \dfrac{AC}{AD}, \qquad (3)$$

于是 $\dfrac{BC}{AC} = \dfrac{BD}{AD}$.故由式(1),(2),(3),即知 $BE = BF$.

点评 本题有多种证法,依靠圆心也是一种.读者可一试.

例7 如图 3.7,在 $\triangle PBC$ 中,$\angle PBC = 60°$,过点 P 作 $\triangle PBC$ 的

外接圆 ω 的切线,与 CB 的延长线交于点 A. 点 D 和点 E 分别在线段 PA 和 ω 上,使得 $\angle DBE = 90°$,$PD = PE$. 连 BE,与 PC 相交于点 F. 已知 AF,BP,CD 三线共点.

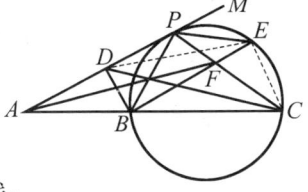

图 3.7

(1) 求证:BF 是 $\angle PBC$ 的角平分线;
(2) 求 $\tan \angle PCB$ 的值.

证明

(1) 当 BF 平分 $\angle PBC$ 时,由于 $\angle DBE = 90°$,所以 BD 平分 $\angle PBA$,于是

$$\frac{PF}{FC} \cdot \frac{CB}{BA} \cdot \frac{AD}{DP} = \frac{PB}{BC} \cdot \frac{BC}{BA} \cdot \frac{AB}{PB} = 1.$$

由塞瓦定理的逆定理知,AF,BP,CD 三线共点.

若还有一个角 $\angle D'BF'$ 满足 $\angle D'BF' = 90°$,且 AF',BP,CD' 三线共点. 不妨设 F' 在线段 PF 内,则 D' 在线段 AD 内,于是

$$\frac{PF'}{F'C} < \frac{PF}{FC}, \frac{AD'}{PD'} < \frac{AD}{PD},$$

所以

$$\frac{PF'}{F'C} \cdot \frac{CB}{BA} \cdot \frac{AD'}{D'P} < \frac{PF}{FC} \cdot \frac{CB}{BA} \cdot \frac{AD}{PD} = 1,$$

这与 AF',BP,CD' 三线共点矛盾.

所以 BF 是 $\angle PBC$ 的角平分线.

(2) 不妨设圆 O 的半径为 1,$\angle PCB = \alpha$. 由(1)知,$\angle PBE = \angle EBC = 30°$,$E$ 是弧 $\overset{\frown}{PC}$ 的中点.

因为 $\angle MPE = \angle PBE = 30°$,$\angle CPE = \angle CBE = 30°$,

所以由 $PD = PE$ 知,$\angle PDE = \angle PED = 15°$,$PE = 2 \cdot 1 \cdot \sin 30° = 1$,$DE = 2\cos 15°$.

又 $BE = 2\sin \angle ECB = 2\sin(\alpha + 30°)$,$\angle BED = \angle BEP - 15° =$

$\alpha-15°$,所以在 Rt$\triangle BDE$ 中,有

$$\cos(\alpha-15°)=\frac{BE}{DE}=\frac{2\sin(\alpha+30°)}{2\cos 15°},$$

$$\cos(\alpha-15°)\cos 15°=\sin(\alpha+30°),$$

$$\cos\alpha+\cos(\alpha-30°)=2\sin(\alpha+30°),$$

$$\cos\alpha+\cos\alpha\cos 30°+\sin\alpha\sin 30°=\sqrt{3}\sin\alpha+\cos\alpha,$$

$$\frac{\sqrt{3}}{2}+\frac{1}{2}\tan\alpha=\sqrt{3}\tan\alpha,$$

所以 $\tan\alpha=\dfrac{6+\sqrt{3}}{11}.$

例 8 如图 3.8,AC,BD 是圆切线,CD 与圆交于点 P, Q,$\overset{\frown}{PA}=\overset{\frown}{PB}$,直线 AD,BC 交于点 R. 求证:R, Q, M 共线,其中 M 是 AB 的中点.

证明 本题针对两个透视三角形 $\triangle AMC$ 和 $\triangle DQB$. 根据德萨格定理及逆定理,设 DC 与 AB 交于点 K,AC,DB 延长交于点 S,CM,BQ 延长交于 T(图中未画出),只需证 S,K,T 共线,或证 $\dfrac{S_{\triangle TMS}}{S_{\triangle TBS}}=\dfrac{MK}{KB}.$

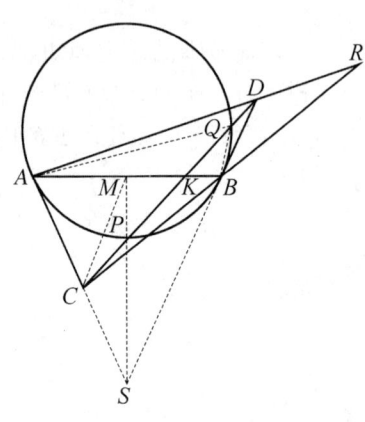

图 3.8

设 $\angle QAB=\alpha$,$\angle QBA=\beta$,$\angle AQB=\gamma$,$\angle AMC=\theta$. 由门奈劳斯定理,有 $\dfrac{AK}{KM}\cdot\dfrac{MP}{PS}\cdot\dfrac{SC}{CA}=1,$

而 $\dfrac{CA}{SC}=\dfrac{AM\sin\theta}{MS\cos\theta}=\tan\theta\cot\angle SAB=\dfrac{\tan\theta}{\tan\gamma}.$

又由弦切角易知 PA 平分 $\angle SAB$,于是 $\dfrac{MP}{PS}=\cos\angle SAB=$

$\cos\gamma$,于是$\dfrac{AK}{KM}\cdot\cos\gamma=\dfrac{CA}{SC}=\dfrac{\tan\theta}{\tan\gamma}$,即$\dfrac{AK}{KM}=\dfrac{\tan\theta}{\sin\gamma}$.

又由正弦定理,$\dfrac{AK}{KB}=\dfrac{AQ}{BQ}=\dfrac{\sin\beta}{\sin\alpha}$,于是$\dfrac{KM}{KB}=\dfrac{\sin\beta\cdot\sin\gamma}{\sin\alpha\cdot\tan\theta}$.

又由正弦定理,$\dfrac{S_{\triangle TMS}}{S_{\triangle TBS}}=\dfrac{TM\cdot MS\cdot\sin(\theta+90°)}{TB\cdot BS\cdot\sin\angle QBS}=\dfrac{\sin\beta}{\sin\theta}\cdot\sin\gamma\cdot\dfrac{\cos\theta}{\sin\alpha}=\dfrac{KM}{KB}$,

故结论得证.

> **点评** 有一位非常喜欢数学的学生丁允梓给出 S,K,T 共线一个极其漂亮的"一行"证明:设 QB,AS 延长交于点 J,由正弦定理、角平分线定理等,有 $\dfrac{S_{\triangle TAS}}{S_{\triangle TBS}}=\dfrac{\dfrac{AS}{AC}S_{\triangle TAC}}{\dfrac{SJ}{CJ}S_{\triangle TBC}}=\dfrac{AS}{AC}\cdot\dfrac{CJ}{SJ}=\dfrac{BS}{SJ}\cdot\dfrac{QJ}{QA}=\dfrac{\sin J}{\sin\angle QAB}\cdot\dfrac{\sin\angle QBA}{\sin J}=\dfrac{AQ}{BQ}=\dfrac{AK}{BK}$,故 T,K,S 共线. 看到这样的证明,我的心情久久不能平静.

例9 PA,PB 是一圆的两条切线,BQ 是 $\triangle PAB$ 的一条角平分线,过 Q 作圆的另一条切线,交 AB 延长线于点 K. 求证:$AB=3BK$.

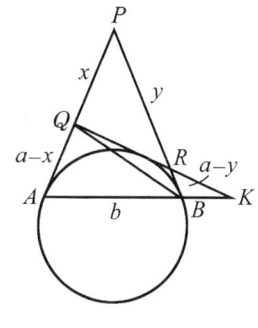

图 3.9

证明

设 QK 与 PB 交于点 R.

由门奈劳斯定理,$\dfrac{AK}{KB}\cdot\dfrac{BR}{RP}\cdot\dfrac{PQ}{QA}=1$,

$\dfrac{PQ}{QA}=\dfrac{PB}{AB}$. 如图 3.9，设 $PQ=x$，$PR=y$，$AQ=a-x$，$BR=a-y$，$AB=b$，则问题等价于证明

$$4\cdot\dfrac{a-y}{y}\cdot\dfrac{x}{a-x}=1=\dfrac{4(a-y)}{y}\cdot\dfrac{a}{b},\text{ 或 }y=\dfrac{4a^2}{4a+b}.$$

易知 $QR=AQ+RB=2a-x-y$，由余弦定理 $x^2+y^2-2xy\cos P=(2a-x-y)^2$，而 $\cos P=\dfrac{2a^2-b^2}{2a^2}$，代入上式并化简，得 $4a^2-4ax-4ay+2xy+2xy\left(1-\dfrac{b^2}{2a^2}\right)=0$.

又由 $\dfrac{x}{a-x}=\dfrac{a}{b}$，得 $x=\dfrac{a^2}{a+b}$，故

$$y=\dfrac{4a(a-x)}{4(a-x)+\dfrac{b^2}{a^2}x}=\dfrac{\dfrac{4a^2b}{a+b}}{\dfrac{4ab}{a+b}+\dfrac{b^2}{a+b}}=\dfrac{4a^2}{4a+b},$$

证毕.

> **点评**　例 8 和例 9 最大的特点是结论简洁，具有欺骗性，因为隐藏的中间过程不那么简洁. 本题亦可用托勒密定理证明.

例 10　如图 3.10，PA，PB 是 $\odot O$ 的两条切线，PSQ 是任一割线，SQ 是弦，SR 是 $\odot O$ 的直径. 延长 AO，BO，分别交直线 RQ 于点 X，Y. 求证：$OX\cdot OY=OP^2$.

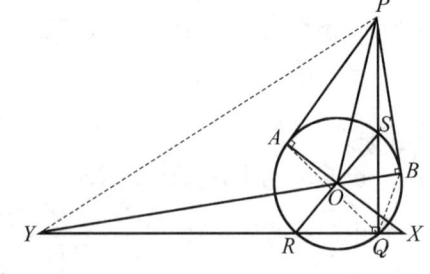

图 3.10

证明

设 $\angle POA = \angle POB = \theta$,易知 Y, Q, B, P 共圆,故 $\angle PYO = \angle PQB.$ 同理,$\angle PXO = \angle PQA.$

而 $\angle PYO + \angle PXO = \angle AQB = \theta = \angle PYO + \angle YPO$,

故 $\angle PXO = \angle YPO.$

又 $\angle YOP = \angle POX$,

$\triangle YOP \backsim \triangle POX$,故 $OX \cdot OY = OP^2.$

注意图中 PX 未连.

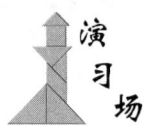

习题 3.a

1. 证明：圆上任一点到一弦所在直线的距离，等于该点到过此弦两端切线距离的比例中项．

2. 过不等边三角形的顶点作外接圆的切线，求证：这 3 条切线与对边所在直线的交点共线(莱莫恩(Lemoine)线)．

3. 在 $\triangle ABC$ 中，直径为 BC 的圆分别交 AB，AC 于点 E，F，证明：过 E，F 的切线与 $\triangle ABC$ 的 BC 边上的高共点．

4. 由三角形的顶点向以对边为直径的圆引切线，证明：这 6 个切点共圆．

5. 设 $\triangle ABC$ 内接于 $\odot O$，过 A 作切线 PD，D 在射线 BC 上，P 在射线 DA 上，过 P 作 $\odot O$ 的割线 PU，U 在 BD 上，直线 PU 交 $\odot O$ 于点 Q，T 且交 AB，AC 于点 R，S．证明：若 $QR=ST$，则 $PQ=UT$．

6. $\odot O$ 过 $\triangle ABC$ 的内心 I，并切 AB 于点 A，交 BC 边及延长线于点 D，E．求证：直线 IC 平分弧 $\overset{\frown}{DE}$．

7. 设 $\triangle ABC$ 的外接圆为 ω，$\angle A=90°$，$\angle B<\angle C$，过 A 作 ω 的切线与 BC 交于点 D，E 是 A 关于 BC 的对称点，A 在 BE 上的投影为 X，Y 是 AX 的中点，BY 与 ω 的第二个交点为 Z．证明：BD 与 $\triangle ADZ$ 的外接圆相切．

8. 在 $\triangle ABC$ 中，$AB=AC$，以 BC 中点为圆心作 $\odot O$，与 AB，AC 相切，$\odot O$ 另一条切线与 AB，AC 延长线分别交于点 E，F，在 AB，AC 上分别取点 G，H，使 $BG=BE$，$CH=CF$．求证：GH 与 $\odot O$ 相切．

9. 已知圆的直径为 AB，M，N 是圆上两点，且位于 AB 同侧，延长 AM，BN 交于点 P，QA，QM，RN，RB 均为圆的切线．

(1) 求证：QR 过 $\triangle PAB$ 的垂心；

(2) 设直线 QM，BR 交于点 Y，直线 RN，AQ 交于点 X，求证：X，P，Y 共线．

10. 已知 $\triangle ABC$ 的外接圆 $\odot O$，AB 交 BC 的中垂线 OG 于点 F，

延长 CA 与 OG 交于点 G，GT 为切线. 证明：$TF \perp OG$.

11. $\triangle ABC$ 中，$\angle A = 90°$，D 在 BC 上，一圆过 C 且与 AC 交于点 F，与 AB 切于点 G，$\dfrac{BD}{CD} = \left(\dfrac{AB}{AG}\right)^2$. 求证：$AD \perp BF$.

12. 一圆圆心在圆内接四边形 $ABCD$ 的 AB 边上，其他三边都与该圆相切. 证明：$AD + BC = AB$. 反之如何？

13. AB 为 $\odot O$ 的直径，P 为 $\odot O$ 上除 A，B 外任一点，过 P 作 $\odot O$ 的切线，和过 A，O，B 三点且与 AB 垂直的直线分别交于点 C，E，D，过 P 作 AB 的垂线，垂足为 F. 求证：

(1) $AE \parallel FD$；

(2) $AC \cdot BD = FP \cdot DE$.

14. 已知 $\triangle ABC$，$AB = AC$，过 $\triangle ABC$ 外接圆作切线 CD，D 在 AB 的延长线上，作 $DE \perp$ 直线 AC. 求证：$BD = 2CE$.

15. AB 为圆 ω 的直径，直线 l 切 ω 于点 A，三点 C，M，D 在 l 上且满足 $CM = DM$，又设 BC，BD 交 ω 于点 P，Q，过 P，Q 的 ω 的切线交于点 R. 求证：R 在 BM 上.

16. AB 是 $\odot O$ 的直径，过 A，B 的切线分别为 l_a，l_b，C 是圆上任意一点，直线 BC 交 l_a 于点 K，$\angle CAK$ 的平分线交 CK 于点 H. 设 M 是弧 $\overparen{CAB}$ 的中点，HM 与 $\odot O$ 交于点 S，过 M 的切线与 l_b 交于点 T. 证明：S，T，K 共线.

17. 圆内接四边形 $ABCD$ 中，过 A 作圆的切线交 BC 的延长线于点 K，且 B 位于 K 与 C 之间，而过 B 所作圆的切线交 AD 的延长线于点 M，且 A 位于 M 与 D 之间. 已知 $AM = AD$，$BK = BC$. 求证：四边形 $ABCD$ 是梯形.

18. 设 C，D 是以 O 为圆心，AB 为直径的半圆上任意两点，过 B 作 $\odot O$ 的切线交直线 CD 于点 P，直线 PO 与直线 CA，AD 分别交于点 E，F. 证明：$OE = OF$.

19. 平面内两条平行线 k，l，一定圆不与 k 相交，从直线 k 上一动点 A 引两条切线，并与 l 交于 B，C 两点，BC 的中点是 M. 求证：直线 AM 经过一定点.

20. 已知圆外一点 P 向圆引的两条切线的切点分别为 A，B，X

79

是劣弧 $\overset{\frown}{AB}$ 上任意一点,P 在 AX,BX 上的投影分别为 C,D. 证明: 当 X 在弧 $\overset{\frown}{AB}$ 上运动时,CD 经过一个定点 Y.

21. A 是 $\odot O$ 外一点,过 A 作圆的切线 AB,AC,$\odot O$ 的切线 l 与 AB,AC 分别交于点 P,Q,过 P 且平行于 AC 的直线与 BC 交于 R. 证明: 无论 l 如何变动,直线 QR 恒过一定点.

22. 已知锐角 $\triangle ABC$,以 AB 为直径的 $\odot K$ 分别交 AC,BC 于点 P,Q,分别过 A,Q 作 $\odot K$ 的两条切线交于点 R,分别过 B,P 作 $\odot K$ 的两条切线交于点 S. 证明: C 在线段 RS 上.

23. 已知直线上 3 个定点依次为 A,B,C,ω 为过 A,C 且圆心不在 AC 上的圆,分别过 A,C 且与 ω 相切的直线交于点 P,PB 与 ω 交于点 Q. 求证: $\angle AQC$ 的平分线与 AC 的交点不依赖于 ω 的选取.

24. 圆 ω 和直线 l 不相交,AB 是 ω 的直径,且垂直于 l,B 比 A 更靠近 l,在 ω 上任意取一点 C(不同于 A 和 B),直线 AC 交 l 于点 D,直线 DE 与 ω 切于点 E,且 B,E 在 AC 的同一侧. 设 BE 交 l 于点 F,AF 交 ω 于点 $G(\neq A)$. 证明: G 关于 AB 的对称点在直线 CF 上.

25. 在 $\triangle ABC$ 中,$\angle A = 90°$,$\angle B > \angle C$,$\odot O$ 是 $\triangle ABC$ 的外接圆,l_A,l_B 是 $\odot O$ 的两条切线,切点分别是 A,B. 设 BC 与 l_A 交于点 S,AC 与 l_B 交于点 D,AB 与 DS 交于点 E,CE 与 l_A 交于点 T,又设 P 是 l_A 上的点,且使得 $EP \perp l_A$,$Q(\neq C)$ 是 CP 与 $\odot O$ 的交点,R 是 QT 与 $\odot O$ 的交点,U 是 BR 与 l_A 的交点. 证明: $\dfrac{SU \cdot SP}{TU \cdot TP} = \dfrac{SA^2}{TA^2}$.

26. $\odot O$ 为钝角 $\triangle ABC$($\angle B$ 为钝角)的外接圆,过 C 的 $\odot O$ 的切线与 AB 交于点 B_1,设 O_1 为 $\triangle AB_1C$ 的外心,在线段 BB_1 上任选一点 B_2(不同于 B 和 B_1),过 B_2 作 $\odot O$ 的切线,记离 C 较近的切点为 C_1,设 O_2 为 $\triangle AB_2C_1$ 的外心,若 $OO_2 \perp AO_1$,证明: O,O_2,O_1,C_1,C 五点共圆.

27. 不等边锐角 $\triangle ABC$,外接圆是 ω,$\angle A$ 的平分线交 BC 于点 K,记弧 $\overset{\frown}{BAC}$ 的中点为 M,直线 MK 与 ω 不同于 M 的交点为 A',分别过 A 与 A' 作 ω 的切线交于点 T,过 A 且垂直于 AK 的直线与过 A' 且垂直于 $A'K$ 的直线交于点 R. 求证: T,R,K 三点共线.

28. 在直角 $\triangle ABC$ 中,已知 $\angle B = 90°$,$\triangle ABC$ 的内切圆切 BC 于

80

点 D, X, Z 分别是 $\triangle ABD$, $\triangle ACD$ 的内心, XZ 与 AD 交于点 K, 与 $\triangle ABC$ 外接圆交于点 U, V, M 为弦 UV 的中点, Y 为 AD 与 $\triangle ABC$ 外接圆的交点($Y \neq A$). 求证: $YC = 2MK$.

29. 已知 AB 是 $\odot O$ 的弦, P 在 AB 的延长线上, PC 与 $\odot O$ 相切于点 C, 直径 CD 与 AB 的交点在 $\odot O$ 内, 设 DB 与 OP 交于点 E. 证明: $AC \perp CE$.

30. 已知梯形 $ABCD$ 内接于圆 ω, 两底 BC, AD 满足 $BC<AD$, 过 C 的切线与 AD 交于点 P, 过 P 的切线切 ω 于异于 C 的另一点 E, BP 与 ω 交于点 K, 过 C 作 AB 的平行线, 分别与 AK, AE 交于点 M, N. 证明: M 是 CN 的中点.

31. 过 $\odot O$ 外一点 P 向 $\odot O$ 作两条切线, 切点分别为 A, B, 记 AB 的中点为 M, 线段 AM 的中垂线交 $\odot O$ 于点 C(在 $\triangle ABP$ 内部), 直线 AC, PM 交于点 G, PM 交 $\odot O$ 于点 D(在 $\triangle ABP$ 外部), 若 $BD \parallel AC$, 求证: G 是 $\triangle ABP$ 的重心.

32. 直角 $\triangle ABC$ 中, $\angle A = 90°$, 在外接圆弧 $\overparen{BC}$ 上作一条切线, 切点为这条切线被直线 AB, AC 所截线段的中点, 设为 D, 同理定义 E, F. 求证: $\triangle DEF$ 是正三角形.

33. 设 O 是 $\triangle ABC$ 的外心, P 和 Q 分别是边 AC, AB 上的内点, K, L 和 M 分别是线段 BP, CQ, PQ 的中点, ω 是过点 K, L 和 M 的圆. 若直线 PQ 与 ω 相切, 证明: $OP = OQ$.

34. ω 为 $\triangle ABC$ 的外接圆, 过 A, C 的圆分别与 BC, BA 交于点 D, E, 联结 AD, CE 并延长分别交 ω 于点 G, H, 过 A, C 作 ω 的切线, 分别与直线 ED 交于点 L, M. 证明: 直线 LH 与 MG 的交点在 ω 上.

35. $\triangle ABC$ 内接于 $\odot O$, $\odot O$ 在 B, C 的切线相交于点 T, S 在射线 BC 上使得 $AS \perp AT$, B_1, C_1 在射线 ST 上(C_1 在 S 和 B_1 之间), 使得 $B_1T = C_1T = BT$. 证明: $\triangle ABC \sim \triangle AB_1C_1$.

36. 在锐角 $\triangle ABC$ 中, AD, BE, CF 为高, H 为垂心, 过 A, H 的 $\odot O$ 与 AB, AC 分别交于点 Q, P(均不同于 A). 若 $\triangle OPQ$ 的外接圆与 BC 切于点 R, 求证: $\dfrac{CR}{BR} = \dfrac{ED}{FD}$.

37. 已知直线 l 与单位圆 S 相切于点 P，A 与 S 在 l 的同侧，且 A 到 l 的距离为 $h(>2)$，过 A 作 S 的两条切线，分别与 l 交于点 B，C，求 $PB \cdot PC$。

38. 设锐角 $\triangle ABC$ 外接圆的两条切线为 PB，PC，联结 AP 交 BC 于点 D，E，F 分别在 AC，AB 上，$DE \parallel AB$，$DF \parallel AC$。

(1) 求证：F，B，C，E 共圆；

(2) 设 F，B，C，E 所共圆的圆心为 A_1，类似地定义 B_1，C_1。求证：AA_1，BB_1，CC_1 共点。

39. 过圆外一点 P 作两条切线 PA，PB 和一条割线 PCD，在 CD 上取一点 Q，使 $\angle DAQ = \angle PBC$。求证：$\angle DBQ = \angle PAC$。

40. 过锐角 $\triangle ABC$ 的顶点 A，B 作该三角形外接圆的切线，分别与过点 C 的该三角形外接圆的切线交于点 D，E，直线 AE 交 BC 于点 P，直线 BD 交 AC 于点 R。设 Q 为 AP 的中点，S 为 BR 的中点，求证：$\angle ABQ = \angle BAS$。

41. 设 A，B 为圆 ω 上两点，X 为 ω 在 A 和 B 处切线的交点，在 ω 上选取点 C，D，使得 C，D，X 依次位于同一条直线上，且直线 $AC \perp BD$。再设 F，G 分别为 CA 与 BD，CD 与 AB 的交点，H 为 GX 的中垂线与 BD 的交点。证明：X，F，G，H 共圆。

42. AM 是 $\triangle ABC$ 的中线，以 AM 为直径作圆与 AB，AC 交于点 D，E，过 D，E 作该圆的切线相交于点 P。求证：$PM \perp BC$。

§3.2 三角形的内切圆与旁切圆

约定三角形三边长为 a,b,c,面积为 S,内切圆半径为 r,半周长为 p,$\angle A$ 内的旁切圆半径为 r_a,同理定义 r_b,r_c,则有如下性质.

1. $r = (p-a)\tan\dfrac{A}{2}$,$r_a = p\tan\dfrac{A}{2}$,余类推.

2. $S = pr = (p-a)r_a$,余类推.

3. 直角三角形的内切圆半径等于直角边和与斜边之差的一半.

4. 设 $\odot I$ 是 $\triangle ABC$ 的内切圆或旁切圆,它分别切直线 BC,CA,AB 于点 X,Y,Z,则 AX,BY,CZ 共点. 这样的点共有 4 个,均称为格尔刚 (Gergonne) 点,它们的等截共轭点称为内格尔 (Nagel) 点. 三角形的每个内格尔点与任一顶点的连线都分别经过一个格尔刚点.(所谓等截共轭点,就是自顶点 A,B,C 出发的 3 条交于一点的塞瓦线之等截线的交点,等截线就是 $\triangle ABC$ 中这样的线:D,D' 在直线 BC 上,满足 $\overrightarrow{BD}=\overrightarrow{D'C}$,就称 D,D' 互为等截点,而 AD 与 AD' 互为等截线,中线就是它自己的等截线.)

5. 设三角形的 3 条高分别为 h_a,h_b,h_c,内切圆与旁切圆半径分别为 r,r_a,r_b,r_c,则 $\dfrac{1}{h_a}+\dfrac{1}{h_b}+\dfrac{1}{h_c}=\dfrac{1}{r_a}+\dfrac{1}{r_b}+\dfrac{1}{r_c}=\dfrac{1}{r}$(旁切圆半径与高也有类似结论,有的"+"要换成"−").

例 1 K 为 $\triangle ABC$ 所在平面的任一点,证明:$KA+KB+KC \geqslant 6r$,其中 r 是 $\triangle ABC$ 内切圆半径.

证明

易知要让 $KA+KB+KC$ 较小,K 需在 $\triangle ABC$ 内部或边界上. 设

△ABC 对应边长为 a,b,c, 对应高为 h_a,h_b,h_c, K 在 BC,CA,AB 上的垂足分别为 D,E,F, 由爱尔特希-莫德尔(Erdös-Mordell)不等式, $KA+KB+KC \geqslant 2(KD+KE+KF)$, 而 $KA+KD \geqslant h_a$, $KB+KE \geqslant h_b$, $KC+KF \geqslant h_c$, 故由基本不等式,有

$$KA+KB+KC \geqslant \frac{2}{3}(h_a+h_b+h_c) \geqslant \frac{6}{\frac{1}{h_a}+\frac{1}{h_b}+\frac{1}{h_c}} = 6r.$$

点评 许多看似"显然"的几何不等式其实都较为困难,读者需认识到这一点.

例 2 锐角 △ABC 的内切圆分别切 AB,AC 边于点 D 和 E, X 和 Y 分别为 $\angle ABC$ 和 $\angle ACB$ 的平分线与直线 DE 的交点, Z 为 BC 边的中点. 证明: 当且仅当 $\angle A=60°$ 时, △XYZ 为正三角形.

证明 如图 3.11, 记 △ABC 的内心为 I, 由 $\angle AED = \angle ADE = \frac{1}{2}(180° - \angle A) = \frac{1}{2}(\angle B + \angle C) = \angle XIC$, 可得 C,I,X,E 四点共圆. 又因为 $IE \perp AC$, 故 $BX \perp CX$, 则 $ZX = ZB = ZC$. 同理, $ZY = ZB = ZC$, 故 $ZY = ZX$. 又由 $ZX = ZB$ 得 $\angle XZC = 2\angle ZBX = \angle ABC$, 所以 $ZX \parallel AB$. 同理 $ZY \parallel AC$, 则 $\angle XZY = \angle A$, 所以当且仅当 $\angle A = 60°$ 时, △XYZ 为正三角形.

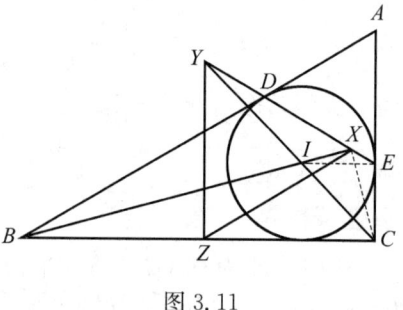

图 3.11

例 3 设 △ABC 的三边长分别为 a,b,c ($a \leqslant c$). 证明: △ABC

的内切圆分从点 B 引出的中线成三条相等的线段的充分必要条件是 $\dfrac{a}{5}=\dfrac{b}{10}=\dfrac{c}{13}$.

证明 （1）必要性. 如图 3.12 所示，设 AC 中点为 M，BM 交 $\triangle ABC$ 内切圆于 P,Q. 设 BC 切内切圆于点 S，CA 切内切圆于点 T. 设 $AB=c$，$BC=a$，$CA=b$，则 $BS=\dfrac{a+c-b}{2}$，$MT=\dfrac{b}{2}-\dfrac{a+b-c}{2}=\dfrac{c-a}{2}$. 设 $BP=PQ=QM=x$. 由中线长公式有 $BM^2=\dfrac{1}{2}BC^2+\dfrac{1}{2}BA^2-\dfrac{1}{4}AC^2$，即

$$9x^2=\dfrac{1}{2}a^2+\dfrac{1}{2}c^2-\dfrac{1}{4}b^2. \quad (1)$$

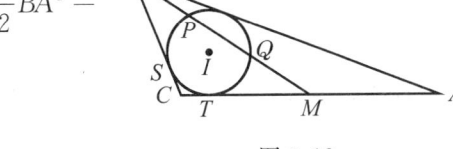

图 3.12

由 $BS^2=BP\cdot BQ$，得

$$\left(\dfrac{a+c-b}{2}\right)^2=2x^2. \quad (2)$$

由 $MQ\cdot MP=MT^2$，得

$$2x^2=\left(\dfrac{c-a}{2}\right)^2. \quad (3)$$

联立式(1),(2),(3)，解得 $a:b:c=5:10:13$.

（2）充分性. 设 $a=5,b=10,c=13$，则 $BM=6\sqrt{2}$，$BS=4$，$MT=4$. $MT^2=MQ\cdot MP=MQ(MB-PB)=6\sqrt{2}MQ-MQ\cdot PB$，即 $6\sqrt{2}MQ-MQ\cdot PB=16$. 同理，$6\sqrt{2}BP-MQ\cdot BP=16$，所以 $BP=MQ=2\sqrt{2}$. 因此 $PQ=2\sqrt{2}$. 故 $BP=PQ=QM$.

综上，命题得证.

例 4 $\triangle ABC$ 中,$AB+BC=3AC$,内心为 I,内切圆分别切 AB,BC 边于点 D,E. 设 D,E 关于 I 的对称点分别为 K,L. 证明:A,C,K,L 共圆.

证明

由已知条件,得 $BD = BE = \frac{1}{2}(AB+BC-AC) = AC$. 如图 3.13,分别延长 BI 到 B_1,BE 到 C_1,使得 $BI = IB_1$,$BE = EC_1$,则 $CC_1 = EC_1 - CE = AC - CE = AD$,$B_1C_1 = 2IE = KD$,又 $\angle C_1 = \angle IEB = 90° = \angle IDA$,故 $\triangle CB_1C_1 \cong \triangle AKD$,$B_1C = AK$. 又 $\triangle IKB_1 \cong \triangle IDB$,$KB_1 = BD = AC$,$KC = KC$,故 $\triangle B_1CK \cong \triangle AKC$,$\angle KB_1C = \angle KAC$. 从而 B_1,A,K,C 四点共圆. 同理,B_1,A,L,C 四点共圆. 因此,A,L,K,C 共圆.

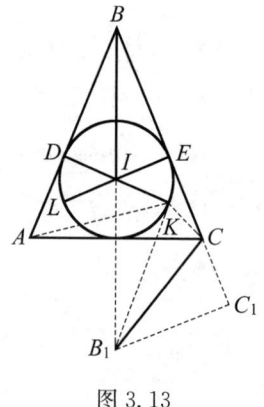

图 3.13

例 5 已知 $\triangle ABC$ 的内切圆 $\odot I$ 与 AB,AC 分别切于点 P,Q,射线 BI,CI 分别交 PQ 于点 K,L. 证明:$\triangle ILK$ 的外接圆与 $\triangle ABC$ 的内切圆相切的充分必要条件是 $AB+AC=3BC$.

证明

如图 3.14 所示,设 $BC=a$,$CA=b$,$AB=c$,设 BL 和 CK 延长后交于点 D. 由于 $\triangle PAQ$ 是等腰三角形,所以 $\angle BKL = \angle APK - \angle ABK = \frac{1}{2}\angle ACB$. 所以 I,K,Q,C 四点共圆,B,L,K,C 四点共圆. 由 $\angle IKC = \angle IQC = 90°$,$I,L,D,K$ 四点共圆,ID 是 $\triangle ILK$ 的外接圆直径.

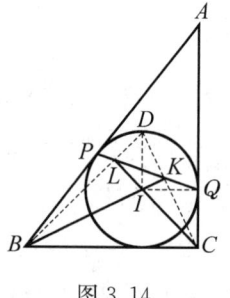

图 3.14

易知 $\angle BDC = 90° - \dfrac{\angle BAC}{2}$,故 $ID = a\cot\angle BDC = a\tan\dfrac{\angle BAC}{2}$. 另一方面,$r = AQ\tan\dfrac{\angle BAC}{2}$,$AQ = \dfrac{1}{2}(b+c-a)$,其中 r 为 $\triangle ABC$ 的内切圆半径. 于是 $\triangle ILK$ 的外接圆与 $\triangle ABC$ 的内切圆相切,当且仅当 $\triangle ILK$ 外接圆的直径等于 $\triangle ABC$ 内切圆的半径,$r = ID \Leftrightarrow \dfrac{1}{2}(c+b-a) = a \Leftrightarrow b+c = 3a$.

例 6 已知 $\triangle ABC$,$\angle B = 90°$,内切圆分别切 BC, CA, AB 于点 D, E, F. 又 AD 交内切圆于另一点 P,$PF \perp PC$,求 $\triangle ABC$ 三边长之比.

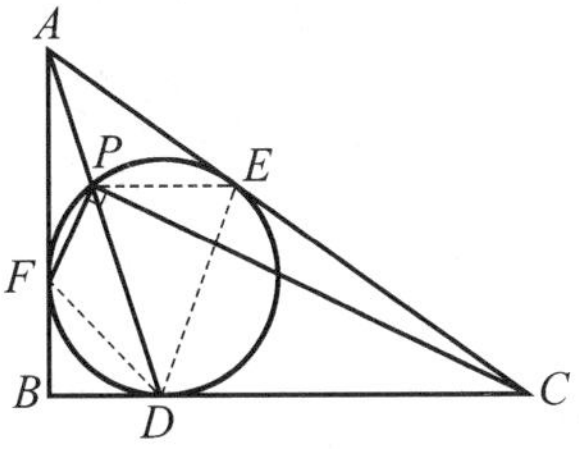

解 如图 3.15,连 FD, PE, ED,易知 $\triangle FBD$ 是等腰直角三角形. 由弦切角知,$\angle FPD = \angle FDB = 45°$,于是 $\angle DPC = 45°$. 又 $\angle PDC = \angle PFD$,故 $\triangle PFD \backsim \triangle PDC$,所以 $\dfrac{PF}{FD} = \dfrac{PD}{CD}$. 又由

图 3.15

于 $\triangle APF \backsim \triangle AFD$,$\triangle APE \backsim \triangle AED$,故 $\dfrac{PE}{DE} = \dfrac{AP}{AE} = \dfrac{AP}{AF} = \dfrac{PF}{FD}$,于是 $\dfrac{PE}{DE} = \dfrac{PD}{CD}$. 又 $\angle EPD = \angle EDC$,故 $\triangle EPD \backsim \triangle EDC$,于是 $\triangle EPD$ 也是等腰三角形,所以 $\angle PED = \angle EPD = \angle EDC$,所以 $PE \parallel BC$,于是 $\dfrac{AE}{AC} = \dfrac{PE}{CD} = \dfrac{PE}{ED} \cdot \dfrac{ED}{CD} = \left(\dfrac{ED}{CD}\right)^2 = 4\sin^2\dfrac{C}{2} = 2(1-\cos C) = 2\left(1-\dfrac{BC}{AC}\right) = 2\dfrac{AC-BC}{AC}$.

又 $\dfrac{AE}{AC} = \dfrac{\frac{1}{2}(AB+AC-BC)}{AC}$,故 $AB+AC-BC = 4(AC-BC)$,$AB = 3(AC-BC)$. 两边平方,得 $AB^2 = 9(AC-BC)^2 =$

$AC^2 - BC^2$,此即 $9(AC - BC) = AC + BC$,所以 $\dfrac{BC}{AC} = \dfrac{4}{5}$,所以 $AB:BC:AC = 3:4:5$.

例7 $\triangle ABC$ 的内切圆切 BC 于 D,AD 在圆内部分上任找一点 E,设线段 BE,CE 分别与圆交于点 F,G. 求证:AD,BG,CF 共点.

证明 设 $\triangle ABC$ 三对应边为 a,b,c,$p = \dfrac{1}{2}(a+b+c)$,如图 3.16,连 DG,DQ,QG,其中 Q 为内切圆与 AC 的切点. 设 CE 与 DQ 交于点 P.

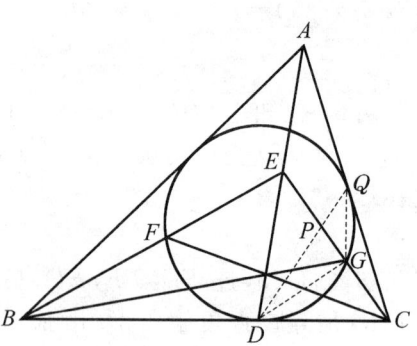

图 3.16

不妨设 $\dfrac{ED}{AE} = k$. 由门奈劳斯定理,$\dfrac{AC}{CQ} \cdot \dfrac{QP}{PD} \cdot \dfrac{DE}{EA} = 1$,此即 $\dfrac{PD}{PQ} = \dfrac{bk}{p-c}$. 所以 $\dfrac{PD}{QD} = \dfrac{bk}{p-c+bk}$,$\dfrac{PQ}{QD} = \dfrac{p-c}{p-c+bk}$.

又由弦切角及面积比,知 $\dfrac{PG^2}{GC^2} = \dfrac{PD\sin\angle QDG}{CD\sin\angle CDG} \cdot \dfrac{PQ\sin\angle DQG}{CQ\sin\angle CQG} = \dfrac{PD \cdot PQ}{CD^2} = \dfrac{QD^2 \cdot bk(p-c)}{CD^2 \cdot (p-c+bk)^2}$,所以 $\dfrac{PG}{CG} = \dfrac{QD}{CD} \cdot \dfrac{\sqrt{bk(p-c)}}{p-c+bk}$.

又由门奈劳斯定理,有 $\dfrac{AD}{DE} \cdot \dfrac{EP}{PC} \cdot \dfrac{CQ}{QA} = 1$,此即 $\dfrac{1+k}{k} \cdot \dfrac{EP}{PC} \cdot \dfrac{p-c}{p-a} = 1$,不妨设 $PG = 1$,则由上述得 $CG = \dfrac{CD}{QD} \cdot \dfrac{p-c+bk}{\sqrt{bk(p-c)}}$. 而 $EP = \dfrac{k(p-a)}{(1+k)(p-c)} \cdot PC = \dfrac{k(p-a)}{(1+k)(p-c)}(1+CG)$.

于是

$$\frac{EG}{CG} = \frac{EP+1}{CG} = \frac{k(p-a)+(1+k)(p-c)+k(p-a)\cdot CG}{(1+k)(p-c)\cdot CG}$$

$$= \frac{bk+k(p-a)\cdot CG+p-c}{(1+k)(p-c)\cdot CG}$$

$$= \frac{\frac{QD}{CD}\sqrt{bk(p-c)}+k(p-a)}{(1+k)(p-c)}.$$

易知 $\dfrac{QD}{CD} = 2\sin\dfrac{\angle ACB}{2}$，于是

$$\frac{QD}{CD}\sqrt{bk(p-c)} = \sqrt{4\sin^2\frac{\angle ACB}{2}\cdot bk(p-c)}$$

$$= \sqrt{2(1-\cos\angle ACB)\cdot bk(p-c)}$$

$$= \sqrt{2\left(1-\frac{a^2+b^2-c^2}{2ab}\right)bk(p-c)}$$

$$= 2\sqrt{\frac{(p-a)(p-b)(p-c)k}{a}},$$

因此 $\dfrac{QD}{CD}\sqrt{bk(p-c)}+k(p-a)$ 是一个关于 b,c 对称的式子，设其为 d，则 $\dfrac{EG}{CG} = \dfrac{d}{(1+k)(p-c)}$. 同理 $\dfrac{EF}{BF} = \dfrac{d}{(1+k)(p-b)}$，于是 $\dfrac{EF}{FB}\cdot\dfrac{BD}{DC}\cdot\dfrac{CG}{GE} = \dfrac{p-c}{p-b}\cdot\dfrac{BD}{CD} = 1$，故由塞瓦逆定理，知 AD, BG, CF 共点.

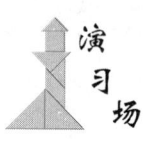

习题 3.b

1. I 是 $\triangle ABC$ 的内心或旁心，J 是对应的格尔刚点，A', B', C' 各为 AJ, BJ, CJ 上的点. 若 $A'B' \perp CI$, $C'A' \perp BI$, 证明：$B'C' \perp AI$, 且 $\triangle A'B'C'$ 与 $\triangle ABC$ 的非对应边所在直线的 6 个交点共圆.

2. $\triangle ABC$ 的内切圆切 AB 于点 D, 且 $AC \cdot CB = 2AD \cdot DB$. 求证：$\triangle ABC$ 为直角三角形. 若是 $AD \cdot DB = S_{\triangle ABC}$ 呢？

3. 定角 $\angle XAY$ 内有一定点 P, 过 P 作任一直线交 $\angle A$ 两边于点 M, N, 求 $\triangle AMN$ 周长的最小值. 这里假定 $PA = l$, $\angle XAP = \alpha$, $\angle PAY = \beta$.

4. 在 $\triangle ABC$ 中，$AB > BC > CA$, $\angle C - \angle B = 90°$, $\odot O$ 为内切圆，E 是 BC 边上的切点，EF 是 $\odot O$ 的直径. 射线 AF 交 BC 边于点 D. 若 DE 等于 $\triangle ABC$ 外接圆的半径，求 $AB : BC : CA$.

5. $\triangle ABC$ 的内心是 I, 内切圆切 BC 于 T, 过 T 作 IA 的平行弦 ST, 过 S 作圆的切线，分别交 AB, AC 于点 C', B'. 求证：$\triangle AB'C' \backsim \triangle ABC$.

6. 设 $\triangle ABC$ 内切圆与三边 AB, BC, CA 分别切于点 P, Q, R, 证明：$\dfrac{BC}{PQ} + \dfrac{CA}{QR} + \dfrac{AB}{RP} \geq 6$.

7. $\triangle ABC$ 内切圆 $\odot I$ 与 AB, BC 分别切于点 X, Y, XI 与 $\odot I$ 交于另一点 T, X' 是 AB, CT 的交点，L 在线段 $X'C$ 上，且 $X'L = CT$. 证明：当且仅当 A, L, Y 共线时 $AB = AC$.

8. 已知 $\triangle ABC$ 中，$AB = BC$, 平行于 BC 的中位线交 $\triangle ABC$ 内切圆于点 F, F 不在 AC 上，证明：过 F 的切线与 $\angle C$ 的平分线的交点在 AB 上.

9. 已知 $\triangle ABC$ 的 $\angle C$ 内的旁切圆与 AB 切于点 C', 设 Z 为由 C 引出的 $\triangle ABC$ 的高的中点，证明：$\triangle ABC$ 的内心在直线 $C'Z$ 上.

10. 在 $\triangle ABC$ 中，$AB = AC$, $\odot O$ 是 $\triangle ABC$ 的内切圆，与 BC, CA, AB 三边的切点依次为 K, L, M. 设 N 是直线 OL 与 KM 的交点，

Q 是直线 BN 与 CA 的交点,P 是 A 到直线 BQ 的垂足,若 $BP = AP + 2PQ$. 求 $\dfrac{AB}{BC}$ 所有可能的值.

11. 已知 $\triangle ABC(AB \neq AC)$ 的内切圆分别切 BC,CA,AB 于点 D,E,F,H 是 EF 上一点,$DH \perp EF$. 若 $AH \perp BC$,求证:H 是 $\triangle ABC$ 的垂心.

12. 设 A',B',C' 分别为 $\triangle ABC$ 三边 BC,CA,AB 上的点,满足 $\triangle ABC$ 与 $\triangle A'B'C'$ 的内心重合,且 $\triangle A'B'C'$ 的内切圆半径等于 $\triangle ABC$ 内切圆半径的一半. 证明:$\triangle ABC$ 为正三角形.

13. 设 I 为 $\triangle ABC$ 的内心,D,E,F 分别为内切圆与 BC,CA,AB 三边的切点,M 为 D 在 EF 上的投影. 设 P 为 DM 的中点,H 为 $\triangle BIC$ 的垂心,求证:直线 PH 平分 EF.

14. $\triangle ABC$ 中,$AC = BC$,其内切圆分别与 AB,BC 切于点 D,E,一条过 A 且异于 AE 的直线交 $\triangle ABC$ 的内切圆于点 F,G,EF,EG 分别交 AB 于点 K,L. 求证:$DK = DL$.

15. $\triangle ABC$ 的内切圆 $\odot I$ 与 AB,AC 切于点 D,E,P 是 $\odot I$ 优弧 $\overset{\frown}{DE}$ 上任一点,F 是 A 关于直线 DP 的对称点,M 是线段 DE 的中点. 求证:$\angle FMP = 90°$.

16. $\triangle ABC$ 的内切圆 $\odot I$ 与 BC,CA,AB 切于点 A',B',C',圆上的点 K,L 满足 $\angle AKB' + \angle BKA' = \angle ALB' + \angle BLA' = 180°$. 求证:$A',B',C'$ 到直线 KL 的距离相等.

17. 已知 $\triangle ABC$ 满足 $\angle C < \angle A < 90°$,$D$ 为 AC 上一点,且 $BD = AB$,$\triangle ABC$ 内切圆与 AB,AC 分别切于点 K,L,$\triangle BCD$ 的内心为 J. 证明:KL 平分线段 AJ.

18. 在 $\triangle ABC$ 中,已知 $\angle A$ 内的旁切圆圆心为 J,其与 BC 及 AC,AB 延长线的切点分别为 A_1,B_1,C_1. 若 $A_1B_1 \perp AB$,且垂足为 D,C_1 在 DJ 上的投影为 E,求 $\angle BEA_1$ 和 $\angle AEB_1$ 的度数.

19. 在不等边 $\triangle ABC$ 中,AD,BE,CF 是三条角平分线,K_a,K_b,K_c 是 $\triangle ABC$ 内切圆上三点,且使得 DK_a,EK_b,FK_c(K_a,K_b,K_c 分别不在 BC,CA,AB 上)均与 $\triangle ABC$ 的内切圆相切. 记 $\triangle ABC$ 的三边 BC,CA,AB 的中点分别为 A_1,B_1,C_1,求证:A_1K_a,B_1K_b,C_1K_c 交于

△ABC 的内切圆上.

20. 已知△ABC 的中线 AM 交其内切圆 ω 于点 K,L,分别过 K,L 作平行于 BC 的直线交 ω 于点 X,Y,AX,AY 分别交 BC 于点 P,Q. 证明: $BP = CQ$.

21. 在△ABC 中,$\angle A = 60°$,△ABC 的内切圆 I 分别切 AB,AC 于点 D,E,直线 DE 分别与直线 BI,CI 交于点 F,G. 求证: $FG = \frac{1}{2}BC$.

22. P 是△ABC 内一点,P 在 BC,CA,AB 上的射影分别为 D,E,F,且满足 $AP^2 + PD^2 = BP^2 + PE^2 = CP^2 + PF^2$. 求证:若记 I_A,I_B,I_C 分别为对应的△ABC 的旁心,则 P 是△$I_AI_BI_C$ 的外心.

23. 设边长为 a 的正三角形内切圆上任一点至三边的距离为 x,y,z,求证: $x^2 + y^2 + z^2 = 2(xy + yz + zx) = \frac{3}{8}a^2$.

24. 求证:以直角三角形内切圆在三边上切点为顶点的三角形的欧拉线平分该直角三角形的斜边.

25. 一直线与正△ABC 的内切圆相切,且分别交 AB,AC 于点 D,E,证明: $\frac{AD}{BD} + \frac{AE}{CE} = 1$.

26. 证明: I 为△ABC 的内心或旁心的充要条件是: $\pm IA^2 \cdot BC \pm IB^2 \cdot CA \pm IC^2 \cdot AB = BC \cdot CA \cdot AB$,式中对于内心全取"+"号,对于第一项取"-"而后两项取"+"号对应于 BC 边的旁心,余类推.

27. 设⊙I 是以△ABC 的内心 I 为圆心的一个圆,D,E,F 分别是从 I 出发垂直于 BC,CA,AB 的射线与⊙I 的交点. 求证: AD,BE,CF 共点.

28. 已知△ABC 的内心为 I,l 是△ABC 内切圆⊙I 的一条切线,直线 l' 与 AB,CA,BC 分别交于点 C',B',A',由 A' 作⊙I 的不同于 BC 的切线,且与 l 交于 A_1,类似地定义 B_1,C_1. 求证: AA_1,BB_1,CC_1 三线共点.

29. 设△ABC 是不等边三角形,其内切圆 ω 与 BC,CA,AB 分别切于点 D,E,F,若直线 FD,DE,EF 分别与直线 CA,AB,BC 交于点

U,V,W,DW,EU,FV 的中点分别为 L,M,N. 证明：L,M,N 共线.

30. $\triangle ABC$ 中，一圆切 CA,AB 于点 Y,Z，自 B,C 另作该圆切线交于点 X，证明：AX,BY,CZ 三线共点或平行.

31. 内切圆 $\odot I$ 分别切 $\triangle ABC$ 的边 AB,AC 于点 E,F，作 $BG \perp$ 直线 CI 于点 G，$CH \perp$ 直线 BI 于点 H. 求证：E,F,G,H 共线.

32. 设 $\odot I$ 是 $\triangle ABC$ 的内切圆或旁切圆，切 BC,CA,AB 直线于点 D,E,F，任取一点 P，联结 DP,EP,FP 并延长，分别交 $\odot I$ 于点 X,Y,Z. 求证：AX,BY,CZ 三线共点或平行.

33. 已知 $\triangle ABC$ 内切圆切 AB,CA,BC 于点 P,Q,R，PQ 与 AB 上的中位线交于点 X，RQ 与 BC 上的中位线交于点 Y. 求证：B,X,Y 共线.

34. I 是 $\triangle ABC$ 的内心，X,Y 分别为内切圆与 AB,BC 的切点，D,E 分别为 BC,CA 的中点，求证：直线 AI,XY,ED 共点.

35. $\triangle ABC$ 的内切圆 $\odot I$ 分别切 BC,CA,AB 于点 D,E,F，AD 与 $\odot I$ 的另一个交点是 X，BX,CX 分别还交 $\odot I$ 于点 P,Q，又记 BC 的中点是 M，若 $AX=XD$，求证：

(1) $FP \parallel EQ$；

(2) AD,EP,FQ 共点；

(3) $\dfrac{BX}{CX} = \dfrac{BI}{CI}$；

(4) X,I,M 共线.

36. 不等边 $\triangle ABC$ 中，I 是内心，A_1,B_1,C_1 分别是内切圆在 BC,CA,AB 上的切点. 求证：$\triangle AA_1I,\triangle BB_1I,\triangle CC_1I$ 的外心共线.

37. $\triangle ABC$ 的外心是 O，高是 AH,BK,CL，A_0,B_0,C_0 分别是 AH,BK,CL 的中点，以 I 为圆心的内切圆分别切 BC,CA,AB 于点 D,E,F. 证明：A_0D,B_0E,C_0F,OI 四线共点.

§3.3 圆外切四边形

圆外切四边形有许多有用的性质.
1. 菱形是圆外切四边形.
2. 圆外切四边形对边之和相等,反之亦然(注意如果此时四边形是凹的,其实是有旁切圆).
3. 若凸四边形 $ABCD$ 有内切圆,I 是内心,则

$$\angle AID + \angle BIC = 180°, \angle AIB + \angle CID = 180°.$$

4. 若四边形有内切圆或旁切圆,则对边切点连线与两对角线共点或互相平行,这就是**牛顿定理**.

例1 设圆外切四边形 $ABCD$,A,B,C,D 至内切圆 I 的切线长分别为 a,b,c,d. 证明: $\odot I$ 的半径 $r = \sqrt{\dfrac{abc+bcd+cda+dab}{a+b+c+d}}$.

证明

设 $\odot I$ 与 AD,BC 分别切于点 E,F,$\angle AIE = \alpha$,$\angle DIE = \beta$,$\angle BIF = \gamma$,$\angle CIF = \theta$,易知 $\alpha + \beta + \gamma + \theta = 180°$,于是 $\tan(\alpha+\beta) + \tan(\gamma+\theta) = 0$,而 $\tan(\alpha+\beta) = \dfrac{\tan\alpha + \tan\beta}{1 - \tan\alpha\tan\beta} = \dfrac{\dfrac{a}{r} + \dfrac{d}{r}}{1 - \dfrac{ad}{r^2}} = \dfrac{r(a+d)}{r^2 - ad}$,

同理,$\tan(\gamma+\theta) = \dfrac{r(b+c)}{r^2 - bc}$,于是 $\dfrac{a+d}{r^2 - ad} + \dfrac{b+c}{r^2 - bc} = 0$,解出 r 即得结论.

必须注意,若 $\alpha + \beta = 90°$,则不能用"tan",此时可考虑"cot".

例2 如图 3.17,圆心 O 是 AB 的中点,过 A,B 分别作圆 O 的切线,在过 A 的两切线上分别找点 P,Q,使 PQ 也是切线,同理得到 MN. 求证: $PM \parallel QN$.

证明   若延长 AP,BM 交于点 C,延长 AQ,BN 交于点 D,发现四边形 $ADBC$ 是菱形. 欲证 $PM \parallel QN$,只需证 $\triangle PCM \backsim \triangle QDN$,或 $\dfrac{PC}{CM} = \dfrac{DN}{QD}$(因为已有 $\angle ACB = \angle ADB$),上式可化为求证 $PC \cdot QD = CM \cdot DN$.

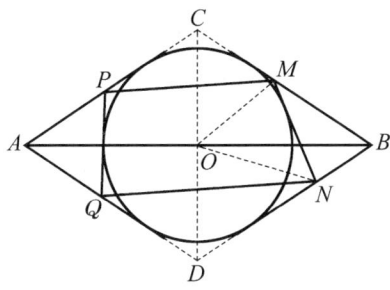

图 3.17

这样对称性就被破坏了,因为左式只依赖于 PQ,右式只依赖于 MN. 于是我们只需要整个图形的一半,比如右半部分,叙述如下:

已知 $\triangle CBD$ 中, $BC = BD$,半圆 O 的圆心为 CD 之中点,且半圆与 BC,BD 均相切, M,N 为动点,保持 MN 也与半圆相切,求证: $CM \cdot DN$ 是常数.

这是显然的,因为连 OM,ON,有

$$\angle CMO + \angle DNO = \dfrac{1}{2}(\angle CMN + \angle DNM)$$
$$= 90° + \dfrac{1}{2}\angle CBD$$
$$= 180° - \angle OCM$$
$$= \angle CMO + \angle COM,$$

故 $\angle DNO = \angle COM$. 又 $\angle OCM = \angle ODN$,故有 $\triangle COM \backsim \triangle DON$,于是 $CM \cdot DN = CO \cdot DO = CO^2$,为常数,证毕.

例3 如图 3.18，$\triangle ABC$ 中，E,F 分别在 CA,AB 上，BE,CF 交于点 P. 求证：若四边形 $AFPE$ 有内切圆，则 $AB+CP=AC+BP$.

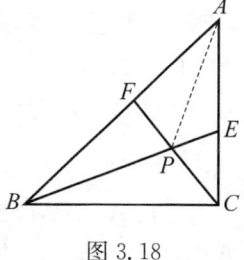

图 3.18

证明

连 AP，由条件，$AF-FP=AE-EP$，于是 $\frac{1}{2}(AF+AP-FP)=\frac{1}{2}(AE+AP-EP)$，$\frac{1}{2}(FP+AP-AF)=\frac{1}{2}(EP+AP-AE)$. 两式相除，考虑 $\triangle AFP$ 和 $\triangle AEP$ 之内切圆，便得

$$\frac{\tan\dfrac{\angle FAP}{2}}{\tan\dfrac{\angle FPA}{2}}=\frac{\tan\dfrac{\angle EAP}{2}}{\tan\dfrac{\angle EPA}{2}}.$$

又 $\tan\dfrac{\angle FPA}{2}=\cot\dfrac{\angle APC}{2}$，$\tan\dfrac{\angle EPA}{2}=\cot\dfrac{\angle APB}{2}$，

故 $\dfrac{\tan\dfrac{\angle FAP}{2}}{\tan\dfrac{\angle APB}{2}}=\dfrac{\tan\dfrac{\angle EAP}{2}}{\tan\dfrac{\angle APC}{2}}$，此即 $\dfrac{AB+AP-BP}{AP+BP-AB}=\dfrac{AC+AP-CP}{AP+CP-AC}$，两边加 1 即得 $AB+CP=AC+BP$.

点评 这一命题等价于：四边形 $ABCD$ 有内切圆，则对角线分出两三角形之内切圆也外切. 此题有直接计算切线长的方法，这里提供的是三角的简单计算. 易见该结论反之也成立.

例4 如图 3.19，$\triangle ABC$ 中，D,E,F 分别在 BC,CA,AB 上，且 AD,BE,CF 共点于 P. 若四边形 $AEPF,BFPD$ 有内切圆. 证明：四边

形 $ECDP$ 也有内切圆.

证明

由例 3 的结论不难得知,四边形 $AEPF$ 有内切圆 $\Leftrightarrow AB+CP=AC+BP$,四边形 $BFPD$ 有内切圆 $\Leftrightarrow BC+AP=AB+CP$,故 $BC+AP=AC+BP$,这等价于四边形 $ECDP$ 有内切圆.

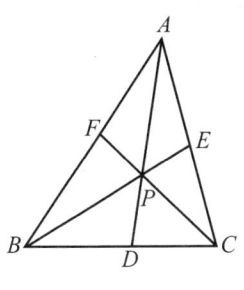

图 3.19

例 5 如图 3.20,已知一凸四边形 $ABCD$ 外切于 $\odot O$. 求证: $OA \cdot OC + OB \cdot OD = \sqrt{AB \cdot BC \cdot CD \cdot DA}$.

证明

不妨设 $\angle BAD = 2\alpha, \angle ABC = 2\beta, \angle BCD = 2\gamma, \angle CDA = 2\theta, \alpha+\beta+\gamma+\theta=180°$. 又不妨设 $\odot O$ 半径为 1,则 $OA = \csc\alpha, OB = \csc\beta, OC = \csc\gamma, OD = \csc\theta, AB = \cot\alpha + \cot\beta = \dfrac{\sin(\alpha+\beta)}{\sin\alpha\sin\beta}$. 同理有 BC, CD, DA 的表达式. 于是

$$\sqrt{AB \cdot BC \cdot CD \cdot DA} = \dfrac{\sin(\alpha+\beta)\sin(\theta+\gamma)}{\sin\alpha\sin\beta\sin\gamma\sin\theta},$$

而 $OA \cdot OC + OB \cdot OD = \csc\alpha \cdot \csc\gamma + \csc\theta \cdot \csc\beta = \dfrac{\sin\theta\sin\beta + \sin\alpha\sin\gamma}{\sin\alpha\sin\beta\sin\gamma\sin\theta}$, 用 $\sin\theta = \sin(\alpha+\beta+\gamma)$ 代入即得结论.

例 6 设四边形 $ABCD$ 有内切圆 $\odot O$. 求证: $\triangle OAB, \triangle OBC, \triangle OCD$ 和 $\triangle ODA$ 的垂心共线.

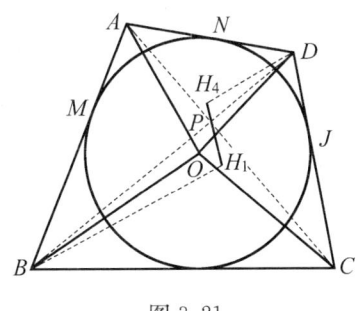

图 3.21

证明

如图 3.21,设 $\triangle OAB, \triangle OBC,$

△OCD 与 △ODA 的垂心分别为 H_1, H_2, H_3, H_4.

设直线 H_1H_4 与 BD 交于点 P. 由于 $DH_4 \perp AO, BH_1 \perp AO$, 故 $DH_4 // BH_1$, 于是 $\dfrac{BP}{DP} = \dfrac{BH_1}{DH_4}$. 由垂心性质, 知 $\dfrac{DH_4}{AO} = \cot\angle ADO$, $\dfrac{BH_1}{AO} = \cot\angle ABO$. 设 $\odot O$ 与 AB, AD 分别切于点 M, N, 则 $\dfrac{BP}{DP} = \dfrac{\cot\angle ABO}{\cot\angle ADO} = \dfrac{BM}{DN}$.

这说明点 P 正是 AC 与 BD 的交点, 这是因为若设 AC, BD 交于点 P', 又设 $\odot O$ 与 CD 切于点 J, 则有 M, P', J 共线. 考虑到 $\angle MP'B = \angle DP'J$, 以及 $\angle BMP' + \angle DJP' = 180°$, 对 △$MBP'$ 与 △DJP' 分别使用正弦定理, 即得 $\dfrac{BP'}{BM} = \dfrac{DP'}{DJ}$ 或 $\dfrac{BP'}{DP'} = \dfrac{BM}{DJ} = \dfrac{BM}{DN}$. 此即说明 P 与 P' 重合.

同理, 直线 H_1H_2, H_2H_3, H_3H_4 均过 P 点, 因此 H_1, H_2, H_3, H_4 必在一条直线上.

例 7 圆外切四边形 $ABCD, A, B, C, D$ 至圆的切线长分别为 a, b, c, d, 圆心是 O. 求证: 若 $OA \cdot OC = OB \cdot OD$, 则 $a + c = b + d$.

证明

若 $b = c$, 则 $a = d \Leftrightarrow OA = OD, OB = OC$, 显然成立. 下设 $b \neq c$.

如图 3.22, 设各切点为 P, Q, R, S, 又设 PQ, QR, RS, SP 的中点分别为 C', D', A', B', 圆半径为 r. 易知 $\dfrac{OD}{OA} = \dfrac{OC}{OB} \Rightarrow OD \cdot$

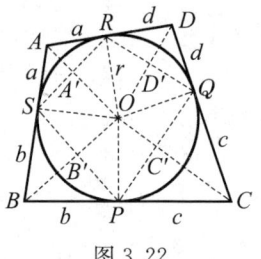

图 3.22

$OA' = OC \cdot OB'$, 又 $\angle AOD + \angle BOC = 180°$, 得 $S_{\triangle A'OD} = S_{\triangle B'OC}$. 又 $\dfrac{AA'}{A'O} = \dfrac{a^2}{r^2}, \dfrac{A'O}{AO} = \dfrac{r^2}{a^2+r^2}$, 故 $S_{\triangle A'OD} = \dfrac{r^2}{a^2+r^2} \cdot S_{\triangle AOD} = \dfrac{r^3(a+d)}{2(a^2+r^2)}$.

同理, $S_{\triangle B'OC} = \dfrac{r^3(b+c)}{2(b^2+r^2)}$, 于是 $\dfrac{a+d}{b+c} = \dfrac{a^2+r^2}{b^2+r^2}$. 同理可得此值为

$\dfrac{d^2+r^2}{c^2+r^2}$,故 $\dfrac{a+d}{b+c} = \dfrac{a^2+r^2}{b^2+r^2} = \dfrac{d^2+r^2}{c^2+r^2} = \dfrac{a^2-d^2}{b^2-c^2}$,于是 $a-d = b-c$,$a+c = b+d$,证毕.

> **点评** 本题解答实属不易. 作者本想走另一条路,发现运算量颇大. 读者可考虑证明 $OA \cdot OC = OB \cdot OD \Leftrightarrow a+c = b+d$. 不过此题用三角函数甚为简便.

习题 3.c

1. 设四边形 $ABCD$ 有内切圆 I,求证:$\dfrac{IA^2}{IC^2} = \dfrac{AB \cdot AD}{BC \cdot CD}$.

2. 证明:

(1) 过圆内接四边形对角线交点向四边作垂线,则以 4 个垂足为顶点的四边形是圆外切四边形;

(2) 若半径为 R 的圆内接四边形对角线垂直,则以对角线交点到四边垂足为顶点的四边形的内切圆半径不大于 $\dfrac{R}{2}$.

3. 已知四边形 $ABCD$ 有内切圆 $\odot I$,且满足 $\angle BAD + \angle ADC > 180°$,过 I 的直线分别交 AB,CD 于点 X,Y. 证明:若 $IX = IY$,则 $AX \cdot DY = BX \cdot CY$.

4. 在 $\triangle ABC$ 中,D,E 分别是 AC,AB 上的点,且 $BD、CE$ 的交点 P 在 $\angle A$ 的平分线上. 求证:存在一个圆内切于四边形 $ADPE$ 的充要条件是 $AB = AC$.

5. 对边不平行的四边形 $ABCD$ 外切于以 O 为圆心的圆,证明:O 与四边形 $ABCD$ 的两组对边中点连线的交点重合,当且仅当 $OA \cdot OC = OB \cdot OD$.

6. 凸四边形 $ABCD$ 有内切圆,切 AB,BC,CD,DA 于点 A_1,B_1,C_1,D_1,且 E,F,G,H 分别为 $A_1B_1,B_1C_1,C_1D_1,D_1A_1$ 的中点. 证明:四边形 $EFGH$ 为矩形的充要条件是 A,B,C,D 共圆.

7. 设凸四边形 $ABCD$ 有内切圆,它的每个内角和外角都不小于 $60°$. 求证:$\dfrac{1}{3}|AB^3 - AD^3| \leqslant |BC^3 - CD^3| \leqslant 3|AB^3 - AD^3|$. 并问:等号何时成立?

8. 设凸四边形 $ABCD$ 有内切圆 $\odot I$,且 $(AI+DI)^2 + (BI+CI)^2 = (AB+CD)^2$. 求证:四边形 $ABCD$ 是一个等腰梯形.

9. 四边形 $ABCD$ 外切于圆,$\angle A$ 和 $\angle B$ 的外角平分线交于点 K,

$\angle B$ 和 $\angle C$ 的外角平分线交于点 L，$\angle C$ 和 $\angle D$ 的外角平分线交于点 M，$\angle D$ 和 $\angle A$ 的外角平分线交于点 N. 求证：$\triangle ABK$，$\triangle BCL$，$\triangle CDM$，$\triangle DAN$ 的垂心是一个矩形的顶点.

10. 作圆内接四边形的两对角线的等角线，求证：

(1) 所作四线同切于一圆；

(2) 每边与其两端所作的线构成的三角形的垂心四点共线.

11. 设四边形 $ABCD$ 有内切圆或旁切圆，E,F,G,H 分别是 AB，BC,CD,DA 上的切点，在 AC 上取点 A',C'，在 BD 上取点 B',D'，若 $A'B' /\!/ EG /\!/ C'D'$，且 $A'D' /\!/ FH$，证明：$B'C' /\!/ FH$，且 $A'B'$，$C'D'$ 交 AB，CD 所得四点及 $A'D'$，$B'C'$ 交 AD，BC 所得四点共八点共圆.

12. 圆外切六边形 $ABCDEF$ 的边 AB,BC,CD,DE,EF,FA 上分别有切点 X,U,Y,V,Z,W，且 X,Y,Z 是各自边的中点. 求证：XV，YW，ZU 共点.

13. 以 O 为圆心的圆内切于凸四边形 $ABCD$，分别切 AB,BC，CD,DA 于点 K,L,M,N，直线 KL,MN 交于一点 S. 求证：$BD \perp OS$.

第四讲 综合问题举隅

例1 若 B,C 为定点,A 为动点,满足 $\dfrac{AB}{AC}$ 为定值 $k(>1)$. 证明:所有这样的点 A 的轨迹是一个以 DE 为直径的圆(阿波罗尼斯圆),其中 D 在 BC 上,E 在 BC 延长线上,且 $\dfrac{BD}{CD}=\dfrac{BE}{CE}=k$.

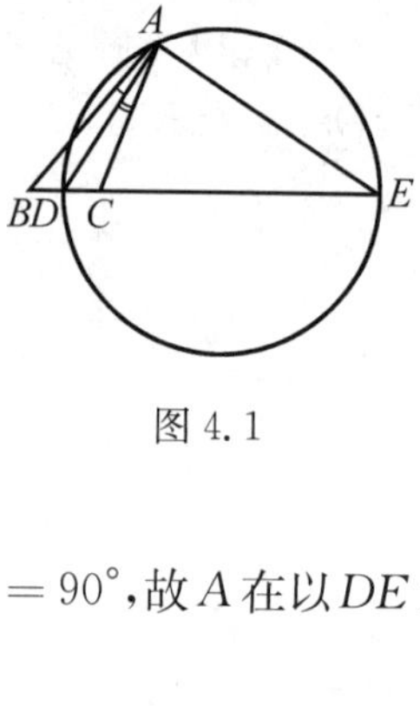

证明

如图 4.1,作 $\angle BAC$ 的内角平分线与外角平分线,分别交直线 BC 于 D,E,则 $\dfrac{BD}{CD}=\dfrac{BE}{CE}=\dfrac{AB}{AC}=k$ 为定值,D,E 为定点. 又 $\angle DAE=90°$,故 A 在以 DE 为直径的定圆上.

图 4.1

反之,设 $\angle BAD=\alpha,\angle CAD=\beta$,则 $\angle BAE=90°+\alpha$,$\angle CAE=90°-\beta$,$\dfrac{AB\cdot\sin\alpha}{AC\cdot\sin\beta}=\dfrac{BD}{CD}=\dfrac{BE}{CE}=\dfrac{AB\cdot\sin(90°+\alpha)}{AC\cdot\sin(90°-\beta)}$,于是 $\tan\alpha=\tan\beta$,故 $\alpha=\beta$,结论成立.

例2 已知一圆的两条相交弦 AD 与 BC,点 B 在劣弧 $\overset{\frown}{AD}$ 上,圆半径为 5,$BC=6$,AD 是从 A 出发的唯一被 BC 平分的弦,求 $\sin\angle AOB$(O 为圆心).

解 如图 4.2,题目的意思是以 AO 为直径的圆与 BC 相切.

作 AE, OF 与直线 BC 垂直,垂足为 E, F,则 $OF = \sqrt{5^2 - 3^2} = 4$, AO 中点至 BC 距离为 $\dfrac{AO}{2} = \dfrac{5}{2}$,于是 $AE = 1$. 因此 $EF = \sqrt{5^2 - 3^2} = 4, BE = 1, AB = \sqrt{2}$. 所以 $\cos\angle AOB = \dfrac{5^2 + 5^2 - 2}{2 \times 5 \times 5} = \dfrac{24}{25}, \sin\angle AOB = \sqrt{1 - \left(\dfrac{24}{25}\right)^2} = \dfrac{7}{25}$.

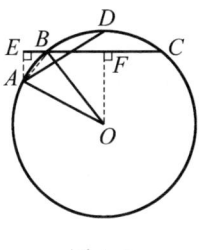

图 4.2

例 3 已知 $\odot O$ 中三弦 AB, CD, EF 交于点 P, P 为 AB 中点,CF 交直线 AB 于点 M, ED 交直线 AB 于点 N. 求证:$PM = PN$.

证明 如图 4.3,设 CF, ED 的中点分别为 Q, R,连 $OP, OQ, OR, OM, ON, PQ, PR$.

易知 $\triangle CPF \backsim \triangle EPD, Q, R$ 是对应中点,故 $\triangle CQP \backsim \triangle ERP$,于是由 P, M, Q, O 共圆及 P, O, R, N 共圆,得 $\angle MOP = \angle CQP = \angle PRE = \angle PON$. 又 $OP \perp MN$,故 $MP = NP$.

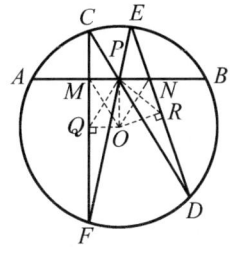

图 4.3

本题就是有名的"蝴蝶定理". 注意 MN 可在 AB 线段之外.

例 4 已知 $\triangle ABC$ 中,$AB \perp AC, BC$ 中点为 $D, \odot O$ 过 A, C, D,AE 是 $\triangle ABC$ 的高,BO 延长后交 AE 于点 F,求 $\dfrac{AF}{EF}$.

103

解 如图 4.4,设 $\odot O$ 还与 AB 交于点 M,则 M, O, C 共线,故 $MD \perp BC$, $MD \parallel AE$.

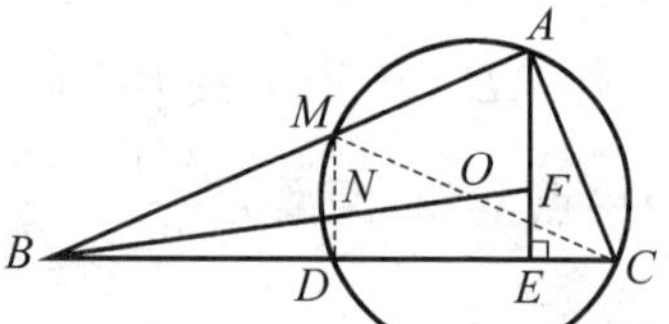

在 $\triangle BMC$ 中,BO, MD 均为中线,设交于点 N,则 N 为重心,故 $\dfrac{AF}{FE} = \dfrac{MN}{ND} = 2$.

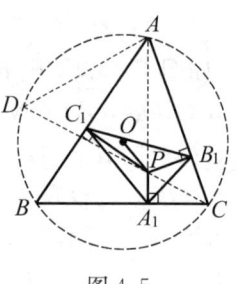

图 4.4

例 5 P 为 $\triangle ABC$ 所在平面上任一点,由 P 向 $\triangle ABC$ 对应边所在直线作垂线,垂足分别是 A_1, B_1, C_1. 若 $OP = d$,求证:$S_{\triangle A_1 B_1 C_1} = \dfrac{|R^2 - d^2|}{4R^2} S_{\triangle ABC}$,此处 R 是 $\triangle ABC$ 外接圆的半径,O 为 $\triangle ABC$ 的外心.

证明

如图 4.5,先不妨设 P 在 $\triangle ABC$ 内,连 AP, CP,易知 $A_1 B_1 = PC \sin C$, $B_1 C_1 = AP \sin A$. 又作 $\triangle ABC$ 外接圆 $\odot O$,延长 CP 交 $\odot O$ 于点 D,连 AD,则 $S_{\triangle A_1 B_1 C_1} = \dfrac{1}{2} AP \cdot CP \cdot \sin A \sin C \sin \angle C_1 B_1 A_1$. 又由四点共圆知 $\angle C_1 B_1 A_1 = \angle C_1 B_1 P + \angle A_1 B_1 P = \angle BAP + \angle PCB = \angle BAP + \angle DAB = \angle DAP$.

图 4.5

于是 $S_{\triangle A_1 B_1 C_1} = \dfrac{1}{2} AP \cdot CP \cdot \sin A \sin C \sin \angle DAP = \dfrac{1}{2} CP \cdot DP \cdot \sin A \sin B \sin C$. 易知 $CP \cdot DP = |R^2 - OP^2| = |R^2 - d^2|$,而 $S_{\triangle ABC} = 2R^2 \sin A \sin B \sin C$,故 $S_{\triangle A_1 B_1 C_1} = \dfrac{|R^2 - d^2|}{4R^2} S_{\triangle ABC}$. P 在 $\triangle ABC$ 外时同理可证. 特别地,若 P 在 $\triangle ABC$ 外接圆上,有 $S_{\triangle A_1 B_1 C_1} = 0$,此即 A_1, B_1, C_1 共线(西姆森定理).

第四讲 综合问题举隅

例6 已知 MON 为 $\odot O$ 直径,S 在 ON 上,弦 $ASB \perp MN$,P 在弧 $\overparen{BM}$ 上,PS 延长后交圆于点 Q,PN 交 AB 于点 R.求证:$QS < RN$.

证明

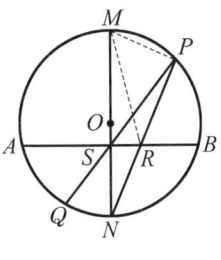

图 4.6

如图 4.6,连 MP,MR,知 M,S,R,P 共圆,于是 $\dfrac{RN}{MR} = \dfrac{SN}{SP} = \dfrac{QS}{MS}$,$\dfrac{RN}{QS} = \dfrac{MR}{MS} > 1$.

例7 设圆内接 $\triangle ABC$ 的垂心为 H,P 为圆周上任一点.求证:PH 被 P 关于该三角形的西姆森线平分.

证明

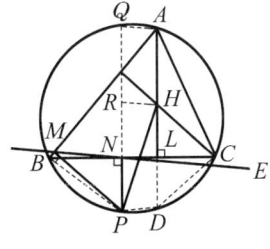

图 4.7

如图 4.7,不妨设 P 在弧 $\overparen{BC}$ 上.P 在直线 AB,BC 上的射影分别是 M,N,MN 即为西姆森线.AL 是高,延长后交圆于点 D,PN 延长后交圆于点 Q,连 PD,QA,CD,BP,则易知 $\angle HCB = \angle BAD = \angle DCB$,得 $HL = LD$.

又易知 M,N,P,B 共圆,因此 $\angle ENP = \angle ABP = \angle AQP$,故 $MN \parallel AQ$.

又作 $HR \parallel AQ$,于是由四边形 $AQPD$ 为等腰梯形,知四边形 $HRPD$ 也是等腰梯形,于是 BC 垂直平分 HD,从而 BC 垂直平分 RP.

由 $PN = NR$ 及 $MNE \parallel RH$,知 MN 必将 PH 平分.

例8 等腰 $\triangle ABC$ 中 $AC = BC$,内心为 I,P 是 $\triangle AIB$ 外接圆上位于 $\triangle ABC$ 内部的一点,过 P 作 CA 和 CB 的平行线分别交 AB 于点 D 和 E,过 P 作 AB 的平行线分别交 CA 和 CB 于点 F 和 G.证明:直线 DF 和 EG 的交点在 $\triangle ABC$ 的外接圆上.

证明

如图 4.8,因为 $\angle EPF = \angle BGF = 180° - \angle ABC = 180° - \angle BAC$,

则可得 F,P,E,A 四点共圆,同理 P,D,B,G 四点共圆. 记这两圆的另一个交点为 M,下证 M 即为 DF 和 EG 的交点.

$\angle PME = \angle PAE = 180° - \angle APE - \angle PEA$. 由 P,I,B,A 四点共圆, 可知 $\angle APB = \angle AIB = 180° - \frac{1}{2}\angle CAB - \frac{1}{2}\angle CBA = 180° - \angle CBA$. 所以 $\angle PME = \angle CBA - \angle PBA = \angle PBG$. 而 $\angle PMG = \angle PBG$, 故 $\angle PME = \angle PMG$, 则 M,E,G 三点共线, 即 M 在直线 EG 上. 同理可得 M 在直线 FD 上, 所以 M 即为直线 DF 和 EG 的交点. 而 $\angle AMB = \angle AMP + \angle BMP = \angle PEA + \angle PDB = 180° - \angle C$, 故 C,A,M,B 四点共圆, 证毕.

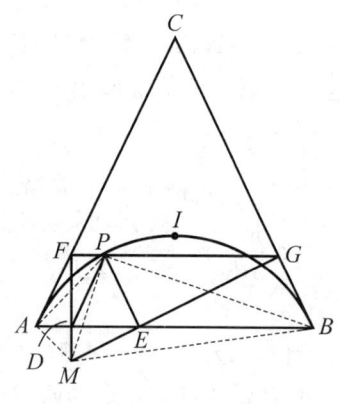

图 4.8

例 9 矩形 $ABCD$, $AB = \sqrt{2}AD$, 以 AB 为直径向外作半圆, 在半圆上任取一点 P, 连 PC, PD 分别与 AB 交于点 E, F, 求 AE, BF 与 AB 之间满足的(等式)关系.

解 如图 4.9, 从特殊位置来看, 似应有 $AE^2 + BF^2 = AB^2$, 下面给出证明.

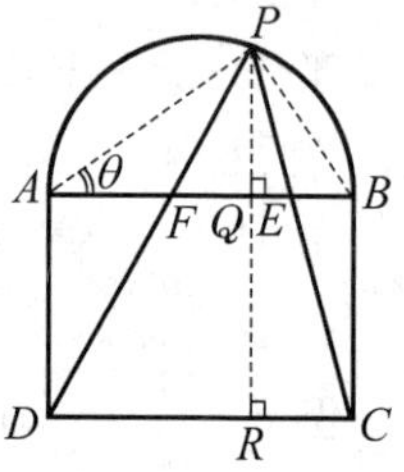

作 $PQR \perp CD$, Q, R 分别在 AB, CD 上. 连 AP, BP, 设 $\angle PAB = \theta$.

又设 $AB = \sqrt{2}$, 则 $AD = 1 = RQ$, $AQ = AB\cos^2\theta = \sqrt{2}\cos^2\theta$, $\frac{QE}{RC} = \frac{PQ}{PR}$. $RC = QB = PB\sin\theta = \sqrt{2}\sin^2\theta$, $PQ = \sqrt{2}\cos\theta\sin\theta$, $PR = PQ + 1$, 于是 $QE = \sqrt{2}\sin^2\theta \cdot \frac{\sqrt{2}\cos\theta\sin\theta}{\sqrt{2}\cos\theta\sin\theta + 1}$, 因此 $AE = AQ + QE = \sqrt{2}\cos^2\theta + \sqrt{2}\sin^2\theta \cdot$

图 4.9

$$\frac{\sqrt{2}\cos\theta\sin\theta}{\sqrt{2}\cos\theta\sin\theta+1}=\sqrt{2}-\frac{\sqrt{2}\sin^2\theta}{\sqrt{2}\cos\theta\sin\theta+1}.$$

同理 $BF=\sqrt{2}-\dfrac{\sqrt{2}\cos^2\theta}{\sqrt{2}\cos\theta\sin\theta+1}$. 于是

$$AE^2+BF^2=2\left[\left(1-\frac{\sin^2\theta}{\sqrt{2}\cos\theta\sin\theta+1}\right)^2+\left(1-\frac{\cos^2\theta}{\sqrt{2}\cos\theta\sin\theta+1}\right)^2\right]$$

$$=2\left[2-\frac{2}{\sqrt{2}\sin\theta\cos\theta+1}+\frac{\cos^4\theta+\sin^4\theta}{(\sqrt{2}\cos\theta\sin\theta+1)^2}\right]$$

$$=2\left[2-\frac{2}{\sqrt{2}\cos\theta\sin\theta+1}+\frac{1-2\sin^2\theta\cos^2\theta}{(1+\sqrt{2}\cos\theta\sin\theta)^2}\right]$$

$$=2\left[2-\frac{2}{\sqrt{2}\cos\theta\sin\theta+1}+\frac{1-\sqrt{2}\cos\theta\sin\theta}{\sqrt{2}\cos\theta\sin\theta+1}\right]$$

$$=2$$

$$=AB^2.$$

例 10 如图 4.10，一圆的直径为 AB（长为 1），一侧弧上有两定点 P,Q，另一侧有动点 R. 若弦 PR,QR 分别交 AB 于点 M,N，求证：MN 达到最大值时，$AM=BN$.

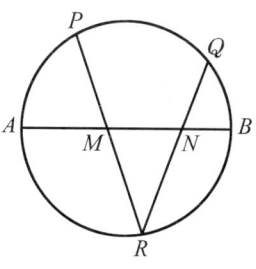

图 4.10

证明 设 $AM=x, BN=y, MN=1-x-y$. 于是问题变为求 $x+y$ 的最小值，首先得求出 x 与 y 的函数关系.

由面积比，$\dfrac{x}{1-x}=\dfrac{AM}{MB}=\dfrac{AP\cdot AR}{BP\cdot BR}$, $\dfrac{y}{1-y}=\dfrac{NB}{AN}=\dfrac{BQ\cdot BR}{AQ\cdot AR}$，记 $\dfrac{AP\cdot BQ}{AQ\cdot BP}=k$（小于 1 的定值），则有 $\dfrac{xy}{(1-x)(1-y)}=k$，即 $0<\dfrac{1}{k}-$

$$1 = \frac{1-(x+y)}{xy} \geqslant \frac{1-(x+y)}{\frac{(x+y)^2}{4}},$$ 解得 $x+y \geqslant \frac{2\sqrt{k}}{1+\sqrt{k}}$. 当 $x = y$，即 $AM = BN$ 时，$x+y$ 达到最小值，此时 $MN = \frac{1-\sqrt{k}}{1+\sqrt{k}}$.

第四讲 综合问题举隅

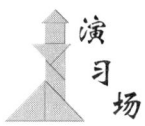

习题 4

1. $\triangle ABC$ 中,以 AB 为直径作圆,交 BC 于点 H,交 $\angle BAC$ 的平分线于点 D,作 $CK \perp AD$,垂足为 K,又设 M 为 BC 的中点. 求证: D, M, K, H 四点共圆.

2. 定圆上有两定点 A, B 及动点 C 构成的锐角 $\triangle ABC$, AB 的中点 M 在 AC, BC 上的投影分别为 E, F. 求证: EF 的中垂线经过一定点.

3. 已知凸四边形 $ABCD$, 设 $\triangle BAD, \triangle ABC, \triangle BCD, \triangle CDA$ 的外接圆半径分别为 R_A, R_B, R_C, R_D, 求证: $R_A + R_C > R_B + R_D \Leftrightarrow \angle BAD + \angle BCD > \angle ABC + \angle CDA$.

4. 在圆 ω 上取 4 个不同的点 A, B, C, D, 使得 $\angle BCD$ 不为直角, AB, AC 的中垂线分别与直线 AD 交于点 W, V, 且直线 CV 和 BW 交于点 T. 证明:线段 AD, BT 和 CT 中某一条的长度是另两条长度之和.

5. 锐角 $\triangle ABC$ 中, A_1 是其外接圆弧 $\overset{\frown}{BC}$ 的中点, D 是 A_1 到直线 AB 的投影, L, M, N 分别是 AC, AB, BC 的中点, 证明:

(1) $AD = \dfrac{AB + AC}{2}$;

(2) $DA_1 = OM + OL$;

(3) 试用纯几何方法证明: $OL + OM + ON = \triangle ABC$ 外接圆与内切圆半径之和.

6. AB 是 $\odot O$ 的一条非直径的弦,把劣弧 $\overset{\frown}{AB}$ 三等分为弧 $\overset{\frown}{AC}, \overset{\frown}{CD}, \overset{\frown}{DB}$, 把弦 AB 三等分为 $AC', C'D', D'B$, 直线 CC', DD' 交于点 P. 证明: $\angle APB = \dfrac{\angle AOB}{3}$.

7. AB, CD 都是 $\odot O$ 的直径, $\angle AOC = 60°$, 在劣弧 $\overset{\frown}{CB}$ 上任取一点 P, PA, PD 分别交 CD, AB 于点 M, N. 求证: $PA \cdot PD = PA \cdot PM + PD \cdot PN$.

8. $\triangle ABC$ 的外接圆是 $\odot O$, $\angle A > 90°, AB < AC, M, N$ 分别是

BC, AO 的中点，D 是直线 MN 与 AC 的交点. 若 $AD = \dfrac{AB+AC}{2}$，求 $\angle A$ 的大小.

9. $\triangle ABC$ 中，$\angle A = 60°$，证明：$\angle A$ 的平分线与 $\triangle ABC$ 的欧拉线垂直.

10. AB，CD 是一圆的两弦，AC，BD 交于点 P，证明：$\triangle PAB$，$\triangle PCD$ 的外心及垂心共圆.

11. 给定菱形 $ABCD$，其中 $\angle A < 90°$，对角线交于点 M，O 在线段 MC 上，且不重合于 M. $OB < OC$，过 B，D 且以 O 为圆心的圆交直线 AB 于点 B 和 X（当直线 AB 是切线时，$X = B$），同时交直线 BC 于点 B 和 Y. 设直线 DX，DY 与线段 AC 的交点分别为 P，Q，试用 t 表示比值 $\dfrac{OQ}{OP}$，其中 $t = \dfrac{MA}{MO}$.

12. 给定 $\odot O$ 及圆内非圆心一点 A，请在圆周上找到三点 B，C，D，使得四边形 $ABCD$ 的面积最大.

13. 已知 $\odot O$ 的半径为 r，A 为圆外一点，过 A 作直线 l（与 AO 不同），交 $\odot O$ 于点 B，C，且 B 在 A，C 之间，作直线 l 关于 AO 的对称直线交 $\odot O$ 于点 D，E，且 E 在 A，D 之间. 证明：四边形 $BCDE$ 两条对角线的交点是定点，即不依赖于直线 l 的位置.

14. 已知 A，B，C，D 是一圆上顺时针四点，且 $AB < AD$，$CD < BC$，$\angle BAD$ 的平分线交圆于点 X，$\angle BCD$ 的平分线交圆于点 Y，顺次联结圆上这 6 个点形成一个六边形. 证明：若这个六边形所有边中有 4 条长度相等，则 BD 是圆的直径.

15. 已知圆内接六边形 $ABCDEF$，$AB = BC = a$，$CD = DE = b$，$EF = FA = c$. 证明：六边形 $ABCDEF$ 有 3 对互相垂直的对角线.

16. 梯形 $ABCD$ 内接于圆 K，AC，BD 垂直，平行边 $AB = a$，$CD = c$ 分别是圆 K_a 和 K_c 的直径，计算在圆 K 内但在圆 K_a 和 K_c 外区域的周长和面积.

17. C 是半圆 O 的直径 AB 上异于 O 的一内点，过 C 作两条直线与 AB 成相等夹角，它们与半圆分别交于点 D，E（异于 A，B），过 D 作直线 CD 的垂线交半圆于点 K，K 异于 E. 证明：$KE \parallel AB$.

第四讲 综合问题举隅

18. A 是 $\odot O$ 外一点，M 为 $\odot O$ 上动点，MN 是直径，求 $\triangle AMN$ 外心的轨迹.

19. 锐角 $\triangle ABC$ 中，AD,BE 是高，以 BC 为直径向外作半圆与直线 AD 交于点 P，以 AC 为直径向外作半圆与直线 BE 交于点 Q. 证明：$CP = CQ$.

20. 设 $A_0, A_1, \cdots, A_5$ 是圆 ω 上顺序排列的 6 个点，对于 $k = 0, 1, 2$，过 A_{2k} 作平行于直线 $A_{2k+2}A_{2k+4}$ 的直线，交 ω 于点 A'_{2k}，直线 $A'_{2k}A_{2k+3}(k=0,1,2)$ 与 $A_{2k+2}A_{2k+4}$ 交于点 A'_{2k+3}. 如果直线 $A_{2k}A_{2k+3}(k=0,1,2)$ 三线共点，证明：直线 $A'_{2k}A_{2k+3}(k=0,1,2)$ 也三线共点(注：对 $n \geqslant 6, A_n = A_i$，其中 $i \equiv n \pmod 6, 0 \leqslant i \leqslant 5$).

21. 给定圆 ω 和它的弦 AB（非直径），记 C 是 ω 的优弧 $\overset{\frown}{AB}$ 上任一点，记 K, L 分别为 A, B 以 BC, AC 为轴的对称点. 证明：线段 KL, AB 中点的距离与 C 的位置无关.

22. 设锐角 $\triangle ABC$ 满足 $\angle B > \angle C$，I 为其内心，R 为其外接圆的半径，AD 是高，K 在直线 AD 上，且满足 $AK = 2R$，A, K 在 D 的两侧. 若 DI 与 AC 交于点 E，KI 与 BC 交于点 F，证明：当 $IE = IF$ 时，$\angle B \leqslant 3\angle C$.

23. O 是锐角 $\triangle ABC$ 的外心，过 A, O 的圆分别与直线 AB, AC 交于不同于 A 的点 P, Q. 若 $PQ = BC$，求直线 PQ 与 BC 所夹不超过直角的角度大小.

24. 在凸四边形 $ABCD$ 中，$BC = CD, AB \neq AD, \angle BAC = \angle DAC$，过 A, C 的圆与 AB, AD 分别交于点 N, M，若 $BN = a$，求 DM.

25. 已知锐角 $\triangle ABC$ 的垂心是 H，X 为任一点，以 HX 为直径的圆与直线 AH, AX 分别交于点 A_1, A_2，类似地定义 B_1, B_2, C_1, C_2. 证明：A_1A_2, B_1B_2, C_1C_2 三线共点.

26. 已知锐角 $\triangle ABC$，AD 是高，I_a 是 $\angle A$ 内的旁心，K 是 AB 延长线上的点，且满足 $\angle AKI_a = 90° + \dfrac{3}{4}\angle C$，$I_aK$ 与 AD 的延长线交于点 L. 证明：DI_a 平分 $\angle AI_aB$ 当且仅当 $AL = 2R$，其中 R 是 $\triangle ABC$ 外接圆的半径.

27. 凸六边形 $ABCDEF$ 满足 $\angle A = \angle C = \angle E, AB = BC$，

111

$CD=DE, EF=FA$. 求证：AD, BE, CF 共点.

28. 在直角 $\triangle ABC$ 中，$\angle B=90°, AB>BC$，以 AB 为直径的半圆 ω 与点 C 在 AB 的同侧，P 为半圆 ω 上一点且满足 $BP=BC$，Q 为 AB 上一点且满足 $AP=AQ$. 证明：CQ 的中点在半圆 ω 上.

29. 已知 $\odot O$ 过 $\triangle ABC$ 的两个顶点 A, B，且与边 AC, BC 分别交于点 L, N，设 M 是在 $\triangle ABC$ 内部的弧 $\overset{\frown}{LN}$ 的中点，AM 与 BL，AM 与 BN，BM 与 AL，BM 与 AN 分别交于点 D, F, G, E. 证明：

(1) $DE \parallel FG$；

(2) 若四边形 $DEFG$ 是平行四边形，则四边形 $DEFG$ 是菱形.

30. 求满足下列条件的菱形：

(1) 边长为 $2a$；

(2) 存在一个圆与菱形的每条边相交，且圆内的弦长都等于 a.

31. 在 $\triangle ABC$ 中，D 为 A 在 BC 上的投影，E, F 分别是 D 关于 AB, AC 的对称点，R_1, R_2 分别是 $\triangle BDE, \triangle CDF$ 外接圆的半径，r_1, r_2 分别是 $\triangle BDE, \triangle CDF$ 内切圆的半径，证明：$|S_{\triangle ABD}-S_{\triangle ACD}| \geq |R_1 r_1 - R_2 r_2|$.

32. 已知 $A、B$ 为圆 ω 上两点，P 为不同于 $A、B$ 的 ω 上的一动点，若 M 为 $\angle APB$ 的平分线的反向延长线上一点，且满足 $MP=AP+PB$，求点 M 的运动轨迹.

33. 已知 $\triangle ABC$ 的 3 条高分别是 AD, BE, CF，P 是 $\triangle ABC$ 的外心，Q, R, S 满足：(1) PQ, QR, RS 等于 $\triangle ABC$ 外接圆的半径；(2) 有向线段 $\overrightarrow{PQ}$ 与 $\overrightarrow{AD}$，$\overrightarrow{QR}$ 与 $\overrightarrow{BE}$，$\overrightarrow{RS}$ 与 $\overrightarrow{CF}$ 方向分别相同. 证明：S 是 $\triangle ABC$ 的内心.

34. 已知半径为 r 的圆上依次有 5 个点 A, B, C, D, E，且 $AC=BD=CE=r$. 证明：以 $\triangle ACD, \triangle BCD, \triangle BCE$ 的垂心为顶点的三角形是直角三角形.

35. 在 $\triangle ABC$ 中，M, N 分别在 AB, AC 上，且 $MB=BC=CN$. 设 R, r 分别是 $\triangle ABC$ 外接圆、内切圆的半径，试用 R, r 表示 $\dfrac{MN}{BC}$.

36. 已知圆内接四边形 $ABCD$ 与圆内接四边形 $A'B'C'D'$ 顺相似，求证：$AA'^2 \cdot S_{\triangle BCD} + CC'^2 \cdot S_{\triangle ABD} = BB'^2 \cdot S_{\triangle ACD} + DD'^2 \cdot S_{\triangle ABC}$.

第四讲 综合问题举隅

37. 在锐角 $\triangle ABC$ 中,高 CE 与高 BD 交于点 H,以 DE 为直径的圆分别交 AB,AC 于点 F,G,FG 与 AH 交于点 K,已知 $BC=25$, $BD=20$,$BE=7$,求 AK.

38. 一圆与 $\triangle ABC$ 三边 BC,CA,AB 的交点依次为 D_1,D_2;E_1, E_2;F_1,F_2.线段 D_1E_1 与 D_2F_2 交于点 L,线段 E_1F_1 与 E_2D_2 交于点 M, 线段 F_1D_1 与 F_2E_2 交于点 N.求证:AL,BM,CN 共点.

39. AB 为等腰 $\triangle ABC$ 的底边,CD 是其一条高,P 为 CD 上一点,E 为 AP 与 BC 的交点,F 是 BP 与 AC 的交点.若 $\triangle ABP$ 与四边形 $PECF$ 的内切圆半径相等,求证:$\triangle ADP$ 与 $\triangle BCP$ 的内切圆半径相等.

40. 在 $\triangle ABC$ 中,$CD \perp AB$ 于点 D,$\triangle ABC$ 的内切圆半径是 r, $\triangle ABC$,$\triangle ADC$,$\triangle BCD$ 的内心分别是 I,I_1,I_2,$\triangle II_1I_2$ 的外接圆半径是 R_0.求证:$\triangle ABC$ 是直角三角形的充要条件是 $R_0=r$.

41. 在直角 $\triangle ABC$ 中,CD 是斜边 AB 上的高,I_1,I_2 分别是 $\triangle ACD$,$\triangle BCD$ 的内心,直线 I_1I_2 分别交 AC 于点 E,CD 于点 K,BC 于点 F,交直线 AB 于点 G,过 C 作 $\triangle ABC$ 外接圆切线交直线 BA 于点 T,$\angle CTB$ 的平分线交 AC 于点 R,交 BC 于点 S.求证:

(1) $\dfrac{1}{BC} + \dfrac{1}{AC} = \dfrac{1}{KC}$;

(2) $\dfrac{BG}{AG} = \dfrac{FB}{EA}$;

(3) $RS \parallel I_1I_2$.

42. 设 $\odot O$ 的半径为 r,P 为圆内任一点,过 P 任作两条垂直的弦 AB 与 CD,再让 AB,CD 分别绕 P 逆时针转过 $\theta(<90°)$,得到两条垂直的"新弦",证明:四块两两不相邻的阴影部分(θ 内的四块)面积只与 r 和 θ 有关.

43. 在半径为 1 的 $\odot O$ 中,AE,FB 是两条互相垂直的直径,在弧 $\overset{\frown}{EF}$ 上取点 C,弦 AC 交 OF 于点 P,弦 CB 交 OE 于点 Q,求四边形 $APQB$ 的面积.

44. 自圆的弦 AB 两端点作此弦的垂线与弧 $\overset{\frown}{AB}$ 上任一点 C 的切线交于点 E,F,若 OC 与 AB 交于点 D.求证:

113

(1) $CE \cdot CF = AD \cdot BD$;

(2) $CD^2 = AE \cdot BF$.

45. 给定凸四边形 $ABCD$, $BC = AD$, 且 BC 不平行于 AD, 设点 E, F 分别在 BC, AD 内部, 满足 $BE = DF$, AC, BD 交于点 P, 直线 BD, EF 交于点 Q, 直线 EF, AC 交于点 R. 证明: 当 E, F 变动时, $\triangle PQR$ 的外接圆经过除 P 外的另一个定点.

46. 设 $ABCDEF$ 是半径为 r 的圆内接六边形, 且 $AB = CD = EF = r$.

(1) 求证: BC, DE, FA 的中点是一个正三角形的顶点;

(2) 若设(1)中正三角形的面积为 S, 证明: $\frac{\sqrt{3}}{4}r^2 < S \leqslant \frac{9\sqrt{3}}{16}r^2$.

47. 定圆内有一定直径 AB, AB 上有一定点 P, 过 P 任作一弦 CD, 联结 BC, BD 与过 A 的切线交于点 E, F. 证明: $AE \cdot AF$ 是常数.

第五讲　西姆森定理及其他

本讲中涉及以下知识点.

1. 阿波罗尼斯圆

到两定点距离之比为一正常数($\neq 1$)的点的轨迹是一个圆,称作阿波罗尼斯圆.

2. 帕斯卡(Pascal)定理

圆内接六边形(不一定凸)三组对边(所在直线)的交点共线,这条线叫做帕斯卡线.

3. 布利安香(Brianchon)定理(帕斯卡定理的对偶命题)

圆外切六边形的 3 条主对角线共点.

帕斯卡定理和布利安香定理的一般情形针对圆锥曲线,此时便有逆定理成立,不过本书并无涉及.

4. 西姆森(Simson)定理

圆上一点到一内接三角形三边的垂足共线,此线称作该点对于该三角形的西姆森线.

西姆森定理的逆命题也成立,即由共线可以推出该点与三角形三顶点共圆. 此外还有一个结果：由圆上一点引三弦,以此三弦为直径作三圆,则所作三圆两两相交于三个共线点,这可理解为西姆森定理的另一种表述.

5. 完全四边形

有 4 条直线,不平行,也无三线共点,一共交出 4 个三角形,这些三角形及交点构成的图形称为完全四边形. 此时,这 4 个三角形的外接圆共点(也称为密克点),且此点在四直线上的垂足共线(也称为西姆森线),且此线平行于 4 个三角形垂心的连线(4 个垂心共线,称为垂心线).对于密克点来说,垂心线在西姆森线两倍远的地方.完全四边形的西姆森线、垂心线均与牛顿线垂直.

6. 费尔巴哈(Feuerbach)定理

三角形的九点圆与内切圆内切,与 3 个旁切圆外切.

7. 欧拉线

前面已经提到过.

8. 内外心的连线

例 1 试用西姆森定理证明托勒密定理,即圆内接四边形对边乘积之和等于对角线乘积.

证明

如图 5.1,A,B,C,D 共圆,点 B 关于 $\triangle ACD$ 的西姆森线是 PQS. 由 P,A,Q,B 共圆且 AB 是直径,得 $PQ = AB \cdot \sin\angle PAQ = AB \cdot \sin\angle DAC = \dfrac{AB \cdot CD}{2R}$,这里 R 是四边形 $ABCD$ 外接圆半径.

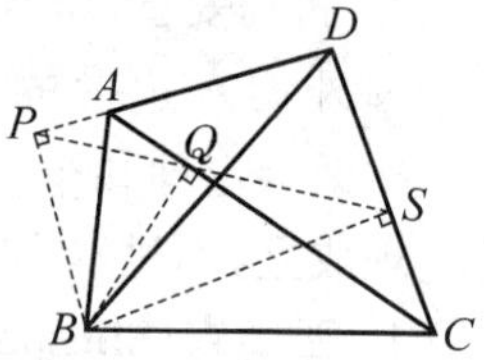

同理,$QS = \dfrac{AD \cdot BC}{2R}, PS = \dfrac{BD \cdot AC}{2R}$,

图 5.1

由 $PQ + QS = PS$ 即得托勒密定理.

点评 这一方法还可以用来证明托勒密定理的逆定理及托勒密不等式,即对一般四边形 $ABCD$ 而言,有 $AB \cdot CD + AD \cdot BC \geqslant AC \cdot BD$. 等式成立仅当 A,B,C,D 共圆.

例 2 求证:△ABC 外接圆上一点 P 关于△ABC 的西姆森线垂直于 AP 的等角线(即与 AP 关于∠BAC 平分线对称的线).

证明

如图 5.2,不妨设点 P 在弧 $\overparen{BC}$ 上,直线 MN 是西姆森线,AP′是 AP 的等角线,即 ∠1 = ∠2. 由四点共圆,知 ∠AMN + ∠MAP′ = ∠BPN + ∠PAC = ∠BPN + ∠PBC = 90°,因此结论成立.

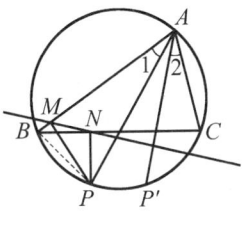

图 5.2

例 3 已知锐角△ABC 的三边长不全相等,周长为 l,P 是其内部一动点,点 P 在边 BC,CA,AB 上的射影分别为 D,E,F,求证:$AF + BD + CE = \dfrac{l}{2}$ 的充分必要条件是:点 P 在△ABC 的内心与外心的连线上.

证明

设△ABC 的三边长分别为 $BC = a, CA = b, AB = c$,不妨设 $b \neq c$. 如图 5.3 所示,建立直角坐标系. 设点 A,B,C,P 的坐标分别为 $A(m,n), B(0,0), C(a,0), P(x,y)$.

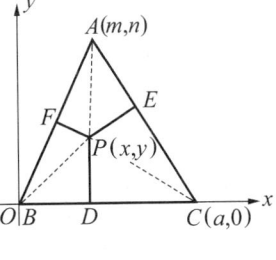

图 5.3

由 $AF^2 - BF^2 = AP^2 - BP^2$,得 $AF^2 - (c-AF)^2 = AP^2 - BP^2$,所以

$$2c \cdot AF - c^2 = (x-m)^2 + (y-n)^2 - x^2 - y^2,$$

$$AF = \frac{m^2 + n^2 - 2mx - 2ny}{2c} + \frac{c}{2}.$$

又 $CE^2 - AE^2 = PC^2 - AP^2$,得 $CE^2 - (b-CE)^2 = PC^2 - AP^2$,所以

$$2b \cdot CE - b^2 = (x-a)^2 + y^2 - (x-m)^2 - (y-n)^2,$$

$$CE = \frac{2mx + 2ny - m^2 - n^2 - 2ax + a^2}{2b} + \frac{b}{2}.$$

由 $AF+BD+CE=\dfrac{l}{2}$,得 $\dfrac{m^2+n^2-2mx-2ny}{2c}+\dfrac{c}{2}+x+\dfrac{2mx+2ny-m^2-n^2-2ax+a^2}{2b}+\dfrac{b}{2}=\dfrac{l}{2}$,即 $\left(\dfrac{m}{b}-\dfrac{a}{b}-\dfrac{m}{c}+1\right)x+\left(\dfrac{n}{b}-\dfrac{n}{c}\right)y+\dfrac{a^2}{2b}+\dfrac{b+c}{2}+\dfrac{m^2+n^2}{2}\left(\dfrac{1}{c}-\dfrac{1}{b}\right)-\dfrac{l}{2}=0.$

因为 $b\neq c, n\neq 0$,所以满足条件的点 P 在一条定直线上. 由于内心、外心均满足 $2(AF+BD+CE)=l$,从而命题得证.

如果 $\triangle ABC$ 是正三角形,易知其内任一点 P 都满足本题结论.

例 4 锐角 $\triangle ABC$ 中,AD,BE,CF 是高. 求证:$\triangle AEF$,$\triangle BDF$,$\triangle CDE$ 的 3 条欧拉线共点,且此点在 $\triangle ABC$ 的九点圆上.

证明

先证一个引理:HC 中点 C' 为 $\triangle CDE$ 外心,且垂心 H_C 在 CO 直线上.

如图 5.4(A),由 $\angle HDC=90°=\angle HEC$,有 H,D,C,E 在以 CH 为直径的圆上,C' 为圆心.

又 $\angle H_CCA=\angle HCB=90°-\angle B=\angle OCA$,故 H_C 在 OC 上. 引理得证.

下面回到原题.

由 $\triangle CDE\sim\triangle ABC$ 可知 H,C',H_C,O 共圆,考虑 $\triangle A'B'C'$,它的外接圆即为九点圆,只需证 3 条欧拉线交于它的外接圆上某一点即可. 如图 5.4(B),设过 A' 的欧拉线交其于 T,则由引理同理知 H,A',H_A,O 共圆,而 A' 为 HA 中点,$\triangle A'B'C'$ 外心 O' 为 HO 中点,故 $A'O' /\!/ AO$,

所以 $\angle TB'H=360°-\angle B'TA'-\angle TA'H-\angle A'HB'$
$=360°-(180°-\angle C')-\angle HO'A'-(180°-\angle C')$

$$= 2\angle C' - \angle HO'A = \angle A'O'B' - \angle HO'A' = \angle HO'B'.$$

故由引理知 T 在过 B' 的欧拉线上,同理 T 在过 C' 的欧拉线上,原命题得证.

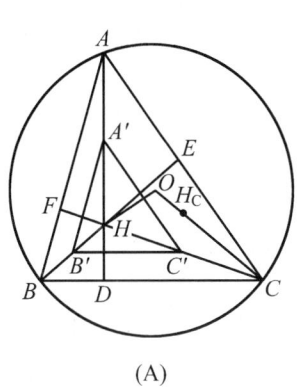

(A)

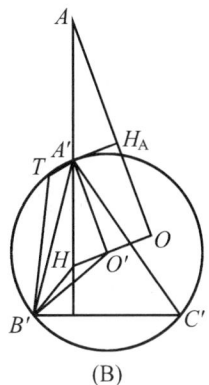

(B)

图 5.4

例 5 已知平面上三定点 A,B,C,设动点 D 满足 A,B,C,D 共圆. l_A,l_B,l_C,l_D 分别是点 A,B,C,D 关于 $\triangle BCD$,$\triangle ACD$,$\triangle ABD$,$\triangle ABC$ 的西姆森线. 证明:当点 D 移动时,直线 l_A,l_B,l_C,l_D 共点并求交点 S 的轨迹.

解 设直线 h_A 通过点 A 和 $\triangle BCD$ 的垂心 H_A,直线 h_B 通过点 B 和 $\triangle ACD$ 的垂心 H_B,直线 h_C 通过点 C 和 $\triangle ABD$ 的垂心 H_C,直线 h_D 通过点 D 和 $\triangle ABC$ 的垂心 H_D. 为了方便起见,对每一点 P 用 $\vec{P}$ 代表向量 $\overrightarrow{OP}$,O 是外接圆圆心. 易知 $\triangle BCD$ 的重心 G_A 满足 $\vec{G_A} = \frac{\vec{B}+\vec{C}+\vec{D}}{3}$. 因为 H_A 是 $\triangle BCD$ 的垂心,有 $|G_AH_A| = 2|OG_A|$,即 $\vec{H_A} - \vec{G_A} = 2\vec{G_A}$,满足 $\vec{H_A} = 3\vec{G_A} = \vec{B}+\vec{C}+\vec{D}$. 类似地,$\vec{H_B} = 3\vec{G_B} = \vec{A}+\vec{C}+\vec{D}$,$\vec{H_C} = 3\vec{G_C} = \vec{A}+\vec{B}+\vec{D}$,$\vec{H_D} = 3\vec{G_D} = \vec{A}+\vec{B}+\vec{C}$. 由此

$$\frac{\vec{A}+\vec{H_A}}{2} = \frac{\vec{B}+\vec{H_B}}{2} = \frac{\vec{C}+\vec{H_C}}{2} = \frac{\vec{D}+\vec{H_D}}{2} = \frac{\vec{A}+\vec{B}+\vec{C}+\vec{D}}{2}.$$ 故 $h_A,h_B,h_C,$

h_D 共点.

如图 5.5,过点 D 分别作直线 BC,CA,AB 的垂线,垂足分别为 L,M,N. 则 L,M,N 共线,此直线即为点 D 关于 $\triangle ABC$ 的西姆森线 l_D.

若 L' 是直线 DL 与 $\triangle ABC$ 外接圆的另一交点,由 $\angle AL'D = \angle ACD = \angle MLD$,有 $AL' \parallel LM$. 设 A' 为直线 AH_D 与 $\triangle ABC$ 外接圆的另一交点.

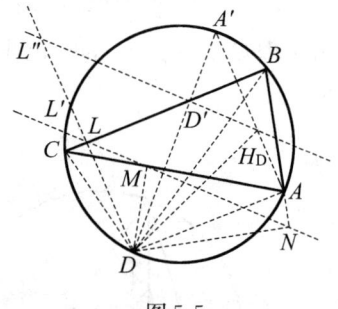

图 5.5

易知 BC 是 $A'H_D$ 的垂直平分线. 设 $A'D$ 与 BC 交于点 D',$D'H_D$ 与 DL 交于点 L'',则 L 是 DL'' 的中点. 由 $\angle D'L''L = \angle A' = \angle AL'D$,知 $H_D L'' \parallel AL' \parallel LMN$,因此,$l_D$ 经过 DH_D 的中点. 同理,l_A 过 AH_A 的中点,l_B 过 BH_B 的中点,l_C 过 CH_C 的中点,这些中点为同一点 S. 则 l_A,l_B,l_C,l_D 交于点 S. 当 D 移动时,$\vec{S} = \dfrac{\vec{D}+\vec{H_D}}{2}$ 是 DH_D 的中点. 因为 $\vec{H_D} = \vec{H}$,所以 $\left|\vec{S} - \dfrac{\vec{H}}{2}\right| = \left|\dfrac{\vec{D}}{2}\right| = \dfrac{R}{2}$,这里 R 是 $\triangle ABC$ 外接圆半径. 即 S 的轨迹是以线段 OH 中点为圆心,$\dfrac{R}{2}$ 为半径的 $\triangle ABC$ 的九点圆.

注意为清晰起见,图中有些线未连,但不妨碍论证过程.

第五讲 西姆森定理及其他

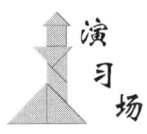

习题 5

1. 圆上四点两两连成 4 个三角形,而该圆上任两点对于这 4 个三角形中每个三角形的两条西姆森线各交于一点,证明:这四点共线.

2. 若 $\triangle ABC$ 外接圆上一点 P 的西姆森线与 BC 交于点 L,交高 AD 于点 K,$\triangle ABC$ 的垂心为 H,证明:$PK \parallel LH$.

3. 证明:圆上一点对于内接三角形的西姆森线夹于该三角形两边所在直线间的线段,等于第三边在该西姆森线上的射影.

4. 圆上四点两两连成 4 个三角形,求证:圆上任一点在它对于这 4 个三角形的西姆森线上的射影共线.

5. 证明:圆上任一直径的两个端点关于同一内接三角形的西姆森线互相垂直,且垂足在三角形的九点圆上.

6. H 是 $\triangle ABC$ 的垂心,M,N 是 $\triangle ABC$ 外接圆上两点,P 是这两点关于 $\triangle ABC$ 的西姆森线的交点,K 是 H 关于 P 的对称点. 求证:$\triangle KMN$ 的垂心 L 在 $\triangle ABC$ 的外接圆上,且 L 对于 $\triangle ABC$ 的西姆森线垂直于 MN 并过点 P.

7. M,N 是 $\triangle ABC$ 外接圆上两点,自 M 引 N 关于 $\triangle ABC$ 的西姆森线的垂线,自 N 引 M 关于 $\triangle ABC$ 的西姆森线的垂线,证明:所引垂线的交点在圆上(记为 L),且 L 关于 $\triangle ABC$ 的西姆森线垂直于 MN,并与前两条西姆森线共点.

8. 设两三角形 $\triangle_1$,$\triangle_2$ 有共同的外接圆,$\triangle_1$ 的三顶点对于 $\triangle_2$ 的 3 条西姆森线共点,证明:$\triangle_2$ 三顶点对于 $\triangle_1$ 的 3 条西姆森线亦共点,这点是 $\triangle_1$,$\triangle_2$ 垂心连线的中点.

9. 证明:完全四边形的密克点在 3 条对角线构成的对角三角形的九点圆上,而且该密克点对于对角三角形的中点三角形的西姆森线重合于完全四边形的西姆森线.

10. 已知 $\triangle ABC$,求一点 S,满足 $SA \cdot BC = SB \cdot CA = SC \cdot AB$,则 S 被称为 $\triangle ABC$ 的等力点. 一般三角形有两个等力点,而正三角形只有一个等力点.

11. 证明:圆上任一点与某内接三角形垂心的连线段,与该点对于三角形的西姆森线的交点,在该三角形的九点圆上. 或者说,三角形外接圆上任一点关于三角形三边的对称点共线,此线经过三角形的垂心. 又设一直线通过三角形的垂心,则它关于三边的对称线必交于外接圆上一点,这点对于三角形的西姆森线平行于所设直线.

12. 以三角形的顶点为圆心各作一圆,使其交于外接圆上一点,证明:所作三圆的其他三交点与三角形的垂心共线.

13. 证明:圆上三点对于同一内接三角形的西姆森线交成的三角形,与该三点连成的三角形相似.

14. 证明:圆上一动点关于两固定内接三角形的西姆森线的交角固定.

15. (Fuhrmann)证明:圆上四点两两连成 4 个三角形,它们的内心、旁心(共 16 个点)分配在 8 条直线上,每线上 4 个点,8 条线是两组互相垂直的平行线,每组包含 4 条线.

16. 将一点 P 与一正 $\triangle ABC$ 的顶点相连,求证:三条连线的中垂线与对边所在直线的交点共线.

17. 过 $\triangle ABC$ 内一点 P 向 BC,CA,AB 三边作垂线,垂足为 X,Y,Z,若过 X,Y,Z 三点的圆分别还交 BC,CA,AB 于点 X',Y',Z',证明:过 X',Y',Z' 的分别垂直于 BC,CA,AB 的直线必共点.

18. I 是 $\triangle ABC$ 的内心或旁心,E,F 是 I 关于 AB,AC 的对称点,D 是直线 BE 与 CF 的交点,现过 I 作与 IA 构成 $30°$ 角的两条直线. 求证:所作两直线分别与 AB,AC 直线的交点连同 D,E,F 共七点共圆.

19. 以一垂心组中任两点的连线为直径作圆,证明:在此圆中,凡垂直于该直径的弦的两端点,都是垂心组的垂足三角形的等角共轭点.

20. 以三角形内心、三旁心中任两点的连线为直径作圆,证明:在此圆中凡垂直于该直径的弦的两端点,都是三角形的等角共轭点.

21. 以一垂心组中每两点的连线各为一对角线分别作正方形,这样所作 6 个正方形的顶点,除垂心组的 4 点以外,其余还有 12 个点. 求证:

(1) 它们是垂心组的垂足三角形的 6 双等角共轭点;

(2) 它们分布在 3 双垂直线上,每条线上有 4 个点.

第五讲　西姆森定理及其他

22. 以一垂心组中每两点的连线各为一对角线分别作矩形,使它们的边分别平行于相互垂直的两条给定直线,证明:所作 6 个矩形的另一条对角线所在直线交于垂心组的九点圆上一点.

23. 证明:以三角形的外心与各顶点连线的中点为顶点的三角形,与以该三角形三边中点为顶点的三角形,具有共同的九点圆.

24. 证明:自圆内接六边形相间的 3 个顶点各作两邻边的垂线,设垂直于对边者相交,则三交点共线.同样,由其余三顶点作之,亦得类似的一线,则这两条直线均垂直于六边形的帕斯卡线.

25. 任意选一圆内接凸多边形的一些(不在内部相交的)对角线,将其分成一些三角形,证明:这些三角形的内切圆半径之和相同.

26. 证明:三角形的重心 G,内心或旁心 I,对应的内格尔点 N 三点共线,且 $\overline{IG} = \dfrac{\overline{GN}}{2}$.

27. 证明:三角形的泰勒圆(即三角形的每条高的垂足向另两边所作垂线的垂足共六点所共之圆)的圆心是垂足三角形的斯皮克圆心之一(一三角形中点三角形的内切圆及旁切圆叫做原三角形的斯皮克圆).

28. 证明:三角形各边中点对于垂足三角形的 3 条西姆森线及各高线足对于中点三角形的 3 条西姆森线共点.

29. 证明:三角形的外心、泰勒圆圆心、垂足三角形的垂心三点共线.

30. 证明:三角形的中点三角形,垂心等截点(即 3 条高的等截线所共点)至三顶点连线的中点所连成的三角形,两者的边相互交于共圆的六点,这圆同为两者的余弦圆.

31. 自一点向一圆内接四边形的四边及两对角线所在直线引垂线,证明:两对角线上的垂足是顺次联结四边上的垂足所成四边形的等角共轭点.

第六讲 多圆问题

§6.1 从三角形出发的两圆问题

例1 P 为 $\square ABCD$ 内任一点,设 $\odot PAB$(即过 P,A,B 的圆,下同)与 $\odot PCD$ 还交于点 Q,$\odot PAD$ 与 $\odot PBC$ 还交于点 R. 证明:RQ 的中点即 $\square ABCD$ 的对角线交点.

证明

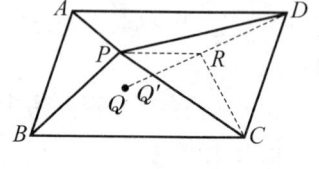

图 6.1

如图 6.1,连 RP,RD 和 RC,则 $\angle PAD = 180° - \angle PRD$,$\angle PBC = 180° - \angle PRC$,于是 $\angle PAD + \angle PBC = 360° - \angle PRD - \angle PRC = \angle DRC$.

又 $\angle PAD + \angle PBC = \angle APB$,现作 R 关于平行四边形中心之对称点 Q',则 $\angle AQ'B = \angle DRC = \angle APB = \angle AQB$. 同理,$\angle BQ'C = \angle BQC$. Q 与 Q' 同为 $\odot APB$ 与 $\odot DPC$ 之异于 P 的交点,于是 Q 与 Q' 重合,证毕.

 此题比较依赖图形,点的位置比较讲究. 为清晰起见,图中某些线未连.

例2 已知点 O,I 分别为锐角 $\triangle ABC$ 的外心和内心,AD 是高.

若点 I 在线段 OD 上,证明:$\triangle ABC$ 外接圆的半径等于 BC 边上的旁切圆半径.

证明

设 $\triangle ABC$ 外接圆半径为 R,内切圆半径为 r,易知 $\dfrac{r}{R} = 4\sin\dfrac{A}{2}\sin\dfrac{B}{2}\sin\dfrac{C}{2}$.

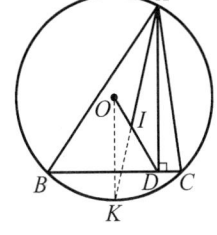

图 6.2

如图 6.2,延长 AI 交外接圆于点 K,连 OK,则 $AD \parallel OK$,故 $\dfrac{AD}{OK} = \dfrac{AI}{IK}$.

易知 $AD = 2R\sin B \sin C$,$OK = R$,$AI = \dfrac{r}{\sin\dfrac{A}{2}}$,$IK = BK = 2R\sin\dfrac{A}{2}$,于是 $\sin B \sin C = \dfrac{\sin\dfrac{B}{2}\sin\dfrac{C}{2}}{\sin\dfrac{A}{2}}$,即 $4\sin\dfrac{A}{2}\cos\dfrac{B}{2}\cos\dfrac{C}{2} = 1$. 再由 $\dfrac{r_a}{R} = 4\sin\dfrac{A}{2}\cos\dfrac{B}{2}\cos\dfrac{C}{2}$ 即可得结论,其中 r_a 是 BC 边上旁切圆的半径.

例 3 设 M,N 分别是锐角 $\triangle ABC$ 的边 AC,BC 上的点,K 是 MN 的中点,$\triangle CAN$ 和 $\triangle BCM$ 的外接圆的第二个交点为 D. 证明:CD 经过 $\triangle ABC$ 外心的充要条件是 AB 的中垂线经过点 K.

证明

设 CD 与 AB 交于点 P,易知,若 O 是锐角 $\triangle ABC$ 的外心,CD 过点 O 等价于 $\dfrac{AP}{BP} = \dfrac{\sin 2B}{\sin 2A}$.

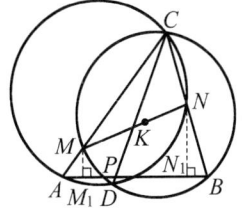

图 6.3

如图 6.3,过点 M,N 分别作 AB 的垂线

MM_1, NN_1, 于是 AB 的中垂线过点 K 等价于 $AM_1 = BN_1$, 即 $\dfrac{AM}{BN} = \dfrac{\cos B}{\cos A}$.

易知 $\triangle AMD \backsim \triangle NBD$, 故 $\dfrac{AM}{BN} = \dfrac{MD}{BD} = \dfrac{\sin\angle ACD}{\sin\angle BCD}$, 从而 $\dfrac{AP}{BP} = \dfrac{AM\sin B}{BN\sin A} = \dfrac{\cos B\sin B}{\sin A\cos A} = \dfrac{\sin 2B}{\sin 2A}$. 因此结论成立.

例 4 已知 $\triangle ABC$, 一旁切圆与 CA, CB 延长线相切于点 P, Q, 另一旁切圆与 BA, BC 延长线相切于点 S, T. 延长 QP, TS 交于点 M. 求证: $MA \perp BC$.

证明 如图 6.4, 作 $\triangle ABC$ 的高 AD 并反向延长, 并不妨设 QP 交 DA 于点 M, TS 交 DA 于点 M'. 下面证明 M 与 M' 重合 (M' 未画出).

由于 $CP = CQ$, 易知 $\angle MPA = 90° + \dfrac{1}{2}\angle C$, 又由 $\angle MAP = 90° - \angle C$, 得 $\angle PMA = \dfrac{1}{2}\angle C$. 由正弦定理, 知 $\dfrac{MA}{AP} = \dfrac{\sin\angle MPA}{\sin\angle PMA} = \dfrac{\sin\left(90° + \dfrac{1}{2}\angle C\right)}{\sin\dfrac{C}{2}} = \cot\dfrac{C}{2}$, 所以 $MA = AP\cot\dfrac{C}{2}$, 同理 $M'A = AS\cot\dfrac{B}{2}$.

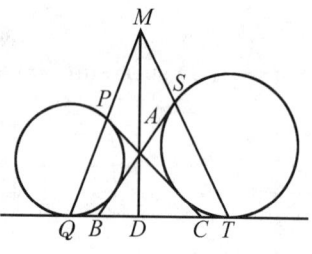

图 6.4

由于有熟知结论 $AP\tan\dfrac{B}{2} = (PC - AC)\tan\dfrac{B}{2} = (p - b)\tan\dfrac{B}{2} = r$, $AS\tan\dfrac{C}{2} = (p - c)\tan\dfrac{C}{2} = r$, 此处 a, b, c 是

△ABC 对应边长，$p = \frac{1}{2}(a+b+c)$，r 是 △ABC 内切圆半径，于是 $MA = M'A$，即 $M = M'$．证毕．

例5 已知 $\odot O_1$ 与 △ABC 外接圆 $\odot O$ 内切，并与 AB，AC 分别相切于点 P，Q．求证：PQ 的中点是 △ABC 的内心．

证明

如图 6.5，设两圆切点是 K，PQ 中点是 I．连 AK，PK，QK，BK，CK．易知 KP 平分 $\angle AKB$，KQ 平分 $\angle AKC$，故 $\frac{BK}{BP} = \frac{AK}{AP} = \frac{AK}{AQ} = \frac{CK}{CQ}$．延长 QC 至 J，使 $QC = CJ$，连 JK，则 $\angle PBK = \angle KCJ$．而 $\frac{BK}{BP} = \frac{CK}{CJ}$，故 △BPK ∽ △CJK，故 $\angle BPK = \angle CJK$，A，P，K，J 共圆．于是又由中位线知 $\angle ACI = \angle AJP = \angle AKP = \frac{1}{2}\angle AKB = \frac{1}{2}\angle ACB$，故 CI 平分 $\angle ACB$，而 AI 平分 $\angle BAC$．显然，I 为 △ABC 的内心．

例6 不等边锐角 △ABC 中，$\odot I$ 是内切圆，切 BC 于点 K，AD 是高，M 为 AD 的中点．延长 KM，交 $\odot I$ 于点 N．求证：过点 B，N，C 的圆与 $\odot I$ 内切．

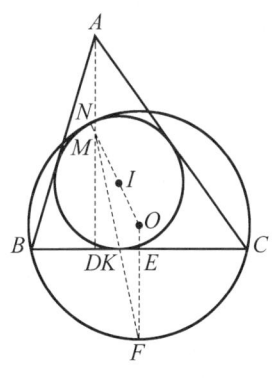

图 6.6

证明

如图 6.6，不妨设 $AC > AB$，并且设 $BC = a$，$AB = c$，$AC = b$，$p = \frac{1}{2}(a+b+c)$，r 为 $\odot I$ 半径．

作 BC 中垂线 EF，E 为 BC 中点，F 为直线 MK 与直线 OE 的交点，点 O 为 $\triangle NBC$ 外接圆圆心. 连 NO.

易知 $BK = p-b$，故 $DK = p-b-c\cos B = \dfrac{a+c-b}{2} - \dfrac{a^2+c^2-b^2}{2a} = \dfrac{(b-c)(b+c-a)}{2a} = \dfrac{b-c}{a}(p-a)$，而 $KE = \dfrac{a}{2} - \dfrac{a+c-b}{2} = \dfrac{1}{2}(b-c)$.

设 $\angle NKB = \angle EKF = \theta$，则 $NK = 2r\sin\dfrac{\angle NIK}{2} = 2r\sin\theta$，$KF = \dfrac{KE}{\cos\theta}$，于是 $NK \cdot KF = r(b-c)\tan\theta = r(b-c) \cdot \dfrac{AD \cdot a}{2(b-c)(p-a)} = r\dfrac{S_{\triangle ABC}}{p-a} = \dfrac{S_{\triangle ABC}^2}{p(p-a)} = (p-b)(p-c) = BK \cdot KC$，所以点 F 亦在 $\odot O$ 上.

这样一来，$\triangle NKI$ 与 $\triangle NFO$ 成了两个位似的等腰三角形，于是点 N, I, O 共线，即 $\odot I$ 与 $\odot O$ 内切.

例 7 凸四边形 $ADPE$ 中，$\angle ADP = \angle AEP$. 延长 AD 至点 B，延长 AE 至点 C，使 $\angle DPB = \angle EPC$. 记 $\triangle ADE$ 的外心为点 O_1，$\triangle ABC$ 的外心为点 O_2，且两外接圆不相切. 求证：直线 O_1O_2 平分 AP.

证明 如图 6.7，设两圆相交于点 A 和 Q，连 $QA, QB, QC, QD, QE, QP, QM, QN$，其中 M, N 分别为点 P 在直线 AB，AC 上的射影（点 O_1, O_2 图中未画出）.

易知 $\triangle DPB \backsim \triangle EPC$，因此 $\dfrac{DM}{EN} = \dfrac{DB}{EC}$. 又由四点共圆知 $\angle DQE = \angle DAE = \angle BQC$，$\angle QED = $

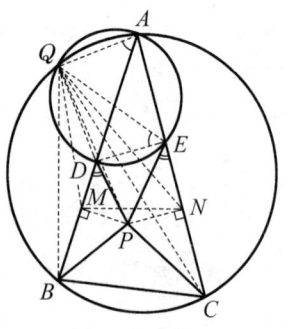

图 6.7

$\angle QAB = \angle QCB$,因此 $\triangle DQE \backsim \triangle BQC$,而且是顺向相似,这样便有 $\triangle QDB \backsim \triangle QEC$,故 $\dfrac{QD}{QE} = \dfrac{DB}{EC} = \dfrac{DM}{EN}$. 又由 $\angle QDM = \angle QEN$,得 $\triangle QDM \backsim \triangle QEN$,由此得 $\angle MQD = \angle NQE$,于是 $\angle MQN = \angle DQE = \angle DAE$,所以 Q, M, N, A 四点共圆.

又由 P, M, N, A 四点共圆,知 P, M, N, A, Q 五点共圆,其中 AP 是直径,这样便有 $QA \perp QP$. 又已知 $O_1 O_2$ 垂直平分 QA(公共弦),故 $O_1 O_2$ 所在直线过 AP 中点.

例 8 点 E, F 分别在四边形 $ABCD$ 的边 AD 及 BC 的延长线上,满足 $\dfrac{DE}{CF} = \dfrac{AD}{BC}$,若 CD 与 FE 延长后相交于点 G,$\triangle DEG$ 与 $\triangle CFG$ 的外接圆的另一个不同于 G 的交点为 P,连 PA, PB, PC, PD. 求证:

(1) $\dfrac{AD}{BC} = \dfrac{PD}{PC}$;

(2) $\triangle PAB \backsim \triangle PDC$.

证明

(1) 如图 6.8,连 PE, PF, PG. 因为 $\angle PDG = \angle PEG$,所以 $\angle PDC = \angle PEF$.

又因为 $\angle PCG = \angle PFG$,所以 $\triangle PDC \backsim \triangle PEF$,

于是有 $\dfrac{PD}{PC} = \dfrac{PE}{PF}$,$\angle CPD = \angle FPE$,

从而 $\triangle PDE \backsim \triangle PCF$,

所以 $\dfrac{PD}{PC} = \dfrac{DE}{CF}$.

又已知 $\dfrac{DE}{CF} = \dfrac{AD}{BC}$,所以 $\dfrac{AD}{BC} = \dfrac{PD}{PC}$.

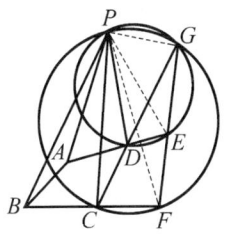

图 6.8

(2) 由于 $\angle PDA = \angle PGE = \angle PCB$,结合 (1) 知,$\triangle PDA \backsim \triangle PCB$,从而有

$$\frac{PA}{PB} = \frac{PD}{PC}, \angle DPA = \angle CPB,$$

所以 $\angle APB = \angle DPC$，于是 $\triangle PAB \backsim \triangle PDC$.

例 9 已知 $\triangle ABC$，X 是 BC 延长线上的动点. 又 $\triangle ABX$ 和 $\triangle ACX$ 的内切圆有两个不同的交点 P 和 Q. 证明：PQ 经过一个不依赖于 X 的定点.

证明

先证明一个引理：

已知 L 和 K 分别是 $\triangle ABC$ 的边 AB 和 AC 的中点，$\triangle ABC$ 的内切圆分别与 BC 和 CA 切于点 D 和 E，则直线 KL 和 DE 的交点在 $\angle ABC$ 的角平分线上.

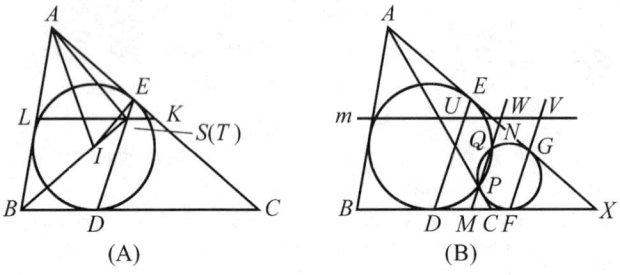

图 6.9

如图 6.9(A) 所示，假设 $AB \neq BC$，否则结论显然成立. 设直线 KL 与 $\angle ABC$ 的角平分线交于点 S. 因为 $KL \parallel BC$，所以 $\angle LSB = \angle CBS = \angle LBS$，于是 $LB = LS$. 又因为 $LA = LB$，所以 S 在以 AB 为直径的圆上，故有 $\angle ASB = 90°$. 设直线 DE 与 $\angle ABC$ 的角平分线交于点 T，则 $\triangle ABC$ 的内心 I 在点 B 和 T 之间. 又因为 $AB \neq BC$，则有 $T \neq E$，且 $\angle DEC = 90° - \dfrac{\angle C}{2}$，$\angle AIB = 90° + \dfrac{\angle C}{2}$. 如果 T 在线段 DE 的内部，则有 $\angle AIT + \angle AET = 180°$，所以 A, I, T, E 四点

共圆. 如果 I 和 E 在 AT 的同侧,则有 $\angle AIT = 90° - \dfrac{\angle C}{2} = \angle AET$, 也有 A, I, T, E 四点共圆. 因为 $\angle AEI = 90°$,所以 $\angle ATI = 90°$. 由于 $\angle ASB = \angle ATB$, S 和 T 重合,则直线 KL, DE 和 $\angle ABC$ 的角平分线交于一点.

下面证明原命题. 如图 6.9(B) 所示,设 $\triangle ABX$, $\triangle ACX$ 的内切圆与 BX 分别切于点 D 和 F,与 AX 分别切于点 E 和 G,则有 $DE \parallel FG$,且 DE 和 FG 均与 $\angle AXB$ 的角平分线垂直. 若 PQ 分别交 BX 和 AX 于点 M 和 N,则有 $MD^2 = MP \cdot MQ = MF^2$, $NE^2 = NP \cdot NQ = NG^2$,于是有 $MD = MF$, $NE = NG$. 因此, $PQ \parallel DE \parallel FG$,且 PQ 为中位线,由于 AB, AC 和 AX 的中点共线,设为 m,则 $m \parallel BC$. 在 $\triangle ABX$ 中应用引理,可知 DE 过 m 与 $\angle ABX$ 的角平分线的交点 U. 同理, FG 过 m 与 $\angle ACX$ 的角平分线的交点 V. 因此, PQ 过线段 UV 的中点 W. 又因为 U 和 V 不依赖于点 X,所以 W 也不依赖于 X.

例 10 设 $\triangle ABC$ 的外心为 O,内心为 I,一旁切圆分别切 BC 边、AB 延长线、AC 延长线于 L, M, N. 若 MN 中点在 $\triangle ABC$ 的外接圆上,求证:I, O, L 共线.

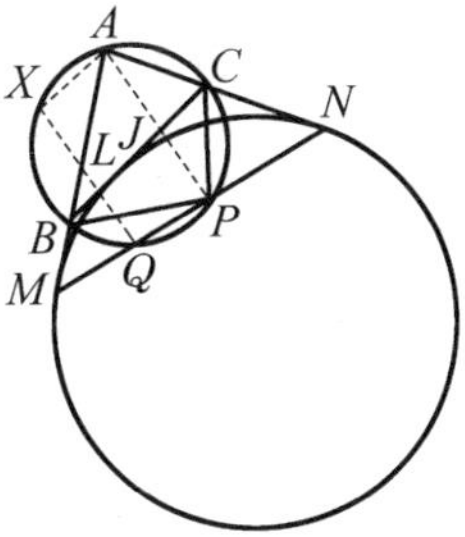

证明

方法一 如图 6.10,设 MN 中点为 P,易知点 P 在直线 AI 上,作 $LQ \perp MN$ 于点 Q,由弦切角知 $\dfrac{MQ}{NQ} = \dfrac{ML\cos\angle LNC}{NL\cos\angle LMB} = \dfrac{MB}{NC}$,又有 $\angle BMQ = \angle CNQ$,故 $\triangle BMQ \sim \triangle CNQ$. 设 $\triangle ABC$ 对应边为 a, b, c, $p = \dfrac{1}{2}(a+b+c)$,

图 6.10

易知 $AP = p\cos\dfrac{A}{2}$,又有 $IP = BP$,故 $\dfrac{a}{2\left(p\cos\dfrac{A}{2} - AI\right)} = \cos\dfrac{A}{2}$, $a = 2p\cos^2\dfrac{A}{2} - 2AI\cos\dfrac{A}{2} = 2p\cos^2\dfrac{A}{2} - 2(p-a)$,于是 $2p\cos^2\dfrac{A}{2} = b +$

c, 或 $2p\sin^2\dfrac{A}{2}=a$. 易知 $2p\sin\dfrac{A}{2}=MN$, 故 $MN\sin\dfrac{A}{2}=a$, 于是 $(MQ+NQ)\sin\dfrac{A}{2}=MB+NC$. 又 $\dfrac{MQ}{NQ}=\dfrac{MB}{NC}$, 故 $MQ\sin\dfrac{A}{2}=MB$, $BM\perp BQ$. 同理, $CN\perp CQ$, 这样 AQ 就是 $\triangle ABC$ 外接圆的直径, 接下来只要证明 $LQ=AI$, 点 O 就是 LI 的中点. 先构造矩形 $APQX$, 则易知 AOQ 与 POX 均为直径, XP 垂直平分 BC, 于是若设 $\triangle ABC$ 外接圆半径为 R, 由 $2p\sin^2\dfrac{A}{2}=a$, 得 $\dfrac{a}{2}\cot\dfrac{A}{2}\cdot 2R=2R\sin\dfrac{A}{2}\cdot p\cos\dfrac{A}{2}$. 设 BC 中点为 J, 则 $\dfrac{a}{2}\cot\dfrac{A}{2}=XJ$, $XP=2R$, $2R\sin\dfrac{A}{2}=PB=IP$, $p\cos\dfrac{A}{2}=AP$, 于是由点 L, Q, P, J 共圆, 得 $XL\cdot XQ=XJ\cdot XP=IP\cdot AP$, 故得 $XL=IP$, 于是 $QL=AI$, 故 O 为 LI 的中点.

方法二 易知 AP 平分 $\angle BAC$, $AP\cos\dfrac{A}{2}=\dfrac{b+c}{2}$, 而 $AP=p\cos\dfrac{A}{2}$, 故 $p\cos^2\dfrac{A}{2}=\dfrac{b+c}{2}$. 由于 I 至 BC 的垂足 S 与 L 是 BC 的等截点, 故 O 在 LS 的中垂线上, 因此只需证明 O 为 IL 的中点, 或 $R\cos A=\dfrac{r}{2}$, 即由 $p\cos^2\dfrac{A}{2}=\dfrac{b+c}{2}$ 证明 $\cos A=\dfrac{r}{2R}$.

首先有 $p(1+\cos A)=b+c$, 得 $\cos A=\dfrac{b+c-a}{a+b+c}$, 此即

$$a(1+\cos A)=(b+c)(1-\cos A). \tag{1}$$

由射影定理, $\begin{cases} a\cos B+b\cos A=c, \\ a\cos C+c\cos A=b, \end{cases}$

两式相加得 $a(\cos B+\cos C)=(b+c)(1-\cos A)$,

对比式(1), 有 $\cos B+\cos C=1+\cos A$,

于是 $2\cos A=\cos B+\cos C+\cos A-1=\dfrac{r}{R}$, 证毕.

此题对三角形中的三角运算要求较高.此外,我们还可得:$2\left(1-\sin^2\dfrac{A}{2}\right)=2\cos^2\dfrac{A}{2}=1+\cos A=\cos B+\cos C=2\cos\dfrac{B+C}{2}\cdot\cos\dfrac{B-C}{2}\leqslant 2\cos\dfrac{B+C}{2}=2\sin\dfrac{A}{2}$,故 $\sin^2\dfrac{A}{2}+\sin\dfrac{A}{2}-1\geqslant 0$,$\sin\dfrac{A}{2}\geqslant\dfrac{\sqrt{5}-1}{2}$ 或 $\cos A\leqslant\sqrt{5}-2.$

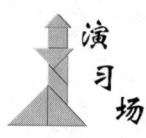

习题 6.a

1. 四边形 $ABCD$ 内接于一圆,延长 AD, BC 交于点 M,过 B, D, M 三点作 $\odot O$,求证:$OM \perp AC$.

2. 设 $\triangle ABC$ 的外接圆和内切圆半径分别是 R 与 r,证明:$R \geqslant 2r$.

3. 已知锐角 $\triangle ABC$ 的外接圆 $\odot O$,过 A, O, C 的圆 $\odot K$ 与 AB, BC 分别相交于点 M 和 N. 现知 L, K 关于直线 MN 对称,证明:$BL \perp AC$.

4. 已知 $\triangle ABC$ 的内切圆切 BC 于点 D,切 AC 于点 E,切 AB 于点 F,延长 FE,交 BC 的延长线于点 G. 设 DG 的中点为 S,求证:$OS^2 - IS^2 = R^2 - r^2$. 这里 O, I 分别是 $\triangle ABC$ 的外心和内心,R, r 分别为 $\triangle ABC$ 的外接圆与内切圆的半径.

5. O 为 $\triangle ABC$ 的内心,K 是 $\triangle BOC$ 外接圆与 $\angle A$ 平分线的交点,L 是 $\triangle AOC$ 外接圆与 $\angle B$ 平分线的交点,P 是 KL 的中点,O 关于 P 的对称点是 M,O 关于 KL 的对称点是 N. 证明:四边形 $KLMN$ 是等腰梯形.

6. 在 $\triangle ABC$ 的边 BC 延长线上取一点 D,使 $CD = AC$,$\triangle ACD$ 的外接圆和以 BC 为直径的圆再相交于点 P,BP, AC 相交于点 E,CP, AB 交于点 F. 求证:D, E, F 共线.

7. $\triangle ABC$ 中,CD 是高,$\triangle ACD$, $\triangle BCD$ 的内切圆分别切 AC, BC 于点 E, F. 证明:$\triangle ABC$ 为直角三角形的充要条件是 $ED \perp FD$.

8. I 是 $\triangle ABC$ 的内心,过 I 作 AI 的垂线,分别交 AB, AC 于点 P, Q. 求证:分别与 AB, AC 相切于点 P, Q 的圆必与 $\triangle ABC$ 外接圆 $\odot O$ 相切.

9. 设 $\triangle ABC$ 的外接圆半径为 R,内切圆半径为 r,P 为 $\triangle ABC$ 内任一点,延长 AP, BP, CP,分别交 $\triangle ABC$ 的对边及外接圆于点 U', U; V', V; W', W. 证明:$\dfrac{UU'}{AU'} + \dfrac{VV'}{BV'} + \dfrac{WW'}{CW'} \leqslant \dfrac{R}{r} - 1$,仅当 P 是

△ABC 内心 I 时取到等号.

10. 一圆与△ABC 的边 AB, BC 相切, 也与△ABC 的外接圆相切于点 T. 若 I 是△ABC 内心, 证明: $\angle ATI = \angle CTI$.

11. 设 R、r 分别是锐角△ABC 的外接圆与内切圆半径, $\angle A$ 是△ABC 的 3 个内角中最大的, M 是 BC 的中点, 过 B, C 作△ABC 外接圆的切线, 交于点 X. 证明: $\dfrac{r}{R} \geqslant \dfrac{AM}{AX}$.

12. 在△ABC 中, $AB > AC$, 过 A 作△ABC 的外接圆切线 l, 又以 A 为圆心, AC 为半径作圆分别交线段 AB 于点 D, 交直线 l 于点 E, F. 求证: 直线 DE, DF 分别经过△ABC 的内心和一个旁心.

13. 已知△ABC, 过 B, C 的⊙O 与 AC, AB 分别交于点 D, E, BD 与 CE 交于点 F, 直线 OF 与△ABC 的外接圆交于点 P. 证明: △PBD 与△PCE 的内心重合.

14. 已知圆 ω 是正△ABC 的外接圆, 设圆 ω 与 ω_1 外切且切点异于 A, B, C, 点 A_1, B_1, C_1 在 ω_1 上, 且使得 AA_1, BB_1, CC_1 与 ω_1 相切. 证明: AA_1, BB_1, CC_1 中的一条长度等于另两条长度之和.

15. 已知梯形 $ABCD$ 满足 $AB \parallel CD$, 在 CB 的延长线上有一点 E, 在线段 AD 上有一点 F, 使得 $\angle DAE = \angle CBF$, 设直线 CD, AB 与 EF 分别交于点 I, J, 线段 EF 的中点为 K, 且 K 不在直线 AB 上. 证明: I 在△ABK 外接圆上的充要条件是 K 在△CDJ 的外接圆上.

16. 设 A, B 是定点, C 是动点, 且 $\angle ACB$ 是定角(记为 α), △ABC 的内切圆⊙I 在 BC, CA, AB 上的切点分别为 F, E, D, EF 分别与 AI, BI 交于点 M, N. 证明: 线段 MN 的长度是定长, 且△DMN 的外接圆过一定点.

17. 设△ABC 外接圆为 ω, 圆心为 O 的圆与线段 BC 切于点 P, 与不含点 A 的弧 $\overset{\frown}{BC}$ 切于点 Q. 若 $\angle BAO = \angle CAO$, 证明: $\angle PAO = \angle QAO$.

18. △ABC 的内切圆切 BC, CA, AB 于点 D, E, F, X 为△ABC 内一点, 且△XBC 的内切圆切 BC 也于点 D, 切 XB, XC 于点 Y, Z, 证明: E, F, Y, Z 共圆.

19. 在锐角△ABC 中, D 在 AB 上, △BCD, △ADC 的外接圆分

135

别与边 AC，BC 交于点 E，F. 设 $\triangle CEF$ 的外心为 O，证明：$\triangle ADE$，$\triangle ADC$，$\triangle DBF$，$\triangle DBC$ 的外心与 D，O 这 6 点共圆，且 $OD \perp AB$.

20. 在 $\triangle ABC$ 中，M，N 分别在 AB，AC 上，$MN \parallel BC$，BN 与 CM 交于点 P，$\triangle BMP$ 与 $\triangle CNP$ 的外接圆的另一个交点为 Q. 证明：$\angle BAQ = \angle CAP$.

21. 已知直角 $\triangle SFA$ 中，$\angle F = 90°$，P、Q 在直线 SF 上，且 P 在 FS 的延长线上，F 是 PQ 中点，$\triangle APS$ 的内切圆为 $\odot O_1$，$\triangle ASQ$ 中 $\angle Q$ 内的旁切圆为 $\odot O_2$. 证明：$\odot O_1$ 与 $\odot O_2$ 半径之和等于 FA.

22. $\triangle ABC$ 中，$AB = AC$，若 $\triangle ABC$ 内切圆可以在 BC 上向 B 滑动，证明：当这个内切圆与 $\triangle ABC$ 外接圆相切时，它也与 BC 上的高相切.

23. 在一个非等边三角形中，证明以下两个命题等价：

(1) 有一个内角是 $60°$；

(2) 九点圆与内切圆的公切线与欧拉线平行.

24. 已知锐角 $\triangle ABC$ 的外接圆 $\odot O$，$\odot O'$ 与 $\odot O$ 切于点 A，与边 BC 切于点 D，与直线 AB，AC 的交点分别为 E，F，直线 OO'，EO' 分别交 $\odot O'$ 于点 $A'(\neq A)$，$G(\neq E)$，直线 BO，$A'G$ 交于点 H. 求证：$DF^2 = AF \cdot GH$.

25. 已知锐角 $\triangle ABC$ 的内切圆与三边 AB，BC，CA 分别切于点 P，Q，R，垂心 H 在线段 QR 上. 证明：

(1) $PH \perp QR$；

(2) 设 $\triangle ABC$ 的外心与内心分别为 O，I，$\angle C$ 内的旁切圆与 AB 切于点 N，则 I，O，N 共线.

26. O 是 $\triangle ABC$ 内一点，满足 $OA = OB + OC$，B'，C' 分别是弧 $\overset{\frown}{AOC}$，$\overset{\frown}{AOB}$ 的中点，求证：$\triangle COC'$ 和 $\triangle BOB'$ 的外接圆相切.

27. 在锐角 $\triangle ABC$ 中，$AB \neq AC$，H 为垂心，M 为 BC 的中点，D，E 分别在 AB，AC 上满足 $AE = AD$，且 D，H，E 共线，证明：HM 垂直于 $\triangle ABC$ 和 $\triangle ADE$ 外接圆的公共弦.

28. 已知 $\triangle ABC$ 的外接圆半径等于 $\angle A$ 内的旁切圆半径，这个旁切圆与 BC，AC，AB 直线分别切于点 M，N，L. 证明：$\triangle ABC$ 的外心 O 是 $\triangle MNL$ 的垂心.

第六讲   多圆问题

29. 四边形 $ABCD$ 是等腰梯形，$AD // BC$，一个与 AB，AC 均相切的圆交 BC 于点 M，N，DM，DN 与 $\triangle BCD$ 内切圆的交点中离 D 较近的分别记作 X，Y，证明：$XY // AD$.

30. 在锐角 $\triangle ABC$ 中，P，Q 分别是 AB 和 AC 上的点，$\triangle ABC$ 的外接圆和 $\triangle APQ$ 的外接圆交于异于点 A 的另一点 X，Y 是 X 关于直线 PQ 的对称点，已知 $PX > PB$，求证：$S_{\triangle XPQ} > S_{\triangle YBC}$.

31. A_1 和 C_1 分别是平行四边形 $ABCD$ 的边 AB 和 BC 上的点，线段 AC_1 和 CA_1 交于点 P，$\triangle AA_1P$ 和 $\triangle CC_1P$ 的外接圆的第二个交点 Q 位于 $\triangle ACD$ 内部. 求证：$\angle PDA = \angle QBA$.

32. 已知 M，N 分别是锐角 $\triangle ABC$ 的外接圆 $\odot O$ 的劣弧 $\overparen{AC}$，$\overparen{AB}$ 的中点，D 是 MN 的中点，G 是劣弧 $\overparen{BC}$ 上一点，设 $\triangle ABG$，$\triangle ACG$ 的内心分别为 I_1，I_2，若 $\triangle GI_1I_2$ 的外接圆与 $\odot O$ 的另外一个交点为 P，$\triangle ABC$ 的内心为 I，证明：D，I，P 三点共线.

33. $\triangle ABC$ 内切圆分别切边 AB，AC 于点 X，Y，K 是 $\triangle ABC$ 外接圆的圆弧 $\overparen{AB}$（不含 C）的中点，已知直线 XY 平分线段 AK，求 $\angle BAC$.

34. 在锐角 $\triangle ABC$ 中，M 与 N 分别是 AB，BC 的中点，BH 是 $\triangle ABC$ 的高，$\triangle AHN$ 与 $\triangle CHM$ 的外接圆交于点 $P(\neq H)$，求证：直线 PH 经过 MN 的中点.

35. 圆 ω 与 $\triangle ABC$ 的外接圆相切于点 A，与边 AB 交于点 K，且和边 BC 相交，过 C 作 ω 的切线，切点是 L，联结 KL，交 BC 于点 T. 证明：线段 BT 的长度等于 B 到 ω 的切线长.

36. $\triangle ABC$ 的角平分线 BB_1，CC_1 交于点 I，直线 B_1C_1 交 $\triangle ABC$ 外接圆于点 M，N，证明：$\triangle MIN$ 的外接圆半径是 $\triangle ABC$ 外接圆半径的 2 倍.

37. D 为等腰 $\triangle ABC$ 的底边 BC 上一点，F 为过 A，D，C 三点的圆在 $\triangle ABC$ 内的弧上一点，过 B，D，F 三点的圆与 AB 交于点 E. 求证：$CD \cdot EF + DF \cdot AE = BD \cdot AF$.

38. 以锐角 $\triangle ABC$ 的两边 AB，AC 为直径向 $\triangle ABC$ 外各作一个半圆，$AH \perp BC$ 于点 H，D 是 BC 上任一点（非端点），过 D 作 $DE // AC$，$DF // AB$，分别交两个半圆于点 E，F. 求证：D，E，F，H 四点

共圆.

39. 设 P 为 $\triangle ABC$ 内一点,使得 $\angle PBC = \angle PCA < \angle PAB$,直线 BP 交 $\triangle ABC$ 的外接圆于点 B,E,$\triangle APE$ 的外接圆交直线 CE 于点 E,F. 证明:四边形 $APEF$ 为凸四边形,且 $\dfrac{S_{APEF}}{S_{\triangle ABP}}$ 的值与 P 的位置无关.

40. 在等腰梯形 $ABCD$ 中,$AB /\!/ CD$,$\triangle BCD$ 的内切圆 ω 切 CD 于点 E,F 为 $\angle DAC$ 的内角平分线上一点,使得 $EF \perp CD$,$\triangle ACF$ 的外接圆与直线 CD 交于点 C,G,求证:$GF > BF$.

41. $\triangle ABC$ 中,AD 是高,M,N 分别是 AC,AB 的中点,过 A 任作一直线(例如作在 $\triangle ABC$ 外),B,C 在此线上的垂足为 B',C',设直线 $B'N$,$C'M$ 交于点 P,求证:B',C',D,P 共圆,且圆心 O 与 P 均在 $\triangle ABC$ 的九点圆上.

42. 设一圆与三角形外接圆同心,且与各边所在直线相交,将各交点分别与对顶点相连,证明:诸连线的中点共圆.

43. 设一三角形三边长为 a,b,c,p 是其半周长,r 是内切圆半径,r_1,r_2,r_3 为旁切圆半径,S 是面积,证明:

(1) $r_1 r_2 + r_2 r_3 + r_3 r_1 = \dfrac{r_1 r_2 r_3}{r} = p^2$;

(2) $r(r_1 + r_2 + r_3) = p^2 - \dfrac{1}{2}(a^2 + b^2 + c^2)$;

(3) $S = \sqrt{r r_1 r_2 r_3}$.

44. 设 $\triangle ABC$ 与 $\triangle A'B'C'$ 透视且对应边互相垂直,P 是它们的透视中心,l 是它们的透视轴,求证:

(1) P 是 $\triangle ABC$ 与 $\triangle A'B'C'$ 的外接圆交点之一;

(2) 直径为 AA',BB',CC' 的圆交于一点 Q,这点是两外接圆的另一个交点;

(3) P 对于 $\triangle ABC$ 与 $\triangle A'B'C'$ 的西姆森线均与 l 平行;

(4) Q 对于 $\triangle ABC$ 与 $\triangle A'B'C'$ 的西姆森线与 l 共点;

(5) l 平分 $\triangle ABC$ 与 $\triangle A'B'C'$ 的垂心连线.

45. 设 I 是 $\triangle ABC$ 的内心或旁心,r 是内切圆或旁切圆半径,R 是外接圆半径,证明:$IA \cdot IB \cdot IC = 4Rr^2$.

46. (曼海姆(Manheim))A 是定圆 $\odot I$ 外的定点,AX,AY 为过 A 的 $\odot I$ 的切线,又任意作切线交 AX,AY 于点 B,C,证明:$\triangle ABC$ 的外接圆切于某定圆.

47. 两平行线 l 与 l' 交三直线 x,y,z 于点 X,Y,Z 及 X',Y',Z',过这些交点各作所在线的垂线,设前三垂线交成 $\triangle ABC$,后三垂线交成 $\triangle A'B'C'$.求证:这两个三角形的外接圆相切.

48. 凸四边形 $ABCD$ 中,AB,DC 延长交于点 E,BC,AD 延长交于点 F,$\triangle BEC$ 的外接圆与 $\triangle CFD$ 的外接圆交于点 C,P,求证:$\angle BAP = \angle CAD$ 的充分必要条件是 $BD \parallel EF$.

49. 设 $\triangle ABC$ 外接圆为 $\odot O$,过 A,C 的圆分别与 BC,AB 交于点 D,E,直线 AD,CE 分别与 $\odot O$ 交于不同于 A,C 的点 G,H,过 A,C 分别作 $\odot O$ 的切线,与直线 DE 分别交于点 L,M.证明:LH,MG 的交点在 $\odot O$ 上.

50. 在锐角 $\triangle ABC$ 中,A_1,A_2 为 BC 上的点(A_2 靠 C 近),B_1,B_2 为 CA 上的点(B_2 靠 A 近),C_1,C_2 为 AB 上的点(C_2 靠 B 近),满足 $\angle AA_1A_2 = \angle AA_2A_1 = \angle BB_1B_2 = \angle BB_2B_1 = \angle CC_1C_2 = \angle CC_2C_1$,直线 AA_1,BB_1,CC_1 围成一个三角形,直线 AA_2,BB_2,CC_2 围成另一个三角形.证明:这两个三角形有公共的外接圆.

51. $\triangle ABC$ 内接于圆 ω,另一圆 τ 与边 AB,AC 分别切于点 P,Q,与 ω 相切于点 S,联结 AS,PQ,AS 与 PQ 的交点为 T,求证:$\angle BTP = \angle CTQ$.

§6.2 其他两圆问题

关于两圆问题,有以下一些结论.

1. 两圆相交于点 A,B,过 A 任作长弦 PAQ,则 $\triangle PBQ$ 形状不变,其中最大的一个,当且仅当 PQ 与连心线平行.

2. 两圆交于点 P,过 P 任作两直线交一圆于 A,B,交另一圆于 A',B',则直线 AB 与 $A'B'$ 有一定的交角.

3. 外离两圆的两内公切线所截取外公切线的线段,等于内公切线长;内公切线被限于两外公切线间的线段,等于外公切线长.

4. 作出外离两圆的所有公切线,则两圆心及每一外公切线与每一内公切线的交点共 6 点共圆.

5. 两圆外切于点 T,一条外公切线切它们于点 A,B,则 $\angle ATB = 90°$.

6. 两圆切于 P,一直线交其中一圆于 A,B,交另一圆于 A',B'(A,B,A',B' 依次).若两圆外切,则 $\angle APA' + \angle BPB' = 180°$;若两圆内切,则 $\angle APA' = \angle BPB'$.

7. $\odot O$ 与 $\odot O'$ 交于点 P,Q,外公切线为 AB(靠近 Q),则 $\angle APB = \dfrac{1}{2}\angle OPO'$,$\angle AQB = 180° - \dfrac{1}{2}\angle OPO'$.

例1 已知 $A(0,0)$,$B(1,0)$,$C(4,0)$,$D(6,0)$,过 B,C 任作一小圆,过 A,D 作一大圆,使两圆内切于点 P.问:平面上是否存在一定点 Q,满足 PQ 为定值?如果有,求出点 Q 的坐标及 PQ 的值;如果没有,试举出反例.

解 这个点 Q 确实存在. 过点 P 作两圆的公切线,交 x 轴于 $Q(x,0)$,先假定 Q 在 A 一侧. 由切割线定理,知 $PQ^2 = QA \cdot QD = QB \cdot QC$,又 $QA = -x$,$QB = 1-x$,$QB = 4-x$,$QD = 6-x$,代入,得 $-x(6-x) = (1-x)(4-x)$,解得 $x = -4$. 于是点 Q 的坐标是 $(-4,0)$,易得 PQ 的值为 $2\sqrt{10}$.

> **点评** 此题若不用点平面几何知识,计算量非常大,很容易算错,甚至做不下去.
> 其实还要考虑 Q 在 D 一侧这一情况,此时算出的 Q 的横坐标是负数,故要舍去.

例 2 $\odot O_1$ 与 $\odot O_2$ 交于点 P,Q,O_1P 延长后交 $\odot O_2$ 于点 N,O_2P 延长后交 $\odot O_1$ 于点 M. 证明:M,O_1,Q,O_2,N 五点共圆.

证明 如图 6.11,连 QO_1,QO_2,MO_1 和 NO_2,由对称性及圆的半径相等,有 $\angle O_1NO_2 = \angle NPO_2 = 180° - \angle O_1PO_2 = 180° - \angle O_1QO_2$,于是 N,O_1,Q,O_2 共圆. 同理,M,O_1,Q,O_2 共圆,于是 M,O_1,Q,O_2,N 五点共圆.

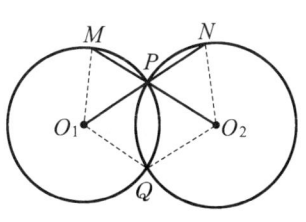

图 6.11

例 3 $\odot O_1$ 与 $\odot O_2$ 半径分别为 r_1,r_2,交于点 A,B,MN 是一条公切线. 求证:

(1) $\triangle AMN$ 与 $\triangle BMN$ 外接圆半径均为 $\sqrt{r_1 r_2}$;

(2) $\dfrac{MA}{NA} = \dfrac{MB}{NB} = \sqrt{\dfrac{r_1}{r_2}}$.

证明 (1) 如图 6.12,连 AB. 设 $\angle ABM = \angle NMA = \alpha$,$\angle ABN =$

$\angle MNA = \beta$. 易见 $\angle MBN = \alpha + \beta = 180° - \angle MAN$, 故 $\triangle AMN$ 与 $\triangle BMN$ 外接圆半径相等(设为 r).

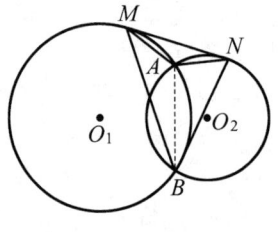

图 6.12

又由正弦定理, $MA = 2r\sin\beta = 2r_1\sin\alpha$, $NA = 2r\sin\alpha = 2r_2\sin\beta$. 两式相乘, 得 $r = \sqrt{r_1 r_2}$.

(2) $\dfrac{MA}{NA} = \dfrac{r_1}{r} = \sqrt{\dfrac{r_1}{r_2}}$. 易见 $\angle MAB = 180° - \angle NMB$,

$\angle NAB = 180° - \angle MNB$, 故 $\dfrac{MB}{NB} = \dfrac{r_1 \sin\angle MAB}{r_2 \sin\angle NAB} = \dfrac{r_1 \sin\angle NMB}{r_2 \sin\angle MNB} = \dfrac{r_1}{r_2} \cdot \dfrac{BN}{BM}$, 于是 $\dfrac{BM}{BN} = \sqrt{\dfrac{r_1}{r_2}}$.

> **点评** 本题亦可延长 BA 至 MN 中点, 利用相似或面积来解答.

例 4 如图 6.13, 半径不等的两圆相交于 A, B 两点, 线段 CD 经过点 A, 且分别交两圆于 C, D 两点. 连 BC, BD, 设 P, Q, K 分别是 BC, BD, CD 的中点, M, N 分别是弧 $\overparen{BC}$ 和 $\overparen{BD}$ 的中点. 求证:

(1) $\dfrac{BP}{PM} = \dfrac{NQ}{QB}$;

(2) $\triangle KPM \sim \triangle NQK$ (假定这两个三角形都存在).

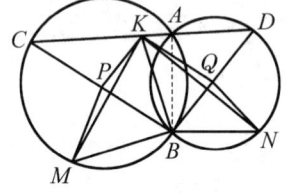

图 6.13

证明

(1) 因为 M 是弧 $\overparen{BC}$ 的中点, P 是 BC 的中点, 所以 $MP \perp BC$, $\angle BPM = 90°$. 同理, $\angle NQB = 90°$.

连 AB, 则 $\angle PBM = \dfrac{1}{2}\angle CAB = \dfrac{1}{2}(180° - \angle DAB) = 90° -$

$\frac{1}{2}\angle DAB = 90° - \angle NBD = \angle QNB$. 所以, Rt$\triangle BPM \backsim$ Rt$\triangle NQB$, 于是 $\frac{BP}{PM} = \frac{NQ}{QB}$.

(2) 因为 $KP \parallel BD$, 且 $KP = \frac{1}{2}BD = BQ$, 所以四边形 $PBQK$ 是平行四边形. 于是 $BP = KQ$, $BQ = KP$. 由(1)得 $\frac{KQ}{PM} = \frac{NQ}{KP}$.

又 $\angle KPM = \angle KPB + 90° = \angle KQB + 90° = \angle NQK$, 所以 $\triangle KPM \backsim \triangle NQK$.

还可以证明 $MK \perp NK$.

例5 AB 是圆 O 的直径, C 为 AB 延长线上的一点, 过点 C 作圆 O 的割线, 与圆 O 交于 D, E 两点, OF 是 $\triangle BOD$ 的外接圆 O_1 的直径, 连 CF 并延长交圆 O_1 于点 G. 求证: O, A, E, G 四点共圆.

证明 如图 6.14, 连 AD, DG, GA, GO, DB, EA, EO.

因为 OF 是等腰 $\triangle DOB$ 的外接圆直径, 所以 OF 平分 $\angle DOB$, 即 $\angle DOB = 2\angle DOF$.

又 $\angle DAB = \frac{1}{2}\angle DOB$, 所以 $\angle DAB = \angle DOF$.

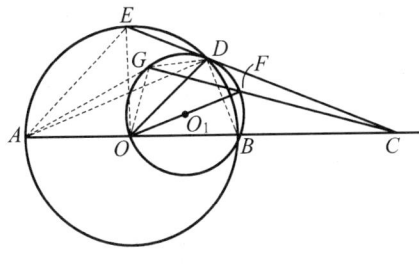

图 6.14

又 $\angle DGF = \angle DOF$, 所以 $\angle DAB = \angle DGF$, 因此, G, A, C, D 四点共圆. 所以 $\angle AGC = \angle ADC$. 而 $\angle AGC = \angle AGO + \angle OGF = \angle AGO + 90°$, $\angle ADC = \angle ADB + \angle BDC = 90° + \angle BDC$, 因此

$\angle AGO = \angle BDC$.

因为 B, D, E, A 四点共圆, 所以 $\angle BDC = \angle EAO$, 又 $OA = OE$, 所以 $\angle EAO = \angle AEO$. 从而 $\angle AGO = \angle AEO$, 所以 O, A, E, G 四点共圆.

例 6 两圆相交于点 A, B, BC 是其中一个圆的一条切线, CDE 也是此圆的一条切线, 且是另一个圆的弦. 连 AE, BE, 作 $DF \perp BE$ 于 F, 连 AF. 求证: $\angle EAF = 2\angle BEC$.

证明

如图 6.15, 连 AB, BD, DA, 设 $\angle C = \theta$. 易知 $\angle DAB = \angle BDC = 90° - \dfrac{\theta}{2}$, 而 $\angle EAB = 180° - \theta$, 因此 $\angle EAD = \angle BAD$. 又由 $\angle ADE = \angle ABD$, 于是 $\triangle EAD \backsim \triangle DAB$, 这样便有 $\dfrac{ED^2}{BD^2} = \dfrac{S_{\triangle EAD}}{S_{\triangle BAD}} = \dfrac{EA}{BA}$.

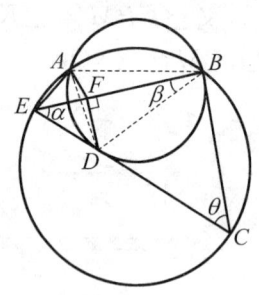

图 6.15

设 $\angle DEB = \alpha$, $\angle EBD = \beta$, 于是 $\alpha + \beta = \angle BDC = \dfrac{1}{2}\angle EAB$, 故可在 BE 上找一点 F' (图中未画出), 使 $\angle EAF' = 2\alpha$, $\angle BAF' = 2\beta$, 所以 $\dfrac{EF'}{BF'} = \dfrac{S_{\triangle AEF'}}{S_{\triangle BAF'}} = \dfrac{AE \sin 2\alpha}{AB \sin 2\beta} = \dfrac{ED^2 \sin 2\alpha}{BD^2 \sin 2\beta}$. 又作点 D 关于 EB 的对称点 D' (图中未画出), 于是 $\dfrac{EF}{BF} = \dfrac{S_{\triangle D'ED}}{S_{\triangle D'BD}} = \dfrac{ED^2 \sin 2\alpha}{BD^2 \sin 2\beta}$, 所以 $\dfrac{EF'}{BF'} = \dfrac{EF}{BF}$, 故 F 与 F' 重合, 证毕.

例 7 证明: 双心四边形 (既有外接圆, 又有内切圆) 的内心、外心与对角线交点 (不重合) 共线.

证明

如图 6.16, 不妨设双心四边形为 $ABCD$, 外心 O, 内心 I, 对角线交

点 E. 易知,只要设法证明 $\dfrac{S_{\triangle OBD}}{S_{\triangle IBD}} = \dfrac{S_{\triangle OAC}}{S_{\triangle IAC}}$ 即可. 因为这样直线 OI 与 AC,BD 的交点就重合了. 易知,$\dfrac{S_{\triangle OBD}}{S_{\triangle OAC}} = \dfrac{\sin 2C}{\sin 2B}$,又 $S_{\triangle IBD} = \dfrac{1}{2} IB \cdot ID \cdot \sin\angle BID = r^2 \dfrac{\cos C}{\sin B}$,$S_{\triangle IAC} = r^2 \dfrac{\cos B}{\sin C}$,此处 r 为内切圆半径,$\angle B$,$\angle C$ 为四边形内角 (注意如大于 $90°$ 需作讨论). 由此即得结论.

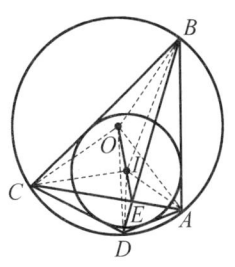

图 6.16

例 8 已知 $\odot O_1$ 与 $\odot O_2$ 外切于点 T,一直线与 $\odot O_2$ 相切于点 X,与 $\odot O_1$ 交于点 A 和 B,且点 B 在线段 AX 的内部,直线 XT 与 $\odot O_1$ 交于另一点 S. C 是不包含点 A 和 B 的弧 $\overset{\frown}{TS}$ 上的一点,过点 C 作 $\odot O_2$ 的切线,切点为 Y,且线段 CY 与线段 ST 不相交,直线 SC 与 XY 交于点 I. 证明:

(1) C,T,I,Y 四点共圆;

(2) I 是 $\triangle ABC$ 的 $\angle A$ 内的旁切圆圆心.

证明

(1) 添加辅助线如图 6.17 所示.

由位似知 $\overset{\frown}{ST} = \overset{\frown}{XT}$,则 $\angle BXT \overset{m}{=} \dfrac{\overset{\frown}{XT}}{2} = \dfrac{\overset{\frown}{ST}}{2} = \angle TAS$,从而 $\triangle SAT \backsim \triangle SXA$. 故 $\angle XAS = \angle ATS$,即 $\overset{\frown}{BS} = \overset{\frown}{AS}$. 所以 S 是 $\overset{\frown}{AB}$ 的中点,因为 $\angle TCI = \angle TAS = \angle BXT = \angle TYX$,所以 C,T,I,Y 四点共圆.

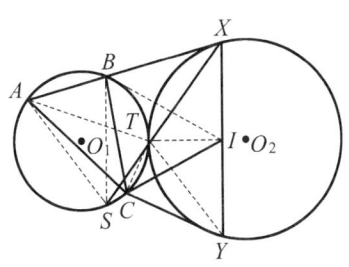

图 6.17

(2) 由于 $\triangle SAT \backsim \triangle SXA$,则有 $SA^2 = ST \cdot SX$. 又因为 C,T,I,Y 四点共圆,有 $\angle CIT = \angle CYT = \angle TXY$. 于是 $\triangle SXI \backsim \triangle SIT$. 因此 $SI^2 = ST \cdot SX$. 所以 $SA = SI$.

设 $\angle BAC = \alpha$，$\angle ABC = \beta$，$\angle ACB = \gamma$，则 $\angle ACS = \dfrac{\overset{\frown}{AS}}{2} = \dfrac{\overset{\frown}{ASB}}{4} = \dfrac{1}{4}(360° - 2\gamma) = 90° - \dfrac{\gamma}{2}$，故 $\angle BCI = 180° - \angle BCS = 180° - \left(\gamma + 90° - \dfrac{\gamma}{2}\right) = 90° - \dfrac{\gamma}{2}$。因此 CI 是 $\angle ACB$ 的外角平分线。又因为 $SB = SA = SI$，$\angle BSI = \alpha$，所以 $\angle BIS = \dfrac{180° - \angle BSI}{2} = 90° - \dfrac{\alpha}{2}$。

在 $\triangle BCI$ 中，可得 $\angle CBI = 90° - \dfrac{\beta}{2}$，即 BI 是 $\angle ABC$ 的外角平分线，所以点 I 是 $\triangle ABC$ 的 $\angle A$ 内的旁切圆圆心。

例9 有一凸四边形 $ABCD$，AB 上有一点 P，自点 P 发出一条光线，至 BC 上的点 Q，反射至 CD 上的点 R，再反射至 DA 上的点 S，最后回到点 P。求证：四边形 $ABCD$ 是圆内接四边形，并且当点 P 在 AB 上移动时，四边形 $PQRS$ 的周长为一常数（即只与四边形 $ABCD$ 有关，与点 P 的位置无关）。

证明

根据光的反射原理，论证四边形 $ABCD$ 是圆内接四边形十分容易，这里就不加以说明了。

下证后一命题。如图 6.18，不妨设射线 QP 与射线 RS 交于点 X（图中不画出），或 $PQ \parallel RS$。当点 X 存在时，$\odot A$ 为 $\triangle XPS$ 的内切圆，而 $\odot C$ 则为 $\triangle XQR$ 的旁切圆，这是由光线反射的性质决定的。不妨设 $\odot A$ 与直线 PQ，SR 分别切于点 M，J；$\odot C$ 与直线 PQ，SR 分别切于点 N，K，连 AC。于是有 $PQ + QR + RS + SP = MN + JK = 2MN = 2AC \cdot \cos\dfrac{X}{2}$。又易知，由于

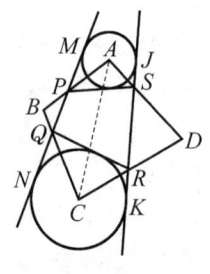

图 6.18

点 A 为 $\triangle XPS$ 的内心,故 $\angle PAS = 90° + \dfrac{1}{2}\angle X$. 这样便有 $PQ + QR + RS + SP = 2AC \cdot \sin\angle PAS = 2AC \cdot \sin\angle BAD = \dfrac{AC \cdot BD}{r}$,
这里 r 是四边形 $ABCD$ 的外接圆半径,于是四边形 $PQRS$ 的周长就与点 P 的位置无关.

当 $PQ \parallel SR$ 时,结论与方法不变.

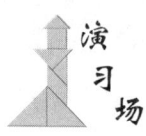

习题 6.b

1. 两同心圆,自外圆上任一点 A 作 AD, AE 切内圆于点 D, E, B 是直线 DE 与外圆的一交点,延长 AD 交外圆于点 C,求证:$\dfrac{AB^2}{BC^2} = \dfrac{BE}{BD}$.

2. 两圆外切于点 C, PA, PB 为不同圆的切线,且两圆位于 $\angle APB$ 内,PC 不是两圆公切线. 求证:$\angle APC = \angle BPC$ 与 $PC^2 = PA \cdot PB$ 等价.

3. A 是 $\odot O$ 上一点,弦 BC 与以 OA 为直径的小圆切于点 K,直线 OB 与小圆还交于点 T. 若大圆的半径为 R,BC 的长度为 a,用 R, a 表示 AT.

4. 两圆相交于 A, B 两点,连心直线与两圆依次交于点 M, S, T, N,设 P 为 AB 上一点,若射线 SP, TP 分别交各自(即针对 S, T)的同一圆于点 Q, R,证明:直线 MR, NQ, AB 共点.

5. 两个半径不等的圆相交于 A, B 两点,公切线为 ST, MN(S, M 在同一个圆上),证明:$\triangle AMN$, $\triangle AST$, $\triangle BMN$, $\triangle BST$ 的垂心是一个矩形的 4 个顶点.

6. $\odot O_1$ 与 $\odot O_2$ 相离,引它们的一条外公切线切 $\odot O_1$ 于点 A,切 $\odot O_2$ 于点 C,又作一条内公切线切 $\odot O_1$ 于点 B,切 $\odot O_2$ 于点 D. 求证:直线 AB 与 CD 的交点在两圆的连心线上.

7. 两圆内切,半径分别是 R, $r(R>r)$,求与小圆相切的大圆弦的最大值.

8. 在半圆内有一小圆,与半圆内切,与半圆的直径 AB 也相切,过 A, B 分别作小圆的切线,切点分别是 M, N,直线 AM, BN 交于点 P,过 P 作 AB 的垂线 PQ. 求证:$PM + PN = PQ$.

9. $\odot O_1$ 与 $\odot O_2$ 为两同心圆($\odot O_2$ 在内),半径分别为 r_1, r_2,A 为 $\odot O_1$ 上任一点,过 A 引 $\odot O_2$ 切线 AB(B 在 $\odot O_2$ 上),交 $\odot O_1$ 于另一点

C,取 AB 的中点 D,过 A 引一直线交 $\odot O_2$ 于点 E,F,使 DE 和 CF 的中垂线交于 AB 上一点 M,求 $\dfrac{AM}{CM}$.

10. AF 为 $\odot O_1$ 与 $\odot O_2$ 的公共弦,B,C 分别在 $\odot O_1$,$\odot O_2$ 上,$AB=AC$,$\angle BAF$,$\angle CAF$ 的平分线交 $\odot O_1$,$\odot O_2$ 于点 D,E,求证:$DE \perp AF$.

11. 圆心为 O_1 和 O_2 的两个半径相等的圆相交于点 P,Q,O 是公共弦的中点,过 P 任作两条割线 AB,CD(均不与 PQ 重合),A,C 在 $\odot O_1$ 上,B,D 在 $\odot O_2$ 上,联结 AD,BC,M,N 分别是 AD,BC 的中点,已知 O_1,O_2 不在两圆的公共部分内,M,N 均不与 O 重合.求证:M,N,O 共线.

12. 在梯形 $ABCD$ 中,$AB /\!/ CD$,梯形内部有两个圆 ω_1,ω_2 满足:ω_1 与三边 DA,AB,BC 相切,ω_2 与三边 BC,CD,DA 相切,令 l_1 是过 A 的异于直线 AD 的 ω_2 的另一条切线,l_2 是过 C 的异于直线 CB 的 ω_1 的另一条切线,证明:$l_1 /\!/ l_2$.

13. (1) 有两个同心圆,半径分别为 R_1,$R(R_1>R)$,在小圆上有一个内接 $\triangle ABC$,分别延长 BC,CA,AB 交大圆于 A_1,B_1,C_1,求证:$\dfrac{S_{\triangle A_1 B_1 C_1}}{S_{\triangle ABC}} \geqslant \left(\dfrac{R_1}{R}\right)^2$;

(2) 有两个同心圆,半径分别为 R_1,$R(R_1>R)$,在小圆上依次有 4 个点 A,B,C,D,分别延长 CD,DA,AB,BC 交大圆于点 A_1,B_1,C_1,D_1,求证:$\dfrac{S_{A_1 B_1 C_1 D_1}}{S_{ABCD}} \geqslant \left(\dfrac{R_1}{R}\right)^2$.

14. 两圆 ω_1,ω_2 的公共弦是 PQ,A 是 ω_1 上一个动点,直线 AP,AQ 还各与 ω_2 交于点 B,C,求证:$\triangle ABC$ 的外心在一个定圆上.

15. B 是圆 ω_1 上的点,过 B 作 ω_1 的切线,A 为该切线上异于 B 的点,又 C 在 ω_1 外,线段 AC 交 ω_1 于两个不同的点.圆 ω_2 与 AC 相切于点 C,与 ω_1 相切于点 D,且 D 与 B 在直线 AC 的两侧,证明:$\triangle BCD$ 的外心在 $\triangle ABC$ 的外接圆上.

16. 两圆 ω_1,ω_2 交于点 B,R,ω_1 的弦 AP,PR 分别切 ω_2 于点 Q,

R,求证：$\angle PAR = \angle ABC$，其中 C 是 AR 与 ω_2 的交点．

17. 两圆 ω_1，ω_2 交于点 P，Q，过 P 的一条直线分别交 ω_1，ω_2 于点 A，B，Y 是 AB 的中点，QY 分别交 ω_1，ω_2 于点 X，Z，证明：Y 也是 XZ 的中点．

18. 两圆 ω_1，ω_2 交于点 A，B，过 A 的一直线分别交 ω_1，ω_2 于点 C，D，M，N，K 分别为 CD，BC，BD 上的点，使得 $MN \parallel BD$，$MK \parallel BC$，E，F 分别为 ω_1 中弧 $\overset{\frown}{BC}$ 和 ω_2 中弧 $\overset{\frown}{BD}$（都不含 A）上的点，E 到 BC 的垂足为 N，F 到 BD 的垂足为 K．求证：$\angle EMF = 90°$．

19. 已知 $\odot O_1$，$\odot O_2$ 交于 A，B 两点，过 B 作直线交 $\odot O_1$ 于点 K、交 $\odot O_2$ 于点 M，作平行于 AM 的直线，且与 $\odot O_1$ 切于点 Q，联结 AQ，交 $\odot O_2$ 于点 R．证明：

(1) 过 R 且与 $\odot O_2$ 相切的直线平行于 AK；

(2) 分别过 Q，R 的切线与 KM 交于一点．

20. $\odot O_1$ 在 $\odot O_2$ 内部，且切于点 A，过 A 作直线交 $\odot O_1$ 于点 B，交 $\odot O_2$ 于点 C，过 B 作 $\odot O_1$ 的切线，与 $\odot O_2$ 交于点 D，E，过 C 作 $\odot O_1$ 的两条切线，切点分别为 F，G．求证：D，E，F，G 共圆．

21. 圆心为 A，B 的两个圆交于点 C，D，过 A，B，C 的圆与 $\odot A$，$\odot B$ 分别交于点 E，F，且不包含 C 的弧 $\overset{\frown}{EF}$ 在 $\odot A$ 和 $\odot B$ 外部．证明：CD 平分弧 $\overset{\frown}{EF}$．

22. 半圆 ω 的直径是 AB，M 是圆心，在 ω 的同侧，以 MB 为直径作半圆 ω_1，设 X、Y 是 ω_1 上的点，且弧 $\overset{\frown}{BX} = \dfrac{3}{2}\overset{\frown}{BY}$，直线 MY 交 BX 于点 D，交 ω 于点 C，证明：Y 是 CD 的中点．

23. A，B 为圆 ω_1 上两定点，圆 ω_2 的圆心在 ω_1 上，且与 AB 切于点 B，过 A 的直线与 ω_2 交于点 D，E，直线 BD 与 ω_1 交于异于 B 的另一点 F．证明：当且仅当 D 为 BF 中点时，BE 与 ω_1 相切．

24. $\odot S$ 与 $\odot O$ 交于点 P，Q，O 在 $\odot S$ 上，$\odot S$ 上有不同两点 A，B 在 $\odot O$ 内部，且 $OA = OB$，直线 PA 交 $\odot O$ 于点 D．证明：$AD = PB$．

25. 在锐角 $\triangle ABC$ 中，P，Q 是 BC 上的点，取点 C_1，使凸四边形 $APBC_1$ 有外接圆，$QC_1 \parallel AC$，且 C_1 与 Q 在直线 AB 的异侧；取点 B_1，使凸四边形 $APCB_1$ 有外接圆，$QB_1 \parallel AB$，且 B_1 与 Q 在直线 AC 的异

侧. 求证: B_1, C_1, P, Q 共圆.

26. 给定两圆 $\odot O$, $\odot I$, 半径分别为 R, r, $\odot I$ 内含于 $\odot O$ 中, X 为 $\odot I$ 上一动点, 过 X 作 $\odot I$ 的切线交 $\odot O$ 于点 A, B, 过 X 与 AI 垂直的直线交 $\odot I$ 于异于 X 的一点 Y, C 是 I 关于 XY 的对称点, 当 X 在 $\odot I$ 上变动时, 求 $\triangle ABC$ 外心的轨迹.

27. 设四边形 $ABCD$ 是凸四边形, 过 A, D 的圆与过 B, C 的圆外切于点 P, 且 P 在四边形 $ABCD$ 内部, 设 $\angle PAB + \angle PDC \leqslant 90°$, $\angle PBA + \angle PCD \leqslant 90°$, 求证: $AB + CD \geqslant BC + AD$.

28. 两圆 $\odot O_1$, $\odot O_2$ 满足每个的圆心在另一圆上, A 是它们的一个交点, M_1, M_2 同时从 A 出发, M_1 沿着 $\odot O_1$, M_2 沿着 $\odot O_2$ 以同样的线速度 v 顺时针运动.

(1) 证明: 所有的 $\triangle AM_1M_2$ 是正三角形;

(2) 求 $\triangle AM_1M_2$ 中心的轨迹及运动线速度.

29. 两圆 ω_1, ω_2 交于点 A, B, 一直线 l_1 过 B, 与 ω_1, ω_2 的不同点 B 的交点分别为 C, E (B 在 C, E 之间), 另一直线 l_2 过 B, 与 ω_1, ω_2 的不同点 B 的交点分别为 D, F (B 在 D, F 之间), 线段 CE, DF 的中点分别为 M, N. 求证: $\triangle AEF \backsim \triangle AMN$.

30. 已知 C 是线段 AB 的中点, 过 A, C 的 $\odot O_1$ 与过 B, C 的 $\odot O_2$ 交于点 C, D, P 是 $\odot O_1$ 的弧 $\overparen{AD}$ (不包含 C) 的中点, Q 是 $\odot O_2$ 的弧 $\overparen{BD}$ (不包含 C) 的中点. 求证: $PQ \perp CD$.

31. 设圆 Ω 过 $\triangle ABC$ 的顶点 B, C, 圆 ω 内切 Ω 于点 T, 并分别切 AB, AC 于点 P, Q, 记 M 为弧 $\overparen{BC}$ (包含 T) 的中点, 求证: 直线 PQ, BC, MT 三线共点.

32. $\odot O_1$, $\odot O_2$ 交于 A, B 两点, 过 O_1 的直线 DC 交 $\odot O_1$ 于点 D 且切 $\odot O_2$ 于点 C, CA 切 $\odot O_1$ 于点 A, $\odot O_1$ 的弦 $AE \perp DC$, 过 A 作 $AF \perp DE$, F 为垂足. 求证: BD 平分 AF.

33. 设 $\odot O_1$, $\odot O_2$ 交于 A, B 两点, R 在 $\odot O_1$ 的弧 $\overparen{AB}$ 上, T 在 $\odot O_2$ 的弧 $\overparen{AB}$ 上, AR, BR 与 $\odot O_2$ 交于点 C, D, AT, BT 交 $\odot O_1$ 于点 Q, P, 若 PR 与 TD 交于点 E, TC 与 RQ 交于点 F, 求证: $AE \cdot BT \cdot BR = BF \cdot AT \cdot AR$.

34. $\odot O_1$, $\odot O_2$ 相交于 B, C 两点, 且 BC 是 $\odot O_1$ 的直径, 过 C 作

⊙O_1 的切线, 交 ⊙O_2 于另一点 A, 联结 AB, 交 ⊙O_1 于另一点 E, 联结 CE 并延长交 ⊙O_2 于点 F. 设 H 为线段 AF 内任一点, 联结 HE 并延长, 交 ⊙O_1 于点 G, 联结 BG 并延长, 与 AC 的延长线交于点 D. 求证:
$$\frac{AH}{HF} = \frac{AC}{CD}.$$

35. ⊙O_1, ⊙O_2 交于 P, Q 两点, 在 ⊙O_1 上取两个不同的点 A_1 和 B_1 (不同于 P, Q), 直线 A_1P 和 B_1P 分别交 ⊙O_2 于另外一点 A_2, B_2, 直线 A_1B_1, A_2B_2 交于点 C. 求证: 当 A_1 和 B_1 变化时, △A_1A_2C 的外心在一个定圆上.

36. 在 △ABC 中, AD 是边 BC 上的高, 圆 ω_1 与圆 ω_2 相交于 D, K 两点, 且 ω_1 过边 AB 的中点 M, ω_2 过边 AC 的中点 N, 直线 MN 是 ω_1 与 ω_2 的一条公切线. 过 BC 边上的任意一点 P 作直线 AB, AC 的平行线, 分别与边 AC, AB 交于点 E, F. 求证: K, E, A, F 四点共圆.

37. 给定两相交圆 ⊙O_1, ⊙O_2, 交于 A, B 两点, 一过 B 的动直线分别还交 ⊙O_1, ⊙O_2 于点 C, D, 且 B 在线段 CD 内, MC, MD 分别是 ⊙O_1, ⊙O_2 的切线, AM 交 CD 于点 E, 过 E 作 DM 的平行线交 AD 于点 K, 求 K 的轨迹.

§6.3 从三角形出发的多圆问题

从三角形出发的多圆问题,有以下一些结论.

1. 以一三角形的每边向外(内)作 3 个正三角形,则这 3 个正三角形外接圆共点,称为正(负)等角中心,正等角中心也叫费马点.

2. $\dfrac{r}{R} = \cos A + \cos B + \cos C - 1 = 4\sin\dfrac{A}{2}\sin\dfrac{B}{2}\sin\dfrac{C}{2}$,这里 R, r 分别是 $\triangle ABC$ 的外接圆和内切圆半径(下同).对于旁切圆半径也有类似关系式.

3. 锐角三角形外心至三边距离之和,等于该三角形外接圆半径与内切圆半径之和;设四边形 $ABCD$ 内接于圆,则 $\triangle ABC$ 与 $\triangle CBD$ 的内切圆半径之和,等于 $\triangle ABC$ 与 $\triangle ADC$ 的内切圆半径之和;三角形 3 个旁切圆半径之和,等于内切圆半径与 4 倍外接圆半径之和.

4. 完全四边形的密克点至每对顶点的距离之积相等.

5. 以三角形的内心及三旁心为圆心各作圆,若各在每边所在直线上所截的弦分别等于其圆心至外心的距离的两倍,则有:

(1) 所作四圆均内切于九点圆;

(2) 所作四圆的半径之和等于外接圆半径的 8 倍.

6. $\triangle ABC$ 中,I 是内心,I_A,I_B,I_C 是旁心,则 I,I_A,I_B,I_C 是一垂心组.

7. 设 O 是 $\triangle ABC$ 外心,连线 AO,BO,CO 分别交 BC,CA,AB 于点 X,Y,Z,则直径为 AX,BY,CZ 的圆均与 $\triangle ABC$ 的九点圆相切.

例1 设 D 为锐角 $\triangle ABC$ 内一点,且 $\triangle ABC$,$\triangle ABD$,$\triangle BCD$

和 $\triangle ACD$ 的外接圆中有 3 个半径相同. 证明: 这 4 个三角形的外接圆半径都相同.

证明

利用对称性可知,只需对下面的两种情况予以证明.

情形 1 $\triangle ABD$, $\triangle BCD$ 和 $\triangle CAD$ 的外接圆半径相同. 如图 6.19,设 O_1, O_2, O_3 分别是这 3 个三角形的外心,则四边形 O_1BO_2D, O_2CO_3D 和 O_3AO_1D 都是菱形. 于是,$O_1A \parallel O_3D \parallel O_2C$,且 $O_1A = O_3D = O_2C$. 从而四边形 ACO_2O_1 为平行四边形,即 $AC \parallel O_1O_2$,故 $AC \perp BD$. 同理可证 $CD \perp AB$,$AD \perp BC$,即 D 为 $\triangle ABC$ 的垂心.

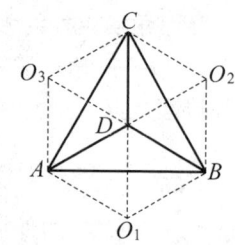

这时,$\angle BDC = 180° - \angle BAC$,利用正弦定理,可得 $\triangle ABC$ 与 $\triangle BDC$ 的外接圆半径相同,命题成立.

图 6.19

情形 2 $\triangle ABC$,$\triangle ACD$ 和 $\triangle BCD$ 的外接圆半径相同. 由正弦定理,可知 $\sin\angle BDC = \sin\angle BAC$,结合 $\triangle ABC$ 为锐角三角形及 D 在 $\triangle ABC$ 内部,得 $\angle BDC = 180° - \angle BAC$. 同理 $\angle ADC = 180° - \angle ABC$. 进而 $\angle ADB = 360° - \angle BDC - \angle ADC = 180° - \angle ACB$. 再由正弦定理,可知 $\triangle ADB$ 与 $\triangle ACB$ 的外接圆半径相等.

例 2 求证:完全四边形的四个三角形的外接圆共点(称为密克点),且这四个圆的圆心及密克点五点共圆.

证明

如图 6.20,条件是 ADB,BFE,CFD,CEA 为四条直线段,则 $\triangle ABE$,$\triangle ACD$,$\triangle DBF$ 与 $\triangle ECF$ 之外接圆共点(记为 M),并且上述四个三角形的外心与 M 五点共圆. 这就是要证明的结论.

连 MD,MF,MC. 第一条较易,不妨设 $\triangle BDF$ 与 $\triangle EFC$ 外接圆交于点 M(异于

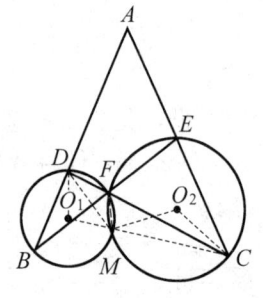

图 6.20

F,否则两圆外切,导致 $AB /\!/ AC$),则 $\angle DMC + \angle A = \angle DMF + \angle CMF + \angle A = \angle ABE + \angle AEB + \angle A = 180°$,故 A, D, M, C 共圆. 同理,A, B, M, E 共圆. 于是四个外接圆共点得证.

下证四个外心与 M 共圆,如图 6.20,不妨设 $\triangle BDF$ 与 $\triangle ECF$ 的外心分别是 O_1 与 O_2,由于 $\triangle ACD$ 的外心即 $\triangle CMD$ 的外心,故若设此外心为 O,有直线 OO_1 垂直平分 DM,直线 OO_2 垂直平分 CM(为清晰起见,O 未画出).

于是 $\angle O + \angle DMC = 180°$. 而我们要证 O, O_1, M, O_2 共圆,即证 $\angle O_1 M O_2 + \angle O = 180°$,即只需证 $\angle DMC = \angle O_1 M O_2$. 如图 6.20,连 $O_1 M$, $O_1 D$, $O_2 M$, $O_2 C$. 由正弦定理,$\dfrac{DM}{CM} = \dfrac{O_1 M \sin \angle DFM}{O_2 M \sin \angle MFC} = \dfrac{O_1 M}{O_2 M} = \dfrac{O_1 D}{O_2 C}$. 于是 $\triangle O_1 DM \sim \triangle O_2 CM$,故 $\angle O_1 MD = \angle O_2 MC$,得 $\angle O_1 M O_2 = \angle DMC$. 于是 O, O_1, O_2, M 共圆,同理 $\triangle ABE$ 的外心与 O_1, M, O_2 也共圆,于是四个外心与 M 五点共圆.

> **点评试看.** 此题若不利用 M,直接证四个外心共圆,难度会不会增加?请读者自己试看.

例 3 延长五边形 $ABCDE$ 各边在外部形成五个三角形. 求证:这五个三角形的外接圆的另五个交点共圆.

证明

如图 6.21,设延长五边形 $ABCDE$ 各边在外部所成五个三角形为 $\triangle ABF$,$\triangle BCG$,$\triangle CDH$,$\triangle DEK$,$\triangle EAL$. 各三角形的外接圆再交于五点 A', B', C', D', E'. 今要证这五点共圆,可先证其中四点共圆,再证另一点在这圆上即可.

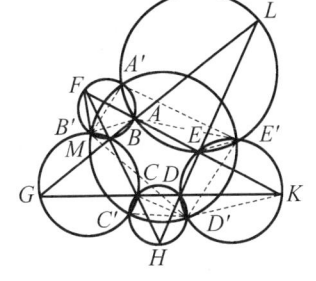

图 6.21

作△FCK 的外接圆,则其必通过 B',D'(见例 2). 再证 A',B', D',E' 共圆. 因 E,E',K,D' 共圆, 故 $\angle EE'D' = \angle EKD'$. 但从上面已证 F,B',C,D',K 共圆, 则 $\angle FKD' = \angle D'B'M$, 其中 M 为 FB' 的延长线上的点. 于是得 $\angle EE'D' = \angle D'B'M$. 又 A,E',L,A' 共圆, 故 $\angle A'E'E = \angle A'AF = \angle A'B'F$, 故得 $\angle A'E'D' + \angle A'B'D' = 180°$, 所以 A',B',D',E' 共圆. 同样, A',B',C',E' 也共圆. 所以五点 A',B',C',D',E' 共圆(这五个点所共之圆称为密克圆).

例 4 设凸四边形 $ABCD$ 对角线交于点 O. △OAD,△OBC 的外接圆交于 O,M 两点, 直线 OM 分别交△OAB,△OCD 的外接圆于 T,S 两点. 求证: M 是线段 TS 的中点.

证明

方法一 如图 6.22(A), 连 BT,CS,MA,MB,MC,MD, 则 $\angle BTO = \angle BAO$, $\angle BCO = \angle BMO$, 故 △$BTM \backsim$ △BAC, 得 $\dfrac{TM}{AC} = \dfrac{BM}{BC}$. 同理, △$CMS \backsim$ △CBD, 得 $\dfrac{MS}{BD} = \dfrac{CM}{BC}$. 所以 $\dfrac{TM}{MS} = \dfrac{BM}{CM} \cdot \dfrac{AC}{BD}$.

又 $\angle MBD = \angle MCA$, $\angle MDB = \angle MAC$, 故 △$MBD \backsim$ △MCA, 得 $\dfrac{BM}{CM} = \dfrac{BD}{AC}$. 所以 $\dfrac{TM}{MS} = 1$, 即 $TM = MS$.

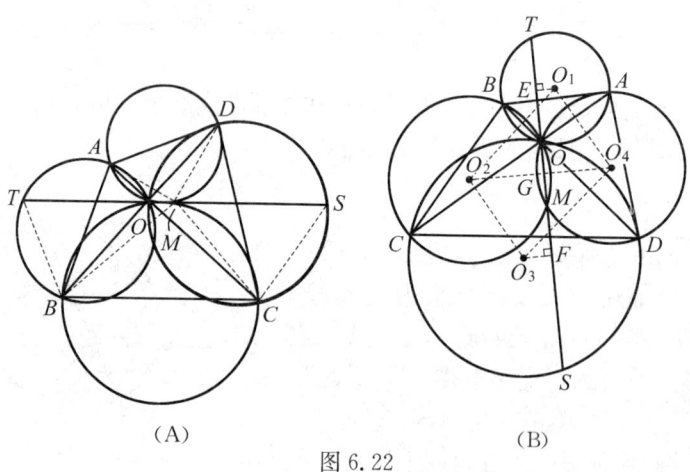

(A)　　　　　　　　(B)

图 6.22

第六讲　多圆问题

方法二　如图 6.22(B)，设 $\triangle OAB$，$\triangle OBC$，$\triangle OCD$，$\triangle ODA$ 的外心分别为 O_1，O_2，O_3，O_4，自 O_1，O_3 作 TS 的垂线，垂足分别为 E，F. 连 O_2O_4 交 TS 于点 G.

因 OM 是 $\odot O_2$ 和 $\odot O_4$ 的公共弦，故 O_2O_4 垂直平分 OM，即 G 是线段 OM 的中点.

同样，O_1O_4 垂直平分 OA，O_2O_3 垂直平分 OC，得 $O_1O_4 /\!/ O_2O_3$. 同理，$O_1O_2 /\!/ O_3O_4$，因此四边形 $O_1O_2O_3O_4$ 构成平行四边形，其对角线互相平分.

由此易知 $EG = FG$.

又由垂径定理，E 是 TO 中点，F 是 OS 中点. 因此

$$TM = TO + OM = 2EO + 2OG = 2EG,$$
$$MS = OS - OM = 2OF - 2OG = 2GF.$$

所以 $TM = MS$.

例 5　如图 6.23，锐角 $\triangle ABC$ 的 AB，AC 边上的旁切圆分别与直线 BC 切于点 M，N，BC 边上的旁切圆与直线 AB，AC 分别切于点 P，Q，连 MP，NQ 并延长交于点 R. 求证：$AR \perp BC$.

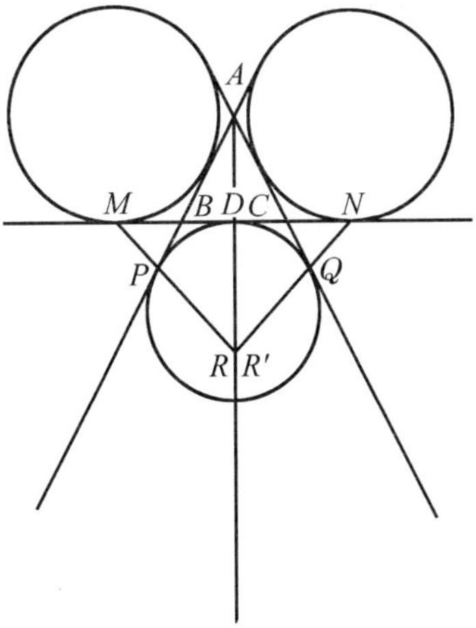

图 6.23

证明

R 这点位置不易刻画，不如作高 AD，不妨设 MP 延长后与 AD 延长后交于点 R，NQ 延长后与 AD 延长后交于点 R'，我们证明 R 与 R' 重合.

由面积比或门奈劳斯定理，有

$$\frac{AR}{RD} = \frac{MB \cdot PA}{DM \cdot BP}, \quad \frac{AR'}{R'D} = \frac{NC \cdot QA}{DN \cdot CQ},$$

易知只需证上两式相等即可. 由于 $MB = NC$，$PA = QA$，待证式变为

$$DM \cdot BP = DN \cdot CQ.$$

设 $\triangle ABC$ 中 $\angle A$，$\angle B$，$\angle C$ 的对应边为 a，b，c，易知 $DM = \dfrac{a+b+c}{2} - b \cdot \cos C = \dfrac{(b+c)(a+c-b)}{2a}$，$BP = \dfrac{a+b-c}{2}$，于是 $DM \cdot BP = \dfrac{(b+c)(a+b-c)(a+c-b)}{4a}$. 同理，$DN \cdot CQ$ 也是此值. 证毕.

> **点评** 本题与 §6.1 的例 4 相仿，都是叶中豪先生发现的，在与作者讨论后，§6.1 的例 4 成了 1996 年全国高中数学联赛的加试题.

例 6 如图 6.24，P 是 $\triangle ABC$ 外接圆 O 上任一点（不妨设在弧 $\overset{\frown}{AB}$ 上），圆 I_A 与圆 I_B 分别是 $\triangle ABC$ 的 BC，AC 边上的旁切圆. 求证：O 是 $P_A P_B$ 的中点，其中 P_A，P_B 分别是 $\triangle PI_A C$ 与 $\triangle PI_B C$ 的外心.

证明 由 PC 的中垂线知 P_A，O，P_B 共线. 下证 $OP_A = OP_B$. 考虑到圆心角是圆周角的 2 倍，知 $\triangle P_A I_A C$ 与 $\triangle OQC$ 是两个相似的等腰三角形，其中 Q 是 PI_A 与 $\triangle ABC$ 外接圆的交点.

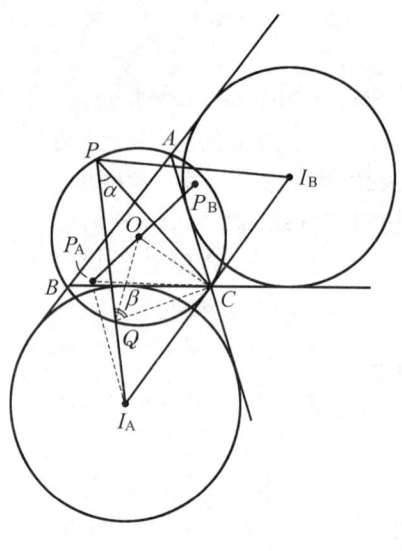

图 6.24

由顺向相似，又知 $\triangle P_A OC \backsim \triangle I_A QC$，故 $\dfrac{OP_A}{QI_A} = \dfrac{OC}{CQ}$. 记 $\angle I_A PC = \alpha$，$\angle PQC = \beta$，R，r_A 分别是 $\triangle ABC$ 的外接圆半径及 BC 边上的旁切圆半径，则

$$OP_A = \frac{QI_A}{2\sin\alpha} = \frac{QI_A \cdot PI_A}{2PI_A \cdot \sin\alpha} = \frac{Rr_A}{PI_A \cdot \sin\alpha}$$

$$= \frac{R^2 r_A \cdot \sin\beta}{\frac{1}{2}PI_A \cdot CQ \cdot \sin\beta} = \frac{R^2 r_A \cdot \sin\beta}{S_{\triangle PI_A C}} = \frac{R^2 r_A \cdot \sin\beta \cdot I_A I_B}{I_A C \cdot S_{\triangle PI_A I_B}}$$

$$= \frac{R^2 \cdot I_A I_B \cdot \cos\frac{C}{2} \cdot \sin\beta}{S_{\triangle PI_A I_B}} = \frac{R \cdot PC \cdot I_A I_B \cdot \cos\frac{C}{2}}{2S_{\triangle PI_A I_B}},$$

此处 $\frac{C}{2} = \frac{1}{2}\angle ACB$. 这已经是对称式,同理 OP_B 也是此值,证毕.

显然,O 在 $P_A P_B$ 上,接下来证明 $P_A O = P_B O$ 就不太容易了.

考虑到图的对称性,可分别计算 OP_A 与 OP_B,而且 OP_A 与圆 I_B 无关,算得 OP_A 后,OP_B 同理可得.这里 I_A 关于圆 O 的幂为 $2Rr_A$ 是常识,如果还不熟悉的话,读者最好动手一证.为此,只要注意内心 I 关于圆 O 的幂为 $2Rr$(或 $-2Rr$,r 为内切圆半径)的证法即可,并注意到以 $I_A I$ 为直径的圆经过 B,C. 本题利用内心、旁心性质亦有其他更简洁证明,读者可尝试.

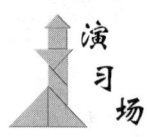

习题 6.c

1. $\triangle ABC$ 中,D,E 依次在 BC 上,$\triangle ABD$,$\triangle ACE$ 的内切圆相等,$\triangle ABE$,$\triangle ACD$ 的内切圆也相等,问:$AB = AC$ 是否一定成立?

2. 已知锐角 $\triangle ABC$,以 AC 为直径作圆 ω_1,以 BC 为直径作圆 ω_2,AC 与 ω_2 相交于点 E,BC 与 ω_1 相交于点 F,直线 BE 与 ω_1 相交于点 L,N,其中 L 在 BE 上,直线 AF 与 ω_2 相交于点 K,M,其中 K 在 AF 上.证明:K,L,M,N 共圆.

3. 求证:如果两个三角形有相同的外接圆,那么它们的内切圆不可能一个严格包含另一个.

4. 设 $ABCD$ 为圆内接四边形,对角线交于点 O,而 $\triangle ABO$ 的外接圆与 $\triangle CDO$ 的外接圆交于点 K,已知点 L 使得 $\triangle BLC$ 与 $\triangle AKD$ 对应相似,证明:若四边形 $BLCK$ 是凸四边形,则它必为圆外切四边形.

5. 设 O 是 $\triangle ABC$ 的外心,$\odot OBC$ 还交直线 AB,AC 于点 A',A'',$\odot OCA$ 还交直线 BC,BA 于点 B',B'',$\odot OAB$ 还交直线 CA,CB 于点 C',C'',求证:直线 $A'A''$,$B'B''$,$C'C''$ 围成的三角形的外接圆与 $\triangle ABC$ 的外接圆相切.

6. 已知 $\triangle ABC$,在 BC,CA,AB 上分别取点 D,E,F,使四边形 $AEDF$,$BDEF$,$CDEF$ 均为圆外切四边形,求证:AD,BE,CF 共点.

7. P 为 $\triangle ABC$ 外接圆劣弧 $\overparen{BC}$ 上的动点,I_1,I_2 分别是 $\triangle PAB$,$\triangle PAC$ 的内心,求证:

(1) $\triangle PI_1I_2$ 的外接圆过定点;

(2) 以 I_1I_2 为直径的圆过定点;

(3) I_1I_2 的中点在定圆上.

8. 已知 $\triangle ABC$ 的内心为 I,$\odot O_1$,$\odot O_2$,$\odot O_3$ 分别过点 B,C;A,C 和 A,B,且均与内切 $\odot I$ 正交(两圆正交是指一个交点与两圆心构成一直角三角形顶点,且连心线是斜边),$\odot O_1$ 与 $\odot O_2$ 相交于另一

点 C',类似地定义 B', A'. 证明:$\triangle A'B'C'$ 的外接圆直径等于 $\odot I$ 的半径.

9. $\triangle ABC$ 中,p 是半周长,ω_1 是 $\angle A$ 内旁切圆,圆 ω 分别与 ω_1,$\triangle ABC$ 的内切圆 ω_2 外切于点 Q,P,直线 PQ 交 $\angle A$ 的平分线于点 R,RT 是 ω 的切线,求证:$RT = \sqrt{p(p-a)}$,这里 $a = BC$.

10. $\triangle ABC$ 中,$AB < AC$,求证:延长 BC,CB 得到两点 M,N,满足 $\triangle AMB$,$\triangle ABC$,$\triangle CAN$ 具有相等大小的内切圆,且必有 $MB < CN$,$\angle CAN < \angle BAM$.

11. 不等边 $\triangle ABC$ 内有 3 个等圆交于一点 O',且每个圆分别与 AB,BC 相切,与 BC,CA 相切,与 CA,AB 相切,求证:O' 在 $\triangle ABC$ 的内、外心连线上.

12. $\triangle ABC$ 中,$\angle A = 90°$,ω 是 $\triangle ABC$ 的外接圆,半径为 r_1 的圆 ω_1 分别与射线 AB,AC 相切,且与 ω 内切;半径为 r_2 的圆 ω_2 分别与射线 AB,AC 相切,且与 ω 外切. 求证:$r_1 r_2 = 4S_{\triangle ABC}$.

13. 圆 ω 与 $\triangle ABC$ 的边 AB,AC 相切,并交 BC 于点 D,E,若记圆 ω,$\triangle ABC$ 内切圆,$\triangle ABC$ 的 BC 边上旁切圆的半径分别为 p,r,r_A,证明:$DE = \dfrac{4\sqrt{rr_A(p-r)(r_A-p)}}{r_A - r}$.

14. 已知 $\triangle ABC$ 的外接圆 $\odot O$,一圆在 $\odot O$ 内与 $\odot O$ 内切于点 A',且与 $\angle BAC$ 两边同时相切,同理定义 B',C'. 求证:AA',BB',CC' 共点.

15. 设 A_0 是 $\triangle ABC$ 的边 BC 的中点,A' 是 $\triangle ABC$ 的内切圆与边 BC 的切点,以 A_0 为圆心、A_0A' 为半径作圆 ω_1,类似地定义 B_0,B' 及 ω_2;C_0,C' 及 ω_3. 证明:若 ω_1 与 $\triangle ABC$ 外接圆在不包含 A 的弧 $\overparen{BC}$ 处相内切,则另外两个圆中的一个也与 $\triangle ABC$ 的外接圆在相应的弧段处内切.

16. 在 $\triangle ABC$ 中,$\angle BAC$ 的平分线和外角平分线分别交 $\triangle ABC$ 外接圆于点 D,E,A 关于 D,E 的对称点分别为 F,G,且 $\triangle ADG$ 和 $\triangle AEF$ 的外接圆交于点 P. 证明:$AP \parallel BC$.

17. 已知 M 是凸四边形 $ABCD$ 的边 AB 上任意一点,N 是

△MAC,△MBD 的外接圆的第二个交点. 证明:

(1) N 在一个定圆上;

(2) 直线 MN 经过一个定点.

18. 已知不等边△ABC,∠A,∠B 的平分线分别与对边交于点 K,L,△ABC 的内心,外心,垂心分别为 I,O,H,证明下列两个命题等价:

(1) KL 是△ALI,△BHI,△BKI 的外接圆切线;

(2) A,B,K,L,O 共圆.

19. 设△ABC 中,∠A 内的旁切圆与 BC,直线 CA,直线 AB 分别切于点 A_1,B_1,C_1,∠B 内的旁切圆与直线 BC,CA,直线 AB 分别切于点 A_2,B_2,C_2,∠C 内的旁切圆与直线 BC,直线 CA,AB 分别切于点 A_3,B_3,C_3,求△$A_1B_1C_1$,△$A_2B_2C_2$,△$A_3B_3C_3$ 的周长之和与△ABC 外接圆半径之比的最大值.

20. 在△ABC 中,∠$C=90°$,a,b 是直角边长,c 是斜边长,圆 ω 是△ABC 的外接圆,设圆 ω_1 是与斜边 c、高 CD 及圆 ω 的劣弧 $\overset{\frown}{BC}$ 相切的圆,圆 ω_2 是与斜边 c、高 CD 及圆 K 的劣弧 $\overset{\frown}{AC}$ 相切的圆,又设 r_1、r_2 分别是圆 ω_1、圆 ω_2 的半径,证明:$r_1+r_2=a+b-c$.

21. 已知 BE,CF 是锐角△ABC 的高,过 A,F 的两圆与直线 BC 分别切于点 P,Q,且 B 在 C,Q 之间,证明:PE,QF 的交点在△AEF 的外接圆上.

22. 已知锐角△ABC 的内切圆分别切 BC,CA,AB 于点 A_1,B_1,C_1,设 $\odot K_A$,$\odot K_B$,$\odot K_C$ 分别为△AB_1C_1,△A_1BC_1,△A_1B_1C 的内切圆,令直线 t_A,t_B,t_C 分别为 $\odot K_B$ 与 $\odot K_C$,$\odot K_C$ 与 $\odot K_A$,$\odot K_A$ 与 $\odot K_B$ 的切线,且分别与边 AB 和 AC,AB 和 BC,AC 和 BC 相交,但不与边 BC,CA,AB 相交. 证明:t_A,t_B,t_C 共点.

23. $\odot O_1$,$\odot O_2$ 交于点 M,N,靠近 M 的公切线分别与 $\odot O_1$,$\odot O_2$ 切于点 A,B,点 C,D 分别是 A,B 关于 M 的对称点,△DCM 的外接圆与 $\odot O_1$,$\odot O_2$ 分别交于不同于 M 的点 E,F. 证明:△MEF 和 △NEF 的外接圆半径相等.

24. 已知锐角△ABC 的外接圆为 $\odot O$,AA_1,BB_1,CC_1 是△ABC 的高,A_1,B_1,C_1 关于 BC,CA,AB 的中点的对称点分别为 A_2,B_2,

C_2. $\triangle AB_2C_2$，$\triangle A_2BC_2$，$\triangle A_2B_2C$ 的外接圆与 $\odot O$ 分别交于不同于 A，B，C 的点 A_3，B_3，C_3，证明：A_1A_3，B_1B_3，C_1C_3 三线共点.

25. 设以 $\triangle ABC$ 的 3 条中线分别为直径的圆为 $\odot O_1$，$\odot O_2$，$\odot O_3$，求证：若这 3 个圆中有两个与 $\triangle ABC$ 内切圆相切，则第三个圆也和 $\triangle ABC$ 内切圆相切.

26. 已知 A_1，B_1，C_1 分别是 $\triangle ABC$ 的边 BC，CA，AB 上的点，$\triangle AB_1C_1$，$\triangle A_1BC_1$，$\triangle A_1B_1C$ 的外接圆与 $\triangle ABC$ 分别交于点 A_2，B_2，$C_2(A_2\neq A,B_2\neq B,C_2\neq C)$，$A_3$，$B_3$，$C_3$ 分别是 A_1，B_1，C_1 关于边 BC，CA，AB 的中点的对称点. 证明：$\triangle A_2B_2C_2 \backsim \triangle A_3B_3C_3$.

27. $\triangle ABC$ 的内切圆分别切三边 BC，CA，AB 于点 D，E，F，$\triangle ABC$ 的外接圆 $\odot O$ 与 $\triangle AEF$ 外接圆 $\odot O_1$，$\triangle BFD$ 外接圆 $\odot O_2$，$\triangle CDE$ 外接圆 $\odot O_3$ 分别交于点 A 和 P，B 和 Q，C 和 R. 求证：

(1) O_1，O_2，O_3 共点；

(2) PD，QE，RF 三线共点.

28. 不等边 $\triangle ABC$ 的内心为 I，内切圆与 AB，BC，CA 分别切于点 C_1，A_1，B_1，四边形 BA_1IC_1 与 CA_1IB_1 的内切圆分别为 ω_B 和 ω_C. 证明：ω_B 和 ω_C 中除了直线 IA_1 以外的另一条内公切线通过点 A.

29. 设 G 为 $\triangle ABC$ 内一点，直线 AG，BG，CG 分别交对边于点 D，E，F，设 $\triangle AEB$，$\triangle AFC$ 的外接圆公共弦所在直线为 l_a，类似定义 l_b，l_c. 证明：l_a，l_b，l_c 三线共点.

30. 在 $\triangle ABC$ 中，D 是 BC 上一点，O_1，O_2 分别是 $\triangle ABD$，$\triangle ACD$ 的外心，O' 是经过 A，O_1，O_2 的圆之圆心. 求证：$O'D \perp BC$ 的充要条件是 AD 恰好经过 $\triangle ABC$ 的九点圆圆心.

31. 在 $\triangle ABC$ 中，D 是 BC 上一点，设 O_1，O_2 分别是 $\triangle ABD$，$\triangle ACD$ 的外心，O' 是经过 A，O_1，O_2 的圆的圆心，设 $\triangle ABC$ 的九点圆圆心是 N，作 $O'E \perp BC$，垂足为 E，求证：$NE \parallel AD$.

32. 设 $\triangle ABC$ 的 3 个旁切圆分别与 BC，CA，AB 切于点 A'，B'，C'，$\triangle A'B'C'$，$\triangle AB'C'$，$\triangle A'B'C'$ 的外接圆分别与 $\triangle ABC$ 的外接圆再次交于点 C_1，A_1，B_1. 证明：$\triangle A_1B_1C_1$ 与 $\triangle ABC$ 的内切圆在各自三边上的切点形成的三角形相似.

33. 设与 $\triangle ABC$ 的外接圆内切并与边 AB，AC 相切的圆的半径

163

为 r_a,类似地定义 r_b,r_c,r 是 $\triangle ABC$ 内切圆半径,求证:$r_a + r_b + r_c \geqslant 4r$.

34. 已知锐角 $\triangle ABC$,$AB \neq AC$,以 BC 为直径的圆分别交 AB,AC 于点 M,N,记 BC 的中点为 O,$\angle BAC$ 的平分线和 $\angle MON$ 的平分线交于一点 R. 求证:$\triangle BMR$ 和 $\triangle CNR$ 的外接圆有一个交点在 BC 上.

35. 已知 Γ 和 Γ' 是两同心圆,圆心为 O,半径为 r 和 r',射线 OX 交 Γ 于点 A,其反向延长线 OX' 交 Γ' 于点 B,射线 OT 交 Γ 于点 E,交 Γ' 于点 F. 证明:$\triangle OAE$ 与 $\triangle OBF$ 的外接圆及分别以 EF,AB 为直径的圆交于一点.

36. 给定一不等边 $\triangle ABC$,内切圆 $\odot I$ 分别切 BC,CA,AB 于点 A_1,B_1,C_1,线段 AA_1 与 $\odot I$ 还交于点 A_2,类似地定义 B_2,C_2. A_1A_3,B_1B_3 分别是 $\triangle A_1B_1C_1$ 的内角平分线. 求证:

(1) A_2A_3 为 $\angle B_1A_2C_1$ 的角平分线;

(2) 若 P,Q 为 $\triangle A_1A_2A_3$ 和 $\triangle B_1B_2B_3$ 的外接圆的交点,则 I 在直线 PQ 上.

37. 设凸四边形 $ABCD$ 对角线交于点 P,$\odot PAB$ 与 $\odot PCD$ 交于点 Q,$\odot PAD$ 与 $\odot PBC$ 交于点 R,证明:P,Q,R 与 AC,BD 的中点这五点共圆.

38. H 是 $\triangle ABC$ 垂心,A',B',C' 分别是 AH,BH,CH 上的点,这 3 点既无重合也不共线. 设直线 $B'C'$ 与以 BC 为直径的圆交于点 X,X',$C'A'$ 与以 CA 为直径的圆交于点 Y,Y',$A'B'$ 与以 AB 为直径的圆交于点 Z,Z',证明:X,X',Y,Y',Z,Z' 六点共圆.

39. 以一三角形每顶点为圆心作半径等于对边的圆,与两邻边(所在直线)交于 4 点,证明:这样得到的 12 个点分布在 4 个圆上,每个圆上有 6 个点,圆心恰好是三角形的内心与 3 个旁心.

40. 已知 $\triangle ABC$,直线 l 交 BC,CA,AB 于点 X,Y,Z,求证:

(1) 在 A,B,C 各所引 $\odot AYZ$,$\odot BZX$,$\odot CXY$ 的切线交于 $\triangle ABC$ 外接圆上一点,这点对于 $\triangle ABC$ 的西姆森线与 l 垂直;

(2) 自 A,B,C 各所作 $\odot AYZ$,$\odot BZX$,$\odot CXY$ 的直径所在直线也交于 $\triangle ABC$ 外接圆上一点,这点对于 $\triangle ABC$ 的西姆森线与 l

平行.

41. $\triangle ABC$ 的内心及旁心的垂足三角形中每两个三角形有两双边互相垂直,共得 12 个垂足,求证:这 12 个垂足分布在 4 个圆上,每个圆上 6 点,这 4 个圆与$\triangle ABC$ 的 4 个斯皮克圆同心,且每圆分别正交于$\triangle ABC$ 的内切圆及旁切圆中的 3 个圆.

42. 设$\odot I$ 是$\triangle ABC$ 的内切圆或旁切圆,$\odot A$,$\odot B$,$\odot C$ 同时正交于$\odot I$,$\odot K$,$\odot K'$是$\odot A$,$\odot B$,$\odot C$ 的公切圆,求证:K,K'对于$\triangle ABC$ 的垂足圆均与$\odot I$ 相切.

43. 设四边形有内切圆或旁切圆$\odot I$,证明:

(1) 直径各为四边的圆有两个公切圆;

(2) 以四边中点各为圆心且正交于$\odot I$ 的圆也有两个公切圆,这两个公切圆分别与前两个公切圆同心.

44. 设点 D,E,F 分别在$\triangle ABC$ 的边 BC,CA,AB 上,且$\triangle AEF$,$\triangle BFD$,$\triangle CDE$ 的内切圆有相等的半径r,又设r'和R 分别表示$\triangle DEF$ 和$\triangle ABC$ 的内切圆半径,证明:$r+r'=R$.

45. D,E,F 分别在$\triangle ABC$ 的边 BC,CA,AB 上,且$\triangle AEF$,$\triangle BFD$,$\triangle CDE$ 的内切圆均与$\triangle DEF$ 的内切圆外切. 证明:直线 AD,BE,CF 共点.

46. 一直线 l 过$\triangle ABC$ 的外心,自 A,B,C 分别引 l 的垂线,得三个垂足,过此 3 个垂足分别作 BC,CA,AB 的平行线,证明:此三线围成的三角形的外接圆内切于$\triangle ABC$ 的九点圆,此三线围成的三角形的九点圆内切于$\triangle ABC$ 的外接圆.

47. $\triangle ABC$ 中,O 是外心,I 是内心,I_A,I_B,I_C 是旁心,证明:$OI^2+OI_A^2+OI_B^2+OI_C^2=12R^2$,$II_A^2+II_B^2+II_C^2=16R^2-8Rr$,其中 R,r 分别是$\triangle ABC$ 的外接圆半径和内切圆半径.

§6.4 多圆共点及其他多圆问题

例1 $\odot O_1$ 与 $\odot O_2$ 外切于点 K, 直线 O_1O_2 还分别与 $\odot O_1$, $\odot O_2$ 交于点 A, B, J 是 AB 中点, 以 J 为圆心作一圆与 $\odot O_1$, $\odot O_2$ 各有一个交点 M, N (在 AB 两侧). 求证: M, K, N 共线.

证明

如图 6.25, 连 MK, KN, O_1M, O_2N. 注意 M, K, N 共线 $\Leftrightarrow \angle MO_1K = \angle NO_2K$. 再连 MJ, JN.

$$JO_2 = \frac{AB}{2} - O_2B = O_1K + O_2K - O_2B = O_1K = O_1M,$$

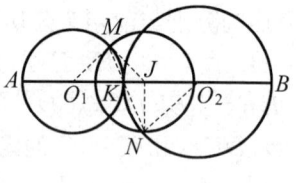

图 6.25

同理, $O_1J = O_2N$. 又 $MJ = NJ$, 故 $\triangle O_1MJ \cong \triangle O_2JN$, 故 $\angle MO_1K = \angle NO_2K$, 于是结论得证.

例2 如图 6.26, 在半圆上取一点 A, 向直径 BC 引垂线 AD, 将整个半圆分成两部分. 求证: 两部分的内切圆 $\odot O_1$, $\odot O_2$ 半径之和等于 $\triangle ABC$ 内切圆直径.

证明

由于 $\angle BAC = 90°$, $\triangle ABC$ 内切圆直径为 $AB + AC - BC$. 设 $BD = a$, $CD = b$, $AD = \sqrt{ab}$, $BC = a + b$, 又设 $\odot O_1$ 和 $\odot O_2$ 的半径分别为 r_1, r_2. 不妨设 $a \leqslant b$,

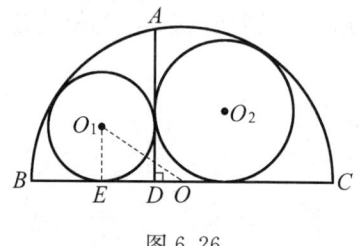

图 6.26

$r_1 \leqslant r_2$. 则 $DO = BO - BD = \dfrac{b-a}{2}$,$EO = r_1 + \dfrac{b-a}{2}$. 对 $\triangle O_1 EO$ 用勾股定理,有 $\left(r_1 + \dfrac{b-a}{2}\right)^2 + r_1^2 = \left(\dfrac{a+b}{2} - r_1\right)^2$,即 $r_1^2 = b(a-2r_1)$,$r_1 = \sqrt{ab+b^2} - b = \sqrt{CD \cdot BC} - CD = AC - CD$(这是由于射影定理).

同理,$r_2 = AB - BD$,两式相加即得结论.

例3 外切的 $\odot O_1$ 与 $\odot O_2$ 半径分别为 r_1,r_2,且分别与半径为 R 的大圆内切于点 A,B. 求证:$AB = 2R\sqrt{\dfrac{r_1 r_2}{(R-r_1)(R-r_2)}}$.

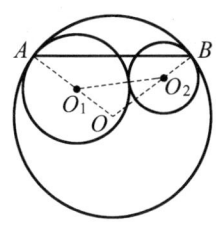

图 6.27

证明

如图 6.27,连 $OO_1 A$,$OO_2 B$,$O_1 O_2$. 由余弦定理,知 $AB^2 = 2R^2 - 2R^2 \cos O$,

而 $\cos O = \dfrac{OO_1^2 + OO_2^2 - O_1 O_2^2}{2 OO_1 \cdot OO_2}$

$= \dfrac{(R-r_1)^2 + (R-r_2)^2 - (r_1+r_2)^2}{2(R-r_1)(R-r_2)}$

$= \dfrac{R^2 - (Rr_1 + Rr_2 + r_1 r_2)}{(R-r_1)(R-r_2)}$

$= 1 - \dfrac{2 r_1 r_2}{(R-r_1)(R-r_2)}$,

于是 $AB = R\sqrt{2 - 2\left(1 - \dfrac{2 r_1 r_2}{(R-r_1)(R-r_2)}\right)}$

$= 2R\sqrt{\dfrac{r_1 r_2}{(R-r_1)(R-r_2)}}$.

例4 如图 6.28 所示,已知 AB 是半圆 $\odot C$ 的直径,$\odot O$,$\odot O_1$,$\odot O_2$ 均与 $\odot C$ 和 AB 相切,且 $\odot O_1$,$\odot O_2$ 与 $\odot O$ 相切. 设 r,r_1,r_2 分

别为 $\odot O$，$\odot O_1$，$\odot O_2$ 的半径.

证明：$\dfrac{1}{\sqrt{r_1}} + \dfrac{1}{\sqrt{r_2}} = \dfrac{2\sqrt{2}}{\sqrt{r}}$.

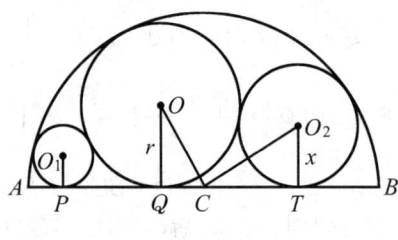

图 6.28

证明

易知两个外切圆的外公切线长为 $2\sqrt{Rr}$，其中 R，r 为两圆半径.

如图 6.28 所示，C 为 AB 的中点，点 P，Q，T 分别为 $\odot O_1$，$\odot O$，$\odot O_2$ 与 AB 的切点. 设 $AB = 2R$，$TO_2 = r_2 = x$，则有 $CO = R - r$.

在 $\text{Rt}\triangle OQC$ 中，有 $QC = \sqrt{R^2 - 2Rr}$. 类似可得，$CT = \sqrt{R^2 - 2Rx}$. 注意到 $QC = |QT - CT|$，又 $QT = 2\sqrt{rx}$. 于是，$QC^2 = (QT - CT)^2$. 即 $R^2 - 2Rr = 4rx + R^2 - 2Rx - 4\sqrt{rx} \cdot \sqrt{R^2 - 2Rx}$，则 $2\sqrt{rx} \cdot \sqrt{R^2 - 2Rx} = Rr - (R - 2r)x$，得 $4rx(R^2 - 2Rx) = (R - 2r)^2 x^2 - 2Rr(R - 2r)x + R^2 r^2$，故

$$(R + 2r)^2 x^2 - 2Rr(3R - 2r)x + R^2 r^2 = 0. \tag{1}$$

同样，由 $QC = |QP - CP|$ 可导出关于 r_1 的方程(1). 所以，$x = r_2$，$x = r_1$ 均满足式(1)，也就是说，r_1 和 r_2 是式(1) 的根.

由韦达定理得 $r_1 + r_2 = \dfrac{2Rr(3R - 2r)}{(R + 2r)^2}$，$r_1 r_2 = \dfrac{R^2 r^2}{(R + 2r)^2}$，$\sqrt{r_1 r_2} = \dfrac{Rr}{R + 2r}$. 因此，$r_1 + r_2 + 2\sqrt{r_1 r_2} = \dfrac{2Rr(3R - 2r)}{(R + 2r)^2} + \dfrac{2Rr(R + 2r)}{(R + 2r)^2} = \dfrac{8R^2 r}{(R + 2r)^2} = \dfrac{8r_1 r_2}{r}$，即 $(\sqrt{r_1} + \sqrt{r_2})^2 = \dfrac{8r_1 r_2}{r}$，故 $\sqrt{r_1} + \sqrt{r_2} = \dfrac{2\sqrt{2}\sqrt{r_1 r_2}}{\sqrt{r}}$，从而 $\dfrac{1}{\sqrt{r_1}} + \dfrac{1}{\sqrt{r_2}} = \dfrac{2\sqrt{2}}{\sqrt{r}}$.

例 5 设 E，F 分别是凸四边形 $ABCD$ 的边 AD 和 BC 上的点，满足 $\dfrac{AE}{ED} = \dfrac{BF}{FC}$，射线 FE 分别与射线 BA 和 CD 交于点 S 和 T. 证

明：$\triangle SAE$，$\triangle SBF$，$\triangle TCF$ 和 $\triangle TDE$ 的外接圆有一个公共点.

证明

如图 6.29，设 $\triangle TCF$ 和 $\triangle TDE$ 的外接圆交于另一点 P（异于点 T），下面证明：P，A，E，S 共圆；P，B，F，S 共圆.

注意到，P，E，D，T 共圆，故 $\angle PDE = \angle PTE$，$\angle PED = 180° - \angle PTD$.

P，F，C，T 共圆，故 $\angle PCF = \angle PTF$，$\angle PFC = 180° - \angle PTC$.

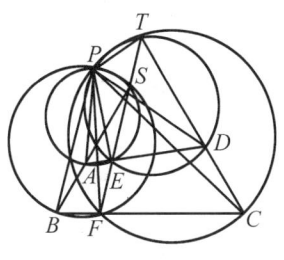

图 6.29

所以，$\angle PDE = \angle PCF$，$\angle PED = \angle PFC$，从而，$\triangle PDE \backsim \triangle PCF$. 于是 $\dfrac{PE}{PF} = \dfrac{ED}{FC}$，结合条件 $\dfrac{AE}{BF} = \dfrac{ED}{FC}$，可知 $\dfrac{PE}{PF} = \dfrac{AE}{BF}$.

在 $\triangle APE$ 和 $\triangle BPF$ 中，$\angle AEP = 180° - \angle PED = 180° - \angle PFC = \angle BFP$，由 $\dfrac{PE}{PF} = \dfrac{AE}{BF}$，故 $\triangle APE \backsim \triangle BPF$，$\angle BPF = \angle APE$，$\dfrac{PE}{PF} = \dfrac{PA}{PB}$，又由 $\angle BPA = \angle FPE$，可知 $\triangle PBA \backsim \triangle PFE$，故 $\angle PBA = \angle PFE$，P，B，F，S 共圆.

由 $\triangle PBA \backsim \triangle PFE$ 知 $\angle PAB = \angle PEF$，故 $\angle PAS = 180° - \angle PAB = 180° - \angle PEF = \angle PES$，从而 P，A，E，S 共圆.

例 6 如图 6.30，两圆外切于点 R，A，B 是小圆上两点，AMP，BNQ 是小圆的切线，分别依次交大圆于点 M，P；N，Q，若过 A，R，P 的圆与过 B，R，Q 的圆交于点 I. 求证：PI，QI 分别平分 $\angle APQ$，$\angle BQP$.

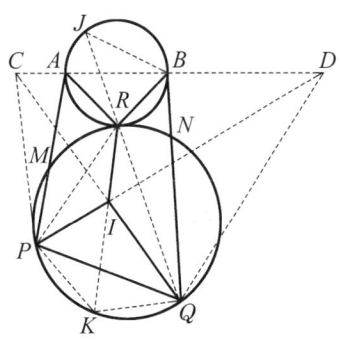

图 6.30

证明

如图 6.30，延长 RI 交大圆于点 K，联结 PK，QK，我们试图证

明 K 为弧 $\widehat{PQ}$ 的中点.

设大圆、小圆半径分别为 r 与 r'. 延长 QR 交小圆于点 J,联结 JB,则由弦切角易知 $\angle RKQ = \angle JBR$,又 $\angle KIQ = \angle RBQ = \angle J$,故 $\triangle KIQ \backsim \triangle JBR$,于是

$$\frac{KQ}{KI} = \frac{BR}{JB} = \sqrt{\frac{S_{\triangle BRQ}}{S_{\triangle JBQ}}} = \sqrt{\frac{RQ}{JQ}} = \sqrt{\frac{r}{r+r'}}$$

其中用到了 $\triangle RBQ \backsim \triangle JBQ$. 注意最终得一对称式,故同理有 $\dfrac{KP}{KI} = \sqrt{\dfrac{r}{r+r'}}$.

这样一来便有 $PK = QK$,于是 $\angle PRK = \angle QRK$. 又延长 PI, QI,分别交直线 AB 于点 D, C,联结 PC, QD.

由于 $\angle CAP = 180° - \angle PAR - \angle BAR = 180° - \angle PIK - \angle RBQ = 180° - \angle PIK - \angle KIQ = \angle CIP$,故 C, P, I, R, A 五点共圆. 同理,D, B, R, I, Q 亦五点共圆.

这样,便有 $\angle ICP = \angle IRP = \angle IRQ = \angle IDQ$,故 C, P, Q, D 四点共圆.

于是,$\angle IPQ = \angle ACI = \angle API$,即 PI 平分 $\angle APQ$,同理 QI 平分 $\angle BQP$,证毕.

> **点评** 本题的难点在于 I 的位置不好刻画,因为图形是对称的,故而要寻找一种对 I 位置对称刻画的方法,然后左右两块分头处理. 整个论证无疑十分精致、漂亮,其中关键一步是定出 K 的确切位置,这样 I 就可通过 $\triangle ARP$ 的外接圆和 PK 单方面直接作出,对称性就这样通过制造而被破坏了.

例 7 如图 6.31,已知 $\odot X$, $\odot Y$, $\odot Z$ 交于点 O,QC 切 $\odot X$ 于点 C,Q, K, A 共线,Q, B, P 共线,P, R, C 共线,B, O, R 共线,

K, O, C 共线, A, O, P 共线. P, Q, R 分别在 $\odot Y$, $\odot Z$, $\odot X$ 上. 求证: $\dfrac{KO}{KR} \cdot \dfrac{QK}{AK} \cdot \dfrac{CR}{OP} = 1$.

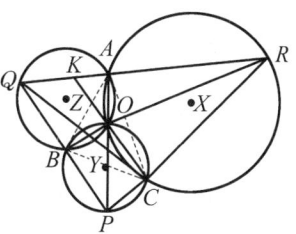

图 6.31

证明

联结 AB, AC, BC. A, O, B, Q 共圆, A, O, C, R 共圆, $\Rightarrow \angle AQB + \angle AOB = \angle ARC + \angle AOC = 180°$
$\Rightarrow \angle AQB + \angle ARC = 360° - (\angle AOB + \angle AOC) = \angle BOC$.

又 B, O, C, P 共圆 $\Rightarrow \angle BOC = 180° - \angle BPC$
$\Rightarrow \angle BPC + \angle AQB + \angle ARC = 180°$
$\Rightarrow Q$, A, K, R 共线.

由门奈劳斯定理得 $\dfrac{RK}{KA} \cdot \dfrac{AO}{OP} \cdot \dfrac{CP}{CR} = 1$

$\Rightarrow \dfrac{PO \cdot AK}{KR \cdot CP} = \dfrac{AO}{CR}$. (2)

又 $\angle AOK = \angle ARC$
$\Rightarrow \triangle AOK \backsim \triangle CRK$
$\Rightarrow \dfrac{AO}{CR} = \dfrac{KO}{KR}$ 代入 (2), 得 $\dfrac{KO}{KR} = \dfrac{PO \cdot AK}{KR \cdot CP} \Rightarrow \dfrac{AK}{CP} = \dfrac{KO}{PO}$.

A, O, C, R 共圆
$\Rightarrow \angle POC = \angle ARP = \angle PBC$
$\Rightarrow Q$, R, B, C 共圆.

同理 A, C, P, Q 共圆, 及由弦切角定理得
$\angle APQ = \angle ACQ = \angle ARP = \angle PBC = \angle POC$,
故 $KC \parallel PQ$
$\Rightarrow \dfrac{CR}{CP} = \dfrac{RK}{KQ}$
$\Rightarrow \dfrac{RK \cdot AK}{KQ \cdot RC} = \dfrac{AK}{CP}$,

又 $\dfrac{AK}{CP} = \dfrac{KO}{PO} \Rightarrow \dfrac{RK \cdot AK}{KQ \cdot RC} = \dfrac{KO}{PO}$

$\Rightarrow \dfrac{KO \cdot KQ \cdot RC}{RK \cdot AK \cdot PO} = 1$.

习题 6.d

1. 在 $\triangle ABC$ 中,$\odot O_1$ 是过 C 且切 AB 于点 A 的圆,$\odot O_2$ 是过 A 且切 BC 于点 B 的圆,$\odot O_3$ 是过 B 且切 CA 于点 C 的圆. 又设 $\odot O'_1$ 是过 B 且切 CA 于点 A 的圆,$\odot O'_2$ 是过 C 且切 AB 于点 B 的圆,$\odot O'_3$ 是过 A 且切 BC 于点 C 的圆. 求证:$\odot O_1$,$\odot O_2$,$\odot O_3$ 交于一点 Ω;$\odot O'_1$,$\odot O'_2$,$\odot O'_3$ 交于一点 Ω';Ω,Ω' 是 $\triangle ABC$ 的等角共轭点.

2. 证明:三角形的正布洛卡点(即第 1 题的 Ω 和 Ω')至三顶点距离的连乘积等于负布洛卡点至三顶点距离的连乘积;三角形的正布洛卡点至三边距离的连乘积等于负布洛卡点至三边距离的连乘积.

3. O 是 $\triangle ABC$ 内一点,AX,BY,CZ 都以 O 为中点,求证:$\triangle BCX$,$\triangle CAY$,$\triangle ABZ$,$\triangle XYZ$ 的外接圆共点.

4. A,B,C 三点依次共线,以 AB,BC,CA 为直径在 AC 同侧作半圆,两小半圆在点 B 的切线交大半圆于点 E,UV 为两小半圆的外公切线. 设 $AB=a$,$BC=b$,证明:$\dfrac{S_{\triangle EUV}}{S_{\triangle EAC}}=\dfrac{ab}{(a+b)^2}$.

5. 两圆 $\varGamma_1$,$\varGamma_2$ 在圆 $\varGamma$ 内,且分别与 $\varGamma$ 切于点 M,N,$\varGamma_1$ 经过 $\varGamma_2$ 的圆心,$\varGamma_1$ 与 $\varGamma_2$ 的公共轴与 $\varGamma$ 交于点 A,B,直线 MA,MB 分别与 $\varGamma_1$ 交于点 C,D. 求证:CD 与 $\varGamma_2$ 相切.

6. 定圆上有两定点 B,C,过 B,C 的切线交于点 P,动圆 A 在圆上,与 P 在 BC 另一侧,D 是 BC 的中点,AP 交圆于点 E. 求证:$\triangle DEA$ 内切圆的半径小于 $\dfrac{1}{4}BC\sin A$.

7. $\odot O_1$,$\odot O_2$ 交于点 P,Q,且这两圆离 P 较近的公切线分别与 $\odot O_1$ 切于点 A,与 $\odot O_2$ 切于点 B,一条与 $\odot O_1$ 相切于点 P 的直线与 $\odot O_2$ 再次相交于点 C,同时直线 AP,BC 相交于点 R. 证明:$\triangle PQR$ 的外接圆与直线 BP,BR 相切.

8. 已知凸四边形 $ABCD$ 的对角线互相垂直,即 $AC \perp BD$,且交于点 O. 设 $\triangle AOB$,$\triangle BOC$,$\triangle COD$,$\triangle DOA$ 内切圆为 $\odot O_1$,$\odot O_2$,

172

$\odot O_3$,$\odot O_4$,证明:

(1) $\odot O_1$,$\odot O_2$,$\odot O_3$,$\odot O_4$ 的直径之和不超过 $(2-\sqrt{2})(AC+BD)$;

(2) $O_1O_2+O_2O_3+O_3O_4+O_4O_1 < 2(\sqrt{2}-1)(AC+BD)$.

9. 半径都是 r 的 3 个圆 ω_1,ω_2,ω_3 都经过点 S,且都内切于半径为 R 的圆 ω,切点分别为 T_1,T_2,T_3,证明:直线 T_1T_2 经过 ω_1,ω_2(不同于 S) 的另一个交点.

10. 已知在凸四边形内的 4 个圆满足每个圆与四边形的两条边相切,且与另两个圆相外切,若该四边形有内切圆,证明:这 4 个圆中至少有两个圆的半径相等.

11. 已知凸四边形 $ABCD$,$AD/\!/BC$,设 $\odot O_1$,$\odot O_2$,$\odot O_3$,$\odot O_4$ 分别是以 AB,BC,CD,DA 为直径的圆,证明:当且仅当 $AB/\!/CD$ 时,存在一个圆心 O 在四边形 $ABCD$ 内的大圆与所有 4 个圆 $\odot O_1$,$\odot O_2$,$\odot O_3$,$\odot O_4$ 都内切.

12. 已知一个定圆 $\odot O$ 的半径为 R,A,B 是 $\odot O$ 上两定点,且 A,B,O 不共线,C 为异于 A,B 的点,过 A 作 $\odot O_1$ 与直线 BC 切于点 C,过 B 作 $\odot O_2$ 与直线 AC 切于点 C,$\odot O_1$ 与 $\odot O_2$ 交于点 D(异于 C). 证明:

(1) $CD \leqslant R$;

(2) 当 C 在 $\odot O$ 上移动,且与 A、B 不重合时,直线 CD 经过一定点.

13. 设 $\odot O$ 以 AB 为直径,M 为 $\odot O$ 上一动点,$\angle AMB$ 的平分线与 $\odot O$ 交于点 N,$\angle AMB$ 的外角平分线与直线 NA,NB 分别交于点 P,Q,AM,BM 延长后分别与以 NQ,NP 为直径的圆交于点 R,S. 证明:$\triangle NRS$ 中过 N 的中线过一定点.

14. M 是以 AB 为直径的半圆 $\odot S$ 上的任一点,圆 Γ_1,Γ_2 分别为扇形 ASM,扇形 BSM 的内切圆. 证明:Γ_1,Γ_2 可被一条垂直于 AB 的直线分划到该直线的两侧.

15. 从 $\odot O$ 上任取 A,B 两点,P 为线段 AB 的中点,$\odot O_1$ 与 AB 相切于点 P 且与 $\odot O$ 相切,过 A 作不同于 AB 的 $\odot O_1$ 的切线 l,C 是 l 与 $\odot O$ 的不同于 A 的交点. 设 Q 是 BC 的中点,$\odot O_2$ 与 BC 相切于点 Q 且与线段 AC 相切,求证:$\odot O_2$ 与 $\odot O$ 相切.

16. 凸四边形 $ABCD$ 内接于圆 O,BA,CD 的延长线交于点 H,AC,BD 交于点 G,O_1,O_2 分别为 $\triangle AGD$,$\triangle BGC$ 的外心.设 O_1O_2 与 OG 交于点 N,射线 HG 分别交 $\odot O_1$,$\odot O_2$ 于点 P,Q(相距最远的两个),设 M 为 PQ 的中点,求证:$NO = NM$.

17. 圆外切四边形 $ABCD$ 的内切圆分别切 DA,AB,BC,CD 于点 K,L,M,N,设 $\odot S_1$,$\odot S_2$,$\odot S_3$,$\odot S_4$ 分别是 $\triangle AKL$,$\triangle BLM$,$\triangle CMN$,$\triangle DNK$ 的内切圆,若 $\odot S_1$ 和 $\odot S_2$ 的另一条外公切线、$\odot S_2$ 和 $\odot S_3$ 的另一条外公切线、$\odot S_3$ 和 $\odot S_4$ 的另一条外公切线、$\odot S_4$ 和 $\odot S_1$ 的另一条外公切线都不是四边形 $ABCD$ 的边,求证:这些外公切线围成的四边形是一个菱形.

18. 凸四边形中任三点连成一三角形,作它们的内切圆,逆时针排列分别为 $\odot_1$,$\odot_2$,$\odot_3$,$\odot_4$. 求证:

(1) $\odot_1$ 与 $\odot_2$ 的外公切线长等于 $\odot_3$ 与 $\odot_4$ 的外公切线长;

(2) $\odot_2$ 与 $\odot_3$ 的外公切线长等于 $\odot_4$ 与 $\odot_1$ 的外公切线长;

(3) $\odot_1$ 与 $\odot_3$ 的内公切线长等于 $\odot_2$ 与 $\odot_4$ 的内公切线长.

19. $\odot C_1$,$\odot C_2$,$\odot C_3$ 共点于 O,$\odot C_2$ 与 $\odot C_3$ 的交点 A,$\odot C_3$ 与 $\odot C_1$ 的交点 B,$\odot C_1$ 与 $\odot C_2$ 的交点 C 不共线,今过 O 任作一直线分别交 $\odot C_1$,$\odot C_2$,$\odot C_3$ 于点 X,Y,Z. 设直线 BZ 与 CY,CX 与 AZ,AY 与 BX 分别交于点 A',B',C'. 求证:A,A',B,B',C,C' 六点共圆.

20. P 是 $\triangle ABC$ 的 BC 边所在直线上一点,若有 X,Y,Z 使得 $\triangle XBP$ 与 $\triangle YAC$,$\triangle XCP$ 与 $\triangle ZAB$ 各正相似,证明:

(1) 三圆 $\odot XBC$,$\odot YCA$,$\odot ZAB$ 共点;

(2) 四圆 $\odot ABC$,$\odot AYZ$,$\odot BZX$,$\odot CXY$ 共点.

21. 圆上依次有 A,B,C,D 四点,AC,BD 交于点 P. 证明:

(1) 四圆 $\odot OAB$,$\odot PBC$,$\odot OCD$,$\odot PDA$ 共点;

(2) 四圆 $\odot PAB$,$\odot OBC$,$\odot PCD$,$\odot ODA$ 共点.

22. 若 P,P' 是四边形 $ABCD$ 的一对等角共轭点,证明:

(1) 四圆 $\odot PAB$,$\odot P'BC$,$\odot PCD$,$\odot P'DA$ 共点(设为 Q);

(2) 四圆 $\odot P'AB$,$\odot PBC$,$\odot P'CD$,$\odot PDA$ 共点(设为 Q');

(3) Q,Q' 也是四边形 $ABCD$ 的一对等角共轭点.

23. 有四圆共点,除此点外,每 3 个圆还有 3 个第二交点,这 3 个交点的外接圆共有 4 个,证明:这 4 个圆共点(注意 4 个圆可能变成 4 条直线,它们并不共点).

24. 一点向一三角形所在边作的 3 条垂线,过 3 个垂足(垂足不重合)的外接圆,称为该点对于三角形的垂足圆. 今有以 4 个点为顶点的 4 个三角形,证明:由另外一点 P 对于这 4 个三角形的垂足圆共点(注意当 4 个点共圆且 P 位于这个圆上时,4 个垂足圆变成 4 条西姆森线,此时它们不共点).

25. 设 A', B', C' 分别是 $\triangle ABC$ 的顶点 A, B, C 在直线 l 上的射影,X, Y, Z 分别为 l 上任一点 P 在 BC, CA, AB 上的射影,求证:四圆 $\odot XYZ$,$\odot XB'C'$,$\odot YC'A'$,$\odot ZA'B'$ 共点.

26. 已知 $\triangle ABC$ 及一点 P,自 P 引线垂直于 PA, PB, PC 而各交 $\odot PBC$,$\odot PCA$,$\odot PAB$ 于点 A', B', C'. 求证:

(1) P, A', B', C' 四点共圆;

(2) 四圆 $\odot ABC$,$\odot AB'C'$,$\odot A'BC'$,$\odot A'B'C$ 共点.

27. P 是 $\triangle ABC$ 的 BC 延长线上一点,若有 X, Y, Z 使得 $\triangle XCP$ 与 $\triangle YCA$,$\triangle XBP$ 与 $\triangle ZBA$ 各正相似,证明:

(1) 四圆 $\odot ABC$,$\odot AYZ$,$\odot BZX$,$\odot CXY$ 共点;

(2) 四圆 $\odot XYZ$,$\odot XBC$,$\odot YCA$,$\odot ZAB$ 共点.

28. 一点 P 关于 $\triangle ABC$ 的三边 BC, CA, AB 的对称点是 X, Y, Z,证明:

(1) 四圆 $\odot XYZ$,$\odot XBC$,$\odot YCA$,$\odot ZAB$ 共点(设为 Q);

(2) 四圆 $\odot ABC$,$\odot AYZ$,$\odot BZX$,$\odot CXY$ 共点;

(3) PQ 的中点在 $\triangle ABC$ 的九点圆上.

29. 在 $\triangle ABC$ 中,X 与 X',Y 与 Y',Z 与 Z' 各是直线 BC, CA, AB 上的点,若 $\triangle XYZ$ 与 $\triangle X'Y'Z'$ 正相似,证明:X, Y, Z 及 X', Y', Z' 对于 $\triangle ABC$ 的密克点是同一点.

30. 在一完全四边形中,依次去除一双对边,然后通过其余四边所成完全四边形的密克点及所除两边之一的两端点作圆,证明:这样得到的 6 个圆共点.(注:四点两两相连得到 6 条直线构成完全四边形(假定没有平行),不共顶点的两边称为对边,其交点称为对角点,以这样 3 组对角点为顶点的三角形称为对角三角形.)

31. 证明在一完全四边形中,下述八圆共点:

(1) 通过共顶点三边的中点所作的圆(共 4 个);

(2) 通过每双对边的中点及在这两边上的对角点所作的圆(3 个);

(3) 通过每双对边的中垂线的交点所作的圆.

32. 设六边形 $AB'CA'BC'$ 内接于 $\odot O$, BC' 与 $B'C$, CA' 与 $C'A$, AB' 与 $A'B$ 各交于点 X, Y, Z, 证明:

(1) 三圆 $\odot XBC$, $\odot YCA$, $\odot ZAB$ 共点(设为 P), 三圆 $\odot XB'C'$, $\odot YC'A'$, $\odot ZA'B'$ 共点(设为 P');

(2) P, P', X, Y, Z 五点共线;

(3) $OP = OP'$;

(4) 三圆 $\odot AYZ$, $\odot BZX$, $\odot CXY$ 共于 $\odot O$ 上一点(设为 Q), 三圆 $\odot A'YZ$, $\odot B'ZX$, $\odot C'XY$ 也共于 $\odot O$ 上一点(设为 Q');

(5) Q 对于 $\triangle AB'C'$, $\triangle A'BC'$, $\triangle A'B'C$ 的西姆森线共点, Q' 对于 $\triangle A'BC$, $\triangle AB'C$, $\triangle ABC'$ 的西姆森线也共点.

33. 在一圆内接完全四边形中,求证:下列 17 条直线及 4 个圆交于一点.

(1) 每顶点至其他三顶点所连成三角形的垂心的连线,共 4 条;

(2) 每顶点至其他三顶点所连成三角形的西姆森线,共 4 条;

(3) 自每边中点所引对边的垂线,共 6 条;

(4) 自每对角线所引过此点两边的中点连线的垂线,共 3 条;

(5) 每 3 个顶点所连成的三角形的九点圆,共 4 个.

34. 证明:圆上四点,任两点在其他两点连线上的射影及其他两点在此两点连线上的射影共四点共圆,而且这样得到的三圆是同心圆.

35. (周达定理)如图 6.32,在互相内切的两圆间隙

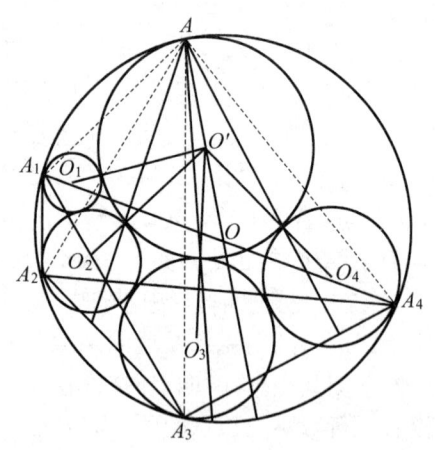

图 6.32

中,依次作 4 个内切圆,若所作四圆除首末两者外依次相外切,证明:
$\frac{1}{r_1} - \frac{3}{r_2} + \frac{3}{r_3} - \frac{1}{r_4} = 0$. 其中 r_1, r_2, r_3, r_4 依次表示 $\odot O_1, \odot O_2, \odot O_3,$ $\odot O_4$ 的半径.

36. 完全四边形各边共交成 4 个三角形,若通过每个三角形的垂心及任两顶点作圆,证明:所作的 12 个圆除了三三交于 4 个三角形垂心外,又三三交于其他四点,这四点在完全四边形的垂心线上.

37. 半圆 ω 的直径为 AB,两个互相外切的圆 ω_1, ω_2 均与半圆 ω 相内切,且与线段 AB 相切. ω_1 与半圆 ω 相切于点 C,ω_2 与线段 AB 相切于点 Q,求 $\tan\angle ACQ$ 的值.

38. 给定一直线 l 及其上的 3 个不同的点,从这 3 点出发在 l 的同侧分别作 2 条射线,这 3 对射线中,每一对与其中的另一对交出一个凸四边形,这样得到 3 个凸四边形. 证明:若这 3 个四边形中有两个具有内切圆,则第三个也具有内切圆.

39. 两圆交于 A, B 两点,设 PQ 是它们的一条公切线,P, Q 为切点,S 为分别过 P, Q 所作的 $\triangle APQ$ 的外接圆的切线的交点,H 是 B 关于 PQ 的对称点,求证:A, S, H 共线.

第七讲 六个专题

§7.1 托勒密定理

1. 托勒密定理和托勒密不等式

圆内接四边形对边乘积之和等于对角线乘积,反之亦然.对于一般的四边形,对边乘积、对角线乘积中任两组之和不小于第三组,等式成立仅当该四边形是圆内接四边形.

2. 婆罗摩笈多(Brahmagupta)定理

已知圆内接四边形 $ABCD$ 四边 AB,BC,CD,DA 长度依次为 a,b,c,d,则其面积 $=\sqrt{(p-a)(p-b)(p-c)(p-d)}$,$p=\dfrac{1}{2}(a+b+c+d)$.

3. 对角线与圆半径

字母意义同上.对角线长度 $AC=\sqrt{\dfrac{(ac+bd)(ad+bc)}{ab+cd}}$,$BD=\sqrt{\dfrac{(ac+bd)(ab+cd)}{ad+bc}}$,圆的半径 $=\dfrac{1}{4}\sqrt{\dfrac{(ab+cd)(ac+bd)(ad+bc)}{(p-a)(p-b)(p-c)(p-d)}}$.

4. 托勒密定理的正弦形式

四边形 $ABCD$ 内接于圆的充要条件是 $AB\sin\angle DBC+BC\sin\angle ABD=BD\sin\angle ABC$. 这个形式有时也很有用.

例 1 设 I 和 O 分别是 $\triangle ABC$ 的内心和外心,求证:$\angle AIO\leqslant 90°$

的充要条件是 $2BC \leqslant AB+AC$.

证明

如图 7.1，延长 AI 与外接圆交于点 D，连 BD, CD, OD，则

$$\angle AIO \leqslant 90° \Leftrightarrow AI \geqslant ID \Leftrightarrow 2 \leqslant \frac{AD}{DI}.$$

由内心性质知 $DI=DB=DC$，结合托勒密定理，得 $AD \cdot BC = AB \cdot CD + AC \cdot BD = AB \cdot DI + AC \cdot DI$，所以 $\frac{AD}{DI} = \frac{AB+AC}{BC}$，因此

$$\angle AIO \leqslant 90° \Leftrightarrow 2 \leqslant \frac{AB+AC}{BC},$$

即 $\angle AIO \leqslant 90°$ 的充要条件是 $2BC \leqslant AB+AC$.

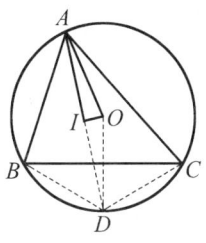

图 7.1

例 2 在 $\triangle ABC$ 中，$AB<AC<BC$，点 D 在 BC 上，点 E 在 BA 的延长线上，且 $BD=BE=AC$，$\triangle BDE$ 的外接圆与 $\triangle ABC$ 的外接圆交于点 F. 求证：$BF=AF+CF$.

证明

如图 7.2，连 EF, DF，标好各角，则 $\angle 1 = \angle 2 = \angle 3$，$\angle 4 = \angle 5 = \angle 6$，所以 $\triangle AFC \backsim \triangle EFD$，因此 $\frac{EF}{AF} = \frac{DE}{AC} = \frac{DF}{CF} = k$，即 $EF = k \cdot AF, DE = k \cdot AC, DF = k \cdot CF$.

因为 $B 、D 、F 、E$ 四点共圆，由托勒密定理，有 $BF \cdot DE = BD \cdot EF + BE \cdot DF$. 从而 $BF \cdot k \cdot AC = BD \cdot k \cdot AF + BE \cdot k \cdot CF$. 而 $AC = BD = BE \neq 0$，所以

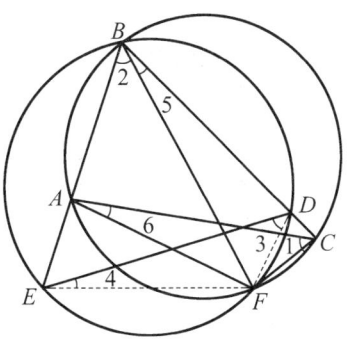

图 7.2

$BF = AF + CF$.

例3 已知 $\triangle ABC$ 中,$AB=AC$,过 B 作 $\triangle ABC$ 外接圆的切线,与 CA 延长线交于点 K,过 K 作圆的另一条切线 KP,切点为 P. 求 $\dfrac{PB}{PC}$ 的值.

证明

如图 7.3,连 AP,由 $\triangle ABK \backsim \triangle BCK$ 及 $\triangle KAP \backsim \triangle KPC$,得 $\dfrac{AB}{BC} = \dfrac{KA}{KB} = \dfrac{KA}{KP} = \dfrac{AP}{CP}$,故由托勒密定理,有 $BP \cdot AC = AB \cdot PC + AP \cdot BC = AB \cdot PC + AB \cdot PC = 2AB \cdot PC$,于是 $\dfrac{PB}{PC} = \dfrac{2AB}{AC} = 2$.

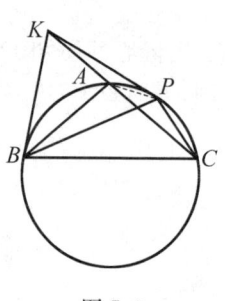

图 7.3

例4 已知锐角 $\triangle ABC$ 中,O 为外心,M,N 分别在 AB,AC 上,O 在 MN 上,K 为 MN 的中点(异于 O),E,F 分别为 BN,CM 的中点. 求证:O,E,F,K 共圆.

证明

如图 7.4,我们作 $\triangle KEF$ 外接圆,交 MN 于点 O',下证 O 与 O' 重合. 易知 $AO=BO=R$,则 $MO^2 = R^2 - AM \cdot BM$,同理,$NO^2 = R^2 - AN \cdot CN$,两式相减,考虑到 $MO + NO = MN$,故有 $MO - NO = \dfrac{AN \cdot CN - AM \cdot BM}{MN}$.

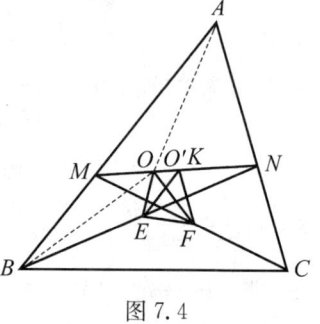

图 7.4

下证 $MO' - NO'$ 也是此值,于是 O' 与 O 重合. 由托勒密定理,有 $O'K \cdot EF = EK \cdot O'F - O'E \cdot KF$,注意 $O'K$ 可为负(当 O' 在 K 右边时),不影响最终结论. 由 O',E,F,K 共圆及中位线,知 $\angle O'EF = \angle FKN = \angle ANM$,$\angle O'FE = \angle AMN$,故 $\triangle AMN \backsim \triangle O'FE$,于是

$$O'K = \frac{O'F}{EF} \cdot EK - \frac{O'E}{EF} \cdot KF = \frac{AM}{MN} \cdot EK - \frac{AN}{MN} \cdot KF =$$
$$\frac{AM \cdot BM - AN \cdot CN}{2MN}, 于是 MO' - NO' = (MK - O'K) - (NK +$$
$$O'K) = -2O'K = \frac{AN \cdot CN - AM \cdot BM}{MN}. 因此 O 与 O' 重合,结论成立.$$

例 5 如图 7.5,在 $\triangle ABC$ 中,$BC > AC > AB$,外接于圆 O,三条角平分线分别交 BC, CA, AB 于点 D, E, F,过 B 作弦 BQ,使 $BQ // EF$,又在 $\odot O$ 上找一点 P,使 $QP // AC$,求证:$PC = PA + PB$.

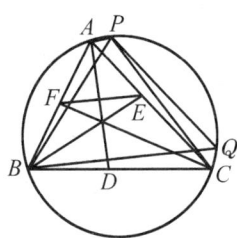

图 7.5

证明

由于 $PQ // AC$,故 $\angle ABP = \angle QBC$,于是 $\angle AFE = \angle ABQ = \angle PBC$,而 $\angle FAE = \angle BPC$,故 $\triangle AFE \sim \triangle PBC$. 设 $\triangle ABC$ 的对应边分别为 a、b、c. 由角平分线易知 $AE = \frac{bc}{a+c}, AF = \frac{bc}{a+b}$,于是 $\frac{PB}{PC} = \frac{AF}{AE} = \frac{a+c}{a+b}$,又对四边形 $PABC$ 使用托勒密定理,有 $PA \cdot a + PC \cdot c = PB \cdot b$,将 $\frac{PB}{PC} = \frac{a+c}{a+b}$ 代入上式,并作整理,即得 $PC = PA + PB$.

最后我们还得证明 Q 的位置在弧 $\overparen{AC}$ 上,否则不严格. 易知这只要证明 $\frac{AF}{BF} > \frac{AE}{CE}$ 即可,或 $\frac{AC}{BC} > \frac{AB}{BC}$,而这由条件所保证.

例 6 P 是 $\triangle ABC$ 的边 BC 上一动点,$PE // AB, PF // AC, E, F$ 分别在 AC, AB 上. 求证:$\triangle AEF$ 的外接圆恒过一定点.

证明

连 AO, BO, CO, EO, FO,通过极端位置的试验,知此定点只能是如图 7.6 所示的点 O,它满足 $\angle AOB = \angle AOC = 180° - \angle BAC$. 下

181

面给出证明.

易知 $\angle BAO = \angle ACO$, $\triangle ABO \sim \triangle CAO$, 故 $\dfrac{AB}{AC} = \dfrac{AO}{CO}$.

又 $\dfrac{AF}{EC} = \dfrac{EP}{EC} = \dfrac{AB}{AC} = \dfrac{AO}{CO}$, 且 $\angle FAO = \angle ECO$, 故 $\triangle FAO \sim \triangle ECO$, $\angle FOA = \angle EOC$, $\angle FOE = \angle AOC = 180° - \angle BAC$, 于是 A, F, O, E 四点共圆, 即 $\triangle AEF$ 的外接圆恒过定点 O.

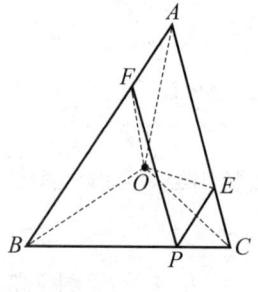

图 7.6

点评 其实这个命题可归结为下面这个一般命题的特例, 定角 $\angle O$ 的两边上各有一动点 A, B, p, q 是两固定正数, 满足 $p \cdot OA + q \cdot OB$ 为常数, 则 $\triangle OAB$ 的外接圆恒过一定点. 这可以用托勒密定理的正弦形式来证明.

例7 如图 7.7, 四小圆 $\odot O_1, \odot O_2, \odot O_3, \odot O_4$ 均与大圆 $\odot O$ 内切, 切点是 A, B, C, D. 证 $\odot O_i$ 与 $\odot O_j (1 \leqslant i < j \leqslant 4)$ 的外公切线长为 l_{ij}. 求证: $l_{12} \cdot l_{34} + l_{23} \cdot l_{14} = l_{13} \cdot l_{24}$.

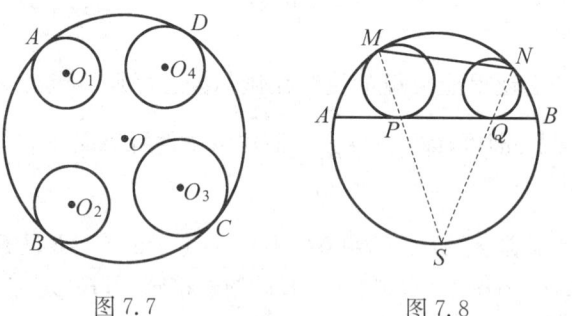

图 7.7   图 7.8

证明

先证明下面这个引理. 如图 7.8, 设大圆半径为 R, 两小圆(从左至

右)半径依次为 r_1, r_2, M, N, P, Q 都是切点,则
$$\frac{PQ}{MN} = \frac{\sqrt{(R-r_1)(R-r_2)}}{R}.$$

证明如下：延长 MP, NQ,易知交于弧 $\overset{\frown}{AB}$ 的中点 S,且 M, N, Q, P 共圆,$\triangle PSQ \backsim NSM$,

于是 $\dfrac{PQ}{MN} = \dfrac{SQ}{MS} = \dfrac{SP}{SN} = \sqrt{\dfrac{SQ}{SN} \cdot \dfrac{SP}{SM}}$,易知 $\dfrac{MP}{MS} = \dfrac{r_1}{R}, \dfrac{NQ}{NS} = \dfrac{r_2}{R}$,

于是 $\dfrac{PQ}{MN} = \dfrac{\sqrt{(R-r_1)(R-r_2)}}{R}$,引理证毕.

回到原题,由引理,若设 $\odot O_i$ 的半径是 $r_i (i=1,2,3,4)$,大圆半径是 R,则

$$l_{12} \cdot l_{34} = \frac{1}{R^2}\sqrt{(R-r_1)(R-r_2)(R-r_3)(R-r_4)} \cdot AB \cdot CD,$$
$$= k \cdot AB \cdot CD,$$

其中 k 定义为 $\dfrac{1}{R^2}\sqrt{(R-r_1)(R-r_2)(R-r_3)(R-r_4)}$.

同理有 $l_{23} \cdot l_{14} = k \cdot AD \cdot BC, l_{13} \cdot l_{24} = k \cdot AC \cdot BD$,由托勒密定理即知结论成立.

> **点评** 本题显然是托勒密定理($r_1 = r_2 = r_3 = r_4 = 0$ 时)的推广.

例 8 如图 7.9,$\angle XAY$ 是一个固定的锐角,B, C 分别是两边上的动点,$\angle XAY$ 内有一动点 P,满足 PA, PB, PC 都是常数,求 $\triangle ABC$ 的最大面积.

解 不妨设 $\angle XAY = \theta, PA = a, PB = b, PC = c, S_{\triangle ABC} = S$. 如图 7.9,作平行四边形 $BADP$,易知 $S = \dfrac{1}{2}AB \cdot AC \cdot \sin\theta = \dfrac{1}{2}PD \cdot$

$AC \cdot \sin\theta = S_{ADCP}$.

设 AC, DP 交于点 K, $CD = x$. 由余弦定理,有 $CD^2 + AP^2 - AD^2 - PC^2 = (CK^2 + DK^2 + 2CK \cdot DK\cos\theta) + (AK^2 + PK^2 + 2AK \cdot PK\cos\theta) - (AK^2 + DK^2 - 2AK \cdot DK\cos\theta) - (PK^2 + CK^2 - 2PK \cdot CK\cos\theta) = 2(CK \cdot DK + AK \cdot PK + AK \cdot DK + PK \cdot CK)\cos\theta = 2AC \cdot PD\cos\theta$, 即 $x^2 + a^2 - b^2 - c^2 = 2AC \cdot PD\cos\theta$.

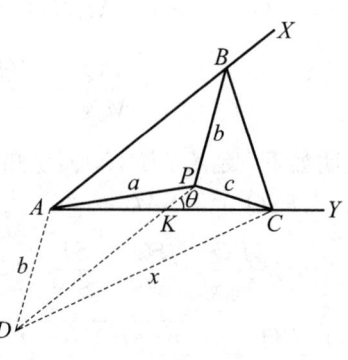

图 7.9

由托勒密不等式,有 $AC \cdot PD \leqslant ax + bc$,故
$$x^2 + a^2 - b^2 - c^2 \leqslant 2(ax + bc)\cos\theta,$$
解得 $x \leqslant a\cos\theta + \sqrt{b^2 + c^2 + 2bc\cos\theta - a^2\sin^2\theta}$.

因此有 $S = \dfrac{1}{2} AC \cdot PD \cdot \sin\theta$
$$\leqslant \dfrac{1}{2}(a^2\cos\theta + bc + a\sqrt{b^2 + c^2 + 2bc\cos\theta - a^2\sin^2\theta})\sin\theta.$$

下证 S 可取到此值.

记 $AK = y$, $PK = z$,于是有
$$\angle PCA = \angle PDA \leqslant 90°,$$
$$\begin{cases} y^2 + z^2 + 2yz\cos\theta = a^2, \\ \dfrac{y}{z} = \dfrac{b}{c}. \end{cases}$$

记 $y = bk$, $z = ck$,得 $k^2(b^2 + c^2 + 2bc\cos\theta) = a^2$,
$$y = \dfrac{ab}{\sqrt{b^2 + c^2 + 2bc\cos\theta}}, \quad z = \dfrac{ac}{\sqrt{b^2 + c^2 + 2bc\cos\theta}}.$$

为使 D, C 存在,要求 $y\sin\theta \leqslant b$, $z\sin\theta \leqslant c$,此即

$$b^2 + c^2 + 2bc\cos\theta \geqslant a^2 \sin^2\theta. \qquad (1)$$

记 $\angle BAP = \alpha$，$\angle CAP = \beta$，则 $b \geqslant a\sin\alpha$，$c \geqslant a\sin\beta$，于是只需证 $\alpha + \beta = \theta$ 时，有

$$\sin^2\alpha + \sin^2\beta + 2\sin\alpha\sin\beta\cos\theta \geqslant \sin^2\theta.$$

左式 $= 1 - \cos(\alpha+\beta)\cos(\alpha-\beta) + (\cos(\alpha-\beta) - \cos(\alpha+\beta))\cos\theta = \sin^2\theta$
$=$ 右式，是恒等式，故（1）式成立．

此时 $DK = \sqrt{b^2 - y^2\sin^2\theta} + y\cos\theta$，

$$\frac{x}{a} = \frac{DK}{y} = \sqrt{\frac{b^2}{y^2} - \sin^2\theta} + \cos\theta$$

$$= \sqrt{\frac{b^2 + c^2 + 2bc\cos\theta}{a^2} - \sin^2\theta} + \cos\theta.$$

因此 x 可取到 $a\cos\theta + \sqrt{b^2 + c^2 + 2bc\cos\theta - a^2\sin^2\theta}$，证毕．

> **点评** 此题十分困难，有一种"自古华山一条路"的感觉，而且托勒密定理和不等式是"真正属于"四边形的（因为有很多四边形的性质可直接还原或分解为三角形的性质），所以不太容易想到和运用．

习题 7.a

1. $\triangle ABC$ 中,已知 AB,AC 是定值,但 $\angle A$ 不定,由 BC 边向外作正方形 $BCDE$,求 $AD+AE$ 的最大值.

2. 已知 $\triangle ABC$ 中,D,E,F 分别在 BC,CA,AB 上,且 $\triangle DEF$ 是正三角形,证明:$AD+BE+CF < AB+BC+CA$.

3. 在正七边形 $ABCDEFG$ 中,对角线 AD,BG 的长分别为 a,b,证明:$(a+b)^2(a-b)=ab^2$.

4. 已知 $\triangle ABC$ 的三个内点 A_1,B_1,C_1 分别在从 A,B,C 三点引出的三条高上,证明:若 $S_{\triangle ABC}=S_{\triangle ABC_1}+S_{\triangle A_1BC}+S_{\triangle AB_1C}$,则 $\triangle A_1B_1C_1$ 的外接圆经过 $\triangle ABC$ 的垂心.

5. 在锐角 $\triangle ABC$ 中,$\angle A=60°$,$AB>AC$,O 是外心,高 BE,CF 交于点 H,M,N 分别在 BH,HF 上,且满足 $BM=CN$(可认为 $BM<BH,CH<CN$),求 $\dfrac{MH+NH}{OH}$ 的值.

6. 已知圆内接凸六边形 $ABCDEF$,证明:
$AD \cdot BE \cdot CF = AB \cdot CD \cdot EF + BC \cdot DE \cdot AF + AB \cdot FC \cdot ED + BC \cdot AD \cdot FE + CD \cdot BE \cdot AF$.

7. 设 $A_1A_2\cdots A_n$ 是一个凸 n 边形($n\geqslant 4$),证明:$A_1A_2\cdots A_n$ 是圆内接 n 边形的充要条件是对于每个顶点 A_j,可以构造一个实数对 (b_j,c_j),$j=1,2,\cdots,n$,对于所有 i,j($1\leqslant i<j\leqslant n$),有 $A_iA_j=b_jc_i-b_ic_j$.

8. 已知正 $\triangle ABC$ 外接圆 $\odot O$,AD 是直径,P 是弧 $\overset{\frown}{BC}$(不含 A)上一点(不重合于 B,C),$\triangle PAB$,$\triangle PAC$ 的内心分别为 E,F. 证明:$|PE-PF|=PD$.

9. 利用托勒密定理证明:已知圆 ω 是正 $\triangle ABC$ 的外接圆,设 ω 与圆 ω_1 外切且切点异于 A,B,C. A_1,B_1,C_1 在圆 ω_1 上,且使得 AA_1,BB_1,CC_1 与 ω_1 相切. 证明:AA_1,BB_1,CC_1 中的一条长度为另两条长度之和.

10. 在圆内接四边形 $ABCD$ 中,F,G 分别为 AC,BD 的中点.

(1) 证明：若 $\angle B, \angle D$ 的平分线交点恰好在 AC 上，则 $\frac{1}{4}AC \cdot BD = \sqrt{AG \cdot BF \cdot CG \cdot DF}$；

(2) (1)的逆命题是否成立？

11. 在梯形 $ABCD$ 中，CD, AB 分别是上、下底，且 $\angle ADC = 90°$，$AC \perp BD$，过 D 作 $DE \perp BC$ 于点 E. 证明：$\dfrac{AE}{BE} = \dfrac{AC \cdot CD}{AC^2 - CD^2}$.

12. 设 G 是 $\triangle ABC$ 的重心，P 是 BC 上的动点，Q, R 分别是 AC，AB 上的点，$PQ \parallel AB$，$PR \parallel AC$. 证明：当 P 在线段 BC 上变动时，$\triangle AQR$ 的外接圆经过一定点 X，且满足 $\angle BAG = \angle CAX$.

13. 在 $\triangle ABC$ 中，$BC > AB > AC$，$\cos A + \cos B + \cos C = \dfrac{11}{8}$，$X$ 是 BC 上一点，Y 是 AC 延长线上一点，且满足 $BX = AY = AB$.

(1) 证明：$XY = \dfrac{AB}{2}$；

(2) 若 Z 是 $\triangle ABC$ 外接圆弧 $\overset{\frown}{AB}$（不包含 C）上一点，且满足 $ZC = ZA + ZB$，求 $\dfrac{ZC}{XC + YC}$ 的值.

14. 已知平行四边形 $ABCD$，一条过 A 的动直线 l 与射线 BC, DC 分别交于点 X, Y，$\triangle ABX$ 中 $\angle BAX$ 内的旁心为 K，$\triangle ADY$ 中 $\angle DAY$ 内的旁心为 L. 证明：$\angle KCL$ 为定值.

15. 已知边长为 a, b, c 的 $\triangle ABC$ 内接于 $\odot O$，$\odot O_1$ 内切于 $\odot O$，切点 G 在弧 $\overset{\frown}{BC}$ 上，由 A, B, C 分别作 $\odot O_1$ 的切线长依次为 α, β, γ，证明：$a\alpha + b\beta = c\gamma$.

16. 已知不等边 $\triangle ABC$ 中，BC, CA, AB 成等差数列，I, O 分别是 $\triangle ABC$ 的内心和外心，证明：

(1) $IO \perp BI$；

(2) 若 BI 交 AC 于点 K，D, E 分别是 BC, AB 的中点，则 I 是 $\triangle DEK$ 的外心.

17. 设 P 是锐角 $\triangle ABC$ 内任一点，直线 AP, BP, CP 分别交 $\triangle PBC, \triangle PCA, \triangle PAB$ 的外接圆于另一点 A_1, B_1, C_1（不同于 P）. 证

明：$\left(1+2\dfrac{PA}{PA_1}\right)\left(1+2\dfrac{PB}{PB_1}\right)\left(1+2\dfrac{PC}{PC_1}\right)\geqslant 8$.

18. 已知 P 是正五边形 $ABCDE$ 外接圆的弧 $\overset{\frown}{AB}$ 上一点, 证明: $PC+PE=PA+PB+PD$ (此题可推广).

19. 过平行四边形 $ABCD$ 的顶点 A 任作一圆, 设这圆分别交直线 AB, AC, AD 于点 P, Q, R. 证明: $AB\cdot AP+AD\cdot AR=AC\cdot AQ$.

20. 已知半径为 R 的圆内接一正 $\triangle ABC$, P 为圆周上任一点, 证明: $PA^2+PB^2+PC^2$ 与 $PA^4+PB^4+PC^4$ 均为定值, 并用 R 表示这两个值.

21. 设 $ABCD$ 是一个圆内接四边形, $\angle ADC$ 是锐角, 且 $\dfrac{AB}{BC}=\dfrac{DA}{CD}$. 过 A, D 两点的圆 ω 与直线 AB 相切, E 是 ω 在四边形 $ABCD$ 内的弧上一点. 求证: $AE\perp EC$ 的充分必要条件是 $\dfrac{AE}{AB}-\dfrac{ED}{AD}=1$.

22. 如图 7.10, A, B, C 是平面上任意三点. 过两圆 $\odot O_1$, $\odot O_2$ 的交点 P 任作三条割线 A_1B_1, A_2B_2, A_3B_3, 然后作 $\triangle C_1AB\backsim\triangle CA_1B_1$, $\triangle C_2AB\backsim\triangle CA_2B_2$, $\triangle C_3AB\backsim\triangle CA_3B_3$. 求证: C_1, C_2, C_3 共线.

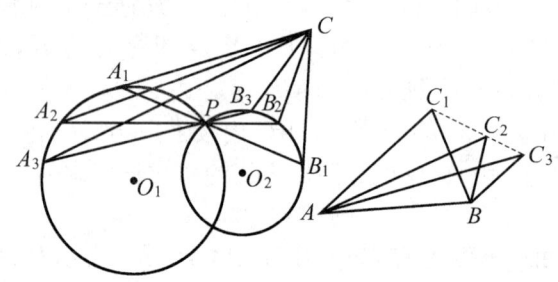

图 7.10

23. $\triangle ABC$ 的内切圆分别切 CA, AB 于点 E, F, BE, CF 还与圆交于点 M, N. 求证: $MN\cdot EF=3FM\cdot EN$.

§7.2 幂、根轴及调和点列

对于平面上一点 P 和 $\odot O$，定义 P 的幂为 PO^2-r^2 (r 为 $\odot O$ 半径)，于是

$$P \text{ 的幂} \begin{cases} >0, P \text{ 在 } \odot O \text{ 外,} \\ =0, P \text{ 在 } \odot O \text{ 上,} \\ <0, P \text{ 在 } \odot O \text{ 内.} \end{cases}$$

也有将幂定义为 $|PO^2-r^2|$ 的，只要在同一道题目中统一即可，不会引起混淆.

一条直线 l 上的依次四点 A,B,C,D 满足 $AB \cdot CD = BC \cdot AD$，则称 A,B,C,D 构成**调和点列**. 若 l 外有一点 P，且满足 $PB \perp PD$，则 PB,PD 分别是 $\angle APC$ 的内、外角平分线.

到两(非同心)圆幂相等的点的轨迹是一条直线，称为两圆的**根轴**. 根轴垂直于连心线，当两圆相交或相切时，相交弦所在直线或(过公切点的)公切线即是两圆根轴.

三圆若两两有根轴，则三根轴共点(称为根心)或平行.

设 P 是 $\odot O$ 外(或内)一点，则经过 P 的任一动割线(弦)PAB 交圆于两点，在此直线上另找一点 Q 在圆内(或外)，且四点 P,A,Q,B 构成调和点列，则 Q 的轨迹在一条直线上，这条线叫做 P 的极线；反之，若有一直线，必有相应的 P 点(极点)存在.

设有 $\odot O$ 及两点 A,B，若 A 关于 $\odot O$ 的极线经过 B，则 B 关于 $\odot O$ 的极线经过 A.

三角形三旁切圆的根心在三角形内心和重心的连线上.

例1 设 P 是 $\odot O$ 外一点,PAB,PCD 是两条割线,AD,BC 交于点 Q,延长 BD,AC 交于点 R. 证明:$PQ^2 = P$ 的幂 $+Q$ 的幂;$PR^2 = P$ 的幂 $+R$ 的幂.

证明 如图 7.11,延长 PQ 至 N,使

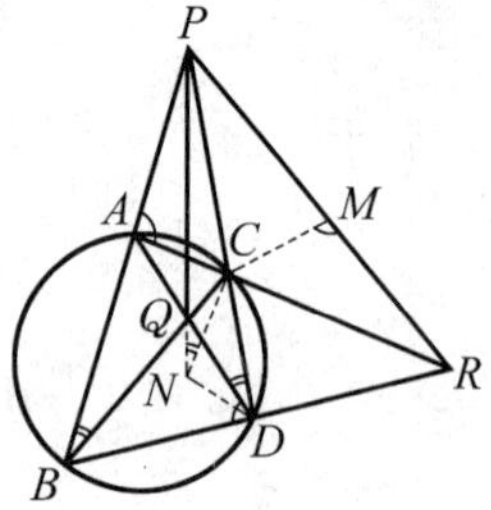

$$PQ \cdot QN = BQ \cdot QC, \qquad (1)$$

于是 $\angle PNC = \angle PBC = \angle PDA$,$Q,N,D,C$ 共圆,故

$$PQ \cdot PN = PC \cdot PD, \qquad (2)$$

图 7.11

(2)−(1),得 $PQ^2 = PC \cdot PD - BQ \cdot QC = P$ 的幂 $+Q$ 的幂.

又在 PR 上找一点 M,联结 CM,满足 $\angle PAC = \angle CMR = \angle CDB$,于是有 P,A,C,M 共圆,M,C,D,R 共圆,故有 $RM \cdot RP = RC \cdot RA$,$PM \cdot PR = PC \cdot PD$,两式相加,即有 $PR^2 = P$ 的幂 $+R$ 的幂.

例2 如图 7.12,PR 是 $\odot O$ 的切线,R 为切点,$RQ \perp PO$ 于点 Q,A 是 PQ 的中点,B 是圆弧上一点,直线 AB 交直线 RQ 于点 N,直线 PB 与 $\odot O$ 交于另一点 M. 求证:$MN \parallel QP$.

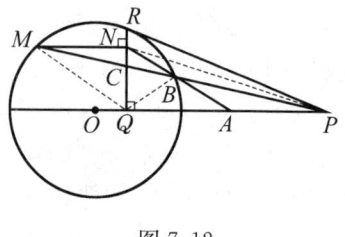

图 7.12

证明 证明调整后的命题:若 $MN \parallel QP$,则 A 为 PQ 的中点. 因此,只要证明 $S_{\triangle NBQ} = S_{\triangle PBN}$.

设 RQ 与 MP 交于点 C,由于点 M,C,B,P 是调和点列,即 $MC \cdot$

$BP = BC \cdot MP$,于是 $\dfrac{S_{\triangle PBN}}{S_{\triangle PMN}} = \dfrac{BP}{MP} = \dfrac{BC}{MC} = \dfrac{S_{\triangle NBQ}}{S_{\triangle MNQ}}$,易知 $S_{\triangle PMN} = S_{\triangle QMN}$,故 $S_{\triangle PBN} = S_{\triangle NBQ}$.

 RQ 在 P 的极线上,M,C,B,P 构成调和点列是一个常见结论.

例3 ⊙O 的内接四边形 $ABCD$ 中,AB,DC 延长后交于点 E,AD,BC 延长后交于点 F,AC,BD 交于点 P(不与 O 重合),证明:$OP \perp EF$,并讨论四边形 $ABCD$ 是圆外切四边形的情形.

证明 对于圆内接还是圆外切四边形,结论均成立.下面分别讨论.

图 7.13(A) 是圆内接四边形 $ABCD$,⊙O 半径为 r,则 $PE^2 - PF^2 = (E$ 的幂 $+ P$ 的幂$) - (F$ 的幂 $+ P$ 的幂$) = E$ 的幂 $- F$ 的幂 $= (EO^2 - r^2) - (FO^2 - r^2) = EO^2 - FO^2$,故 $OP \perp EF$.

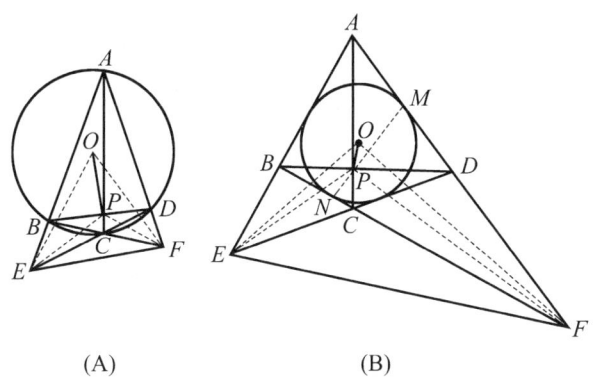

(A)   (B)

图 7.13

图 7.13(B) 是圆外切四边形 $ABCD$ 的情形.易知有 M,P,N 共线(M,N 分别为 ⊙O 与 AF,BF 的切点,见 7.5 节牛顿定理),这样 MN 就

在 F 关于 $\odot O$ 的极线上. 由 $FM=FN$, 知 $PF^2=MF^2-MP \cdot PN=F$ 的幂 $+P$ 的幂. 同理, $PE^2=E$ 的幂 $+P$ 的幂. 故而有 $PE^2-PF^2=E$ 的幂 $-F$ 的幂 $=OE^2-OF^2$, 由此即得 $OP \perp EF$.

> **点评** 这一批结论若不是建立在一些比较深入的概念和定理的基础上, 还是比较棘手的, 这就是平面几何的特色, 需要积累方能提高; 相比之下, 初等数论和不等式在这方面的要求就少一些, 组合杂题则更少.

例 4 设锐角非等边 $\triangle ABC$ 中, 外心为 O, AD,BE,CF 是高, 垂心为 H, ED,AB 延长后交于点 M, DF,CA 延长后交于点 N. 求证: $OH \perp MN$.

证明

如图 7.14, 联结 NH,NO,MH,MO. 易知 A,F,D,C 共圆, 直径就是 AC. 于是 $NH^2=N$ 的幂 $+H$ 的幂 $=NA \cdot NC-AH \cdot HD=NO^2-R^2-AH \cdot HD$. 这里 R 为 $\triangle ABC$ 的外接圆半径. 同理 $MH^2=MO^2-R^2-AH \cdot HD$. 两式相减, 得 $NH^2-MH^2=NO^2-MO^2$. 故 $OH \perp MN$. 易知直线 MN 是 $\triangle ABC$ 外接圆和九点圆的根轴.

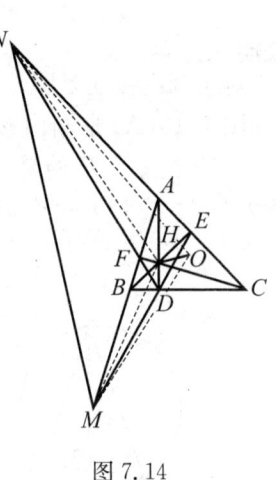

图 7.14

例 5 $\odot O_1$ 与 $\odot O_2$ 相交于点 M,N, 且分别与大圆 $\odot O$ 内切于点 S,T, 求证: $OM \perp MN \Leftrightarrow S,N,T$ 共线.

证明

如图 7.15, 设过 S,T 的切线与小圆根轴直线 MN 交于点 P (根心),联结 PO,交 ST 于点 Q. 若 S,N,T 共线,有 $PN \cdot PM = PT^2 = PQ \cdot PO$. 于是 N,M,O,Q 共圆,$PO \perp ST$,故 $OM \perp MN$.

反之,若 $OM \perp MN$,设 ST 与 PM 交于 N'. 则由 $ST \perp PO$,知 $PN' \cdot PM = PQ \cdot PO = PT^2 = PN \cdot PM$,故 N 与 N' 重合,证毕.

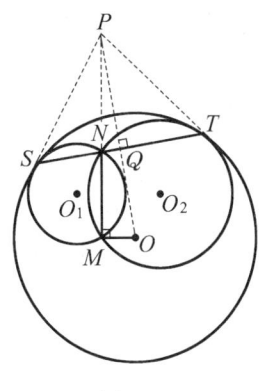

图 7.15

例6 l 为 $\odot O$ 外一条直线,$OP \perp l$,P 在 l 上,Q 为 l 上异于 P 一动点,QA,QB 是 $\odot O$ 的两切线,PM,PN 分别与 QA,QB 垂直,M,N 是垂足,直线 MN 与 OP 交于点 K. 求证:K 是定点(即不依赖于 Q 的位置).

证明

如图7.16,联结 AO,BO,QO,设 QO 与 AB 交于点 E,PO 与 AB 交于点 J. $\odot O$ 的半径为 r,则 $r^2 = OE \cdot OQ = OJ \cdot OP$,$r$ 与 OP 为定值,故 J 为定点.

易知 P,A,O,B,Q 五点共圆(以 OQ 为直径),直线 MN 为对于 $\triangle QAB$ 的西姆森线. 若作 $PF \perp AB$(F 在 BA 延长线上),则直线 MN 经过 F.

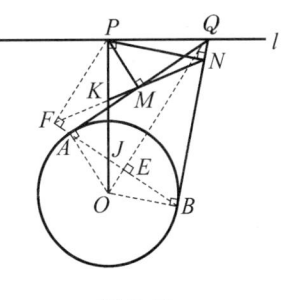

图 7.16

如图 7.16,设 $\angle OAB = \angle OBA = \angle AQO = \angle BQO = \theta$,$\angle NPQ = \angle QMN = \angle FMA = \beta$,则 $\angle KJF = \angle PQO = \angle PQB - \theta = 90° - \theta - \beta$. 又 $\angle KFJ = \angle QAB - \beta = 90° - \theta - \beta$. 因此 $\angle KJF = \angle KFJ$,K 为直角 $\triangle PFJ$ 斜边 PJ 上的中点. 由于 P,J 均为定点,因此 K 亦为定点.

例7 如图 7.17,设 $\triangle ABC$ 的边 AB,AC 上分别有 N,K 两点,且 N,K,C,B 共圆于 $\odot O$,若 $\triangle ABC$ 与 $\triangle ANK$ 的外接圆还交于异于 A

点的 M，求证：$AM \perp OM$.

证明

易知 NK 与 BC 不平行，否则 $\triangle ANK$ 与 $\triangle ABC$ 的外接圆内切，A 与 M 重合，与条件矛盾.

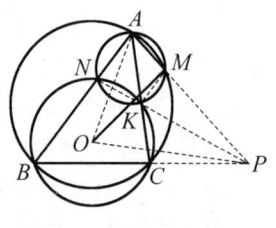

图 7.17

于是设三条根轴即直线 BC, NK, AM 交于一点 P. 联结 PO, AO, KM. 设 $\odot O$ 半径为 r，则由 $\angle KMP = \angle ANK = \angle ACB$，得 M, P, C, K 共圆. 由根轴及圆的幂，有 $PM \cdot PA = PC \cdot PB = PO^2 - r^2$，$AM \cdot PA = AK \cdot AC = AO^2 - r^2$，两式相减，并考虑到 $PA = PM + AM$，得 $PM^2 - AM^2 = PO^2 - AO^2$，于是 $AM \perp OM$.

例 8 如图 7.18，$\triangle ABC$ 的中线 AM 交内切圆 ω 于点 K, L. 分别过 K, L 并平行于 BC 的直线与 ω 另交于点 X, Y. 直线 AX, AY 分别交 BC 于点 P, Q. 证明：$BP = CQ$.

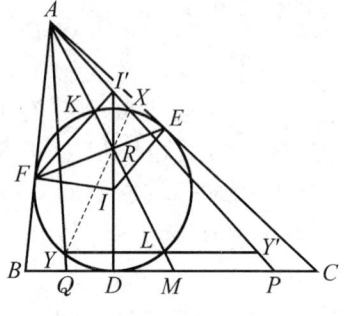

图 7.18

证明

设内切圆圆心为 I，与三边 BC, CA, AB 的切点为 D, E, F，且 EF 交 AM 于点 R.

由于 AM 为中线，$\triangle ARB$ 与 $\triangle ARC$ 等面积，又因为 $\angle AFE = \angle AEF$，故 $AB \cdot RF = AC \cdot RE$. 过点 F 作 IE 的平行线 FI' 交直线 IR 于点 I'，由于 $FI' \perp AC, FI \perp AB$，故 $\angle IFI' = \angle BAC$，又 $\dfrac{FI'}{FI} = \dfrac{FI'}{IE} = \dfrac{RF}{RE} = \dfrac{AC}{AB}$，$\triangle IFI' \backsim \triangle BAC$，$\angle FI'I = \angle ACB$，但 $FI' \perp AC$，故 $II' \perp BC$. IR 是 ω 中平行弦 KX, LY 的中垂线，KL 与 XY 的交点在 IR 上，就是点 R.

现在设直线 YL 交 AP 于点 Y'，由 A, K, R, L 的调和性及 $KX \parallel$

YY' 可知 $\dfrac{KX}{YL} = \dfrac{KR}{RL} = \dfrac{AK}{AL} = \dfrac{KX}{LY'}$. 故 $YL = LY'$, 从而 $QM = MP$, $BP = CQ$.

例 9 $\odot O$ 的内接四边形 $ABCD$ 中, E 是对角线的交点, P 是四边形内任意异于 E 的一点, $\triangle PAB, \triangle PBC, \triangle PCD, \triangle PDA$ 的外心分别是 O_1, O_2, O_3, O_4, 设 O_1O_3, O_2O_4 交于点 Q. 求证: O, E, Q 共线.

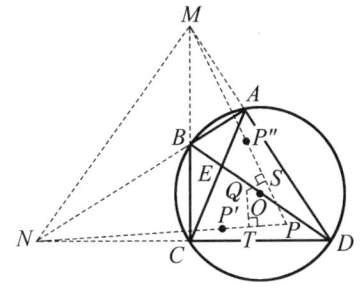

图 7.19

证明

先不妨设凸四边形 $ABCD$ 对边不平行的情形. 如图 7.19, 不妨设 AB, DC 延长后交于点 N, CB, DA 延长后交于点 M, 联结 MN. 由三根轴共点知, $\triangle PAB$ 与 $\triangle PCD$ 外接圆若还有一交点 P' ($P = P'$ 视为相切), 则直线 AB, PP', CD 共点于 N, 且 $NP' \cdot NP = NC \cdot ND = NB \cdot NA$. 同理, 在射线 MP 上定义 P'', 有 $MP'' \cdot MP = MB \cdot MC = MA \cdot MD$. 于是 PP' 与 PP'' 中垂线 TQ, SQ 的交点即为 Q.

我们已知(见例3) $OE \perp MN$, 欲证 O, E, Q 共线, 只需证明 $OQ \perp MN$. 为不致图形复杂, 图中 QM, QN, PQ, NO, MO 均不连. 于是 $NQ^2 - QP^2 = NT^2 - PT^2 = NP' \cdot NP = NC \cdot ND = N$ 的幂 $= NO^2 - r^2$, 此处 r 为 $\odot O$ 的半径. 同理, $MQ^2 - QP^2 = MO^2 - r^2$, 两式相减, 即得 $MQ^2 - NQ^2 = MO^2 - NO^2$, 此即 $OQ \perp MN$, 因此结论成立. 若 $AB \parallel CD$ 或 $BC \parallel AD$, 则结论显然成立.

 对两个圆引进根轴往往十分有效, 这一结果是叶中豪先生首先提出的.

例 10 如图 7.20, 设 l_1, l_2 是两平行直线, $\odot O$ 与它们分别相切

195

于点 M,N，$\odot O_1$ 与 $\odot O_2$ 外切于点 E，$\odot O_1$ 与 l_1，$\odot O$ 分别切于点 A,C，$\odot O_2$ 与 l_2，$\odot O$ 分别切于点 B,D，AD,BC 交于点 Q，求证：Q 是 $\triangle CDE$ 的外心.

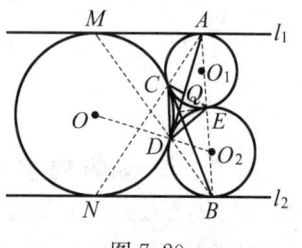

图 7.20

证明

容易证明 A,E,B 共线，A,C,N 共线，B,D,M 共线（留给读者）.

于是由 $\angle CEA = \angle MAN = \angle ANB$，知 C,N,B,E 四点共圆. 故 $AO^2 - OD^2 = AO^2 - OM^2 = AM^2 = AC \cdot AN = AE \cdot AB = AO_2^2 - DO_2^2$（图中 AO, AO_2 未画出）.

于是 $AD \perp ODO_2$，AD 为 $\odot O$ 与 $\odot O_2$ 的切线；同理，BC 为 $\odot O$ 与 $\odot O_1$ 的切线，它们的交点 Q 为三圆的根心，当然是 $\triangle CDE$ 的外心.

例 11 如图 7.21，凸四边形 $ABCD$ 中，$AB \neq BC$，BC,AD 延长交于点 E，BA,CD 延长交于点 F，$\odot O_1$ 与 $\odot O_2$ 分别是 $\triangle ABC$ 和 $\triangle ADC$ 的内切圆，$\odot O$ 与射线 BA,BC 相切于点 T,P，与 AE,CF 切于点 S,Q，求证：$\odot O_1$ 与 $\odot O_2$ 的外公切线交点在 $\odot O$ 上.

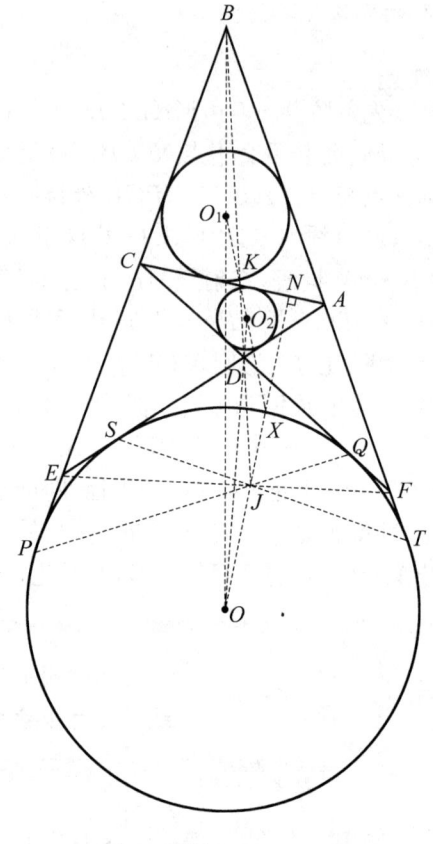

图 7.21

证明

设 $\odot O_1$，$\odot O_2$ 和 $\odot O$ 的半径分别为 r_1, r_2 和 r. 如图 7.21

联结辅助线(以下会一一说明).

设 O_1O_2 与 BD 交于点 K,则 $\dfrac{OB}{BO_1} \cdot \dfrac{O_1K}{KO_2} \cdot \dfrac{O_2D}{DO} = 1$,即 $\dfrac{O_1K}{KO_2} = \dfrac{r_1}{r_2}$,这与 AC 分 O_1O_2 的位置相同,故 AC, BD, O_1O_2 交于同一点 K.

设 $\odot O_1$ 与 $\odot O_2$ 的外公切线交点是 X,则 O_1, K, O_2, X 是调和点列. 又设直线 BD 交 OX 于点 J,则由调和线束知 B, K, D, J 是调和点列,J 在 EF 上,由牛顿定理(见 7.5 节),ST, PQ 都经过点 J.

于是 $OA^2 - JA^2 = r^2 + AT^2 - (AT^2 - SJ \cdot JT) = r^2 + SJ \cdot JT$,同理,$OC^2 - JC^2 = r^2 + PJ \cdot JQ$,故由平方差等式知 $OJ \perp AC$.

设 OJ 延长后交 AC 于点 N. 易知 $OJ \cdot ON = OM \cdot OA$($M$ 是 ST 的中点)$= r^2$.

现在的任务就是证明 $OX = r$. 设 $OX = R$,设 $O_1K = kr_1$,$O_2K = kr_2$,$O_2X = t$,则由 O_1, K, O_2, X 调和知 $\dfrac{k(r_1+r_2)+t}{t} = \dfrac{r_1}{r_2}$,$t = \dfrac{kr_2(r_1+r_2)}{r_1-r_2}$,$KX = \dfrac{2kr_1r_2}{r_1-r_2}$,故 $\dfrac{NX}{r_2} = \dfrac{KX}{KO_2} = \dfrac{2r_1}{r_1-r_2}$,$NX = \dfrac{2r_1r_2}{r_1-r_2}$. $OJ = \dfrac{r^2}{ON} = \dfrac{r^2}{R+\dfrac{2r_1r_2}{r_1-r_2}}$,$XJ = R - \dfrac{r^2}{R+\dfrac{2r_1r_2}{r_1-r_2}}$.

又由门奈劳斯定理,有 $\dfrac{OB}{BO_1} \cdot \dfrac{O_1K}{KX} \cdot \dfrac{XJ}{JO} = 1$,易知 $\dfrac{OB}{BO_1} = \dfrac{r}{r_1}$,$\dfrac{O_1K}{KX} = \dfrac{r_1-r_2}{2r_2}$,故 $\dfrac{XJ}{JO} = \dfrac{2r_1r_2}{r(r_1-r_2)}$,又 $\dfrac{XJ}{JO} = \dfrac{R}{JO} - 1$,所以

$$\dfrac{R(R+\dfrac{2r_1r_2}{r_1-r_2})}{r^2} = \dfrac{2r_1r_2}{r(r_1-r_2)} + 1 = \dfrac{2r_1r_2 + rr_1 - rr_2}{r(r_1-r_2)},$$

化简得,$R[R(r_1-r_2) + 2r_1r_2] = 2rr_1r_2 + r^2r_1 - r^2r_2$,即 $r_1(R^2-r^2) - r_2(R^2-r^2) + 2r_1r_2(R-r) = 0$,即 $(R-r)[(r_1-r_2)(R+r) + 2r_1r_2] = 0$. 由前知 $r_1 > r_2$,故 $R = r$,证毕.

点评 本题是2008年IMO第6题,也可用位似证明,知识到位了并不十分困难,难的是在有限的时间内完成证明.在"重磅炸弹"轰击下,本题的解法挖掘了K,X,J丰富的性质,均给出了"重新定义",这在平面几何中特别明显.

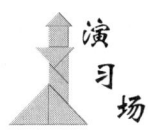

习题 7.b

1. 两圆外离，AB 是一圆的直径，CD 是另一圆直径，$AD \parallel BC$，AC，BD 交于点 K. 求证：K 在两圆根轴上.

2. 一圆分别与凸四边形 $ABCD$ 的 AB，BC 两边切于点 G，H，与对角线 AC 交于点 E，F，求四边形 $ABCD$ 的边满足的充要条件，使得存在另一圆过 E，F，且分别与 DA，DC 的延长线相切.

3. 锐角 $\triangle ABC$ 中，过 B，C 的圆 ω 交 AB，AC 于点 C'，B'，记 $\triangle AB'C'$，$\triangle ABC$ 的垂心分别为 H'，H，求证：BB'，CC'，HH' 共点.

4. $\triangle ABC$ 中，$\angle C = 90°$，D 是 AC 上任一点，两圆与直线 AB 分别切于点 A，B，这两个圆交于 D，E 两点，证明：$\angle BAC = \angle DEC$.

5. 两圆 $\odot O_1$，$\odot O_2$ 相切于点 M，$\odot O_2$ 的半径大于 $\odot O_1$ 的半径，A 是 $\odot O_2$ 上一点，且满足 O_1，O_2 和 A 三点不共线，AB，AC 是 A 到 $\odot O_1$ 的切线，切点分别为 B，C，直线 MB，MC 与 $\odot O_2$ 的另一个交点分别为 E，F，D 是线段 EF 和 $\odot O_2$ 上以 A 为切点的切线之交点. 证明：当 A 在 $\odot O_2$ 上移动且保持 O_1，O_2 和 A 不共线时，D 沿着一条固定直线移动.

6. H 是锐角 $\triangle ABC$ 的垂心，自 A 向以 BC 为直径的圆作切线 AP，AQ，证明：PQ 经过 H.

7. 设 AD 是 $\odot O_1$ 与 $\odot O_2$ 的公共弦，过 D 的直线交 $\odot O_1$ 于点 B、交 $\odot O_2$ 于点 C，E 是线段 AD 上异于 A 和 D 的点，联结 CE 交 $\odot O_1$ 于 P，Q，联结 BE 于 $\odot O_2$ 于 M，N. 证明：

(1) P，M，Q，N 共圆，其圆心设为 O_3；

(2) $DO_3 \perp BC$.

8. 两等圆 $\odot O$ 与 $\odot O'$ 交于点 P，M，两小圆 ω_1，ω_2 外切于点 Q，且均在 $\odot O$ 内，均与 $\odot O$ 内切，又均与 $\odot O'$ 外切. 记 PM 的中点为 N，求证：$QN = \dfrac{PM}{2}$. 请将此题推广到 $\odot O$ 与 $\odot O'$ 不相等的情形.

9. 已知五边形 $ABCDE$ 的内切圆与 AE 切于点 P，且 $\angle B = \angle C = \angle D = \angle E$. 证明：直线 AD，PC，EB 三线共点.

10. $\triangle ABC$ 中,$AB=AC$,P 在 BC 的延长线上,X 和 Y 分别是直线 AB,AC 上的点,$PX/\!/AC$,$PY/\!/AB$,T 是 $\triangle ABC$ 外接圆上弧 $\overset{\frown}{BC}$ 的中点. 证明:$PT\perp XY$.

11. 已知不等边锐角 $\triangle ABC$,AA_1,BB_1 是它的两条高,A_1B_1 与平行于 AB 的中位线交于点 C',证明:$\triangle ABC$ 的欧拉线与 CC' 垂直.

12. 设 k 是一正数,$\triangle ABC$ 是一不等边锐角三角形,O 为其外心,AD,BE,CF 是角平分线,L,M,N 分别为射线 AD,BE,CF 上的点,且满足 $\dfrac{AL}{AD}=\dfrac{BM}{BE}=\dfrac{CN}{CF}=k$. 设过 L 与 OA 切于点 A 的圆为 $\odot O_1$,过 M 与 OB 切于点 B 的圆为 $\odot O_2$,过 N 与 OC 切于点 C 的圆为 $\odot O_3$.

(1) 证明:当 $k=\dfrac{1}{2}$ 时,$\odot O_1$,$\odot O_2$,$\odot O_3$ 恰有两个公共点,且 $\triangle ABC$ 的重心 G 在这 3 个圆的公共弦上;

(2) 求所有使得 $\odot O_1$,$\odot O_2$,$\odot O_3$ 恰有两个公共点的 k 的值.

13. 在平面上有 3 个两两外离的圆 $\Gamma_1,\Gamma_2,\Gamma_3$,对于这 3 个圆外任意一点 P,定义 6 个点:A_i,B_i 是 Γ_i 上相异两点 $(i=1,2,3)$,且使得直线 PA_i,PB_i 均与 Γ_i 相切. 若 A_1B_1,A_2B_2,A_3B_3 三线共点,则称此时的点 P 为"独特的",求证:若平面上存在"独特的"点,则这些点落在同一个圆上.

14. 已知不等边 $\triangle ABC$ 的内切圆为 Γ,内心为 S,Γ 与 BC,CA,AB 分别切于点 P,Q,R,直线 QR 与 BC 交于点 M,一过 B,C 的圆与 Γ 内切于点 N,$\triangle MNP$ 外接圆与直线 AP 交于不同于 P 的另一点 L. 证明:S,L,M 共线.

15. 在 $\triangle ABC$ 中,P 是 BC 上一点,I_1,I_2 分别是 $\triangle APB$,$\triangle APC$ 的内心,圆 Γ_1,Γ_2 分别是以 I_1,I_2 为圆心且过 P 的圆,设 Q 是 Γ_1,Γ_2 不同于 P 的交点,X_1,Y_1 分别是 Γ_1 与 AB,BC 靠近 B 的交点,X_2,Y_2 分别是 Γ_2 与 AC,BC 靠近 C 的交点,证明:直线 X_1Y_1,X_2Y_2,PQ 共点.

16. 已知 PA,PB 是 $\odot O$ 外一点 P 所引切线,M,N 分别为线段 AP,AB 的中点,延长 MN 交 $\odot O$ 于点 C,N 在 M 与 C 之间,PC 交 $\odot O$ 于点 D,延长 ND 交 PB 于点 Q. 证明:四边形 $MNQP$ 是菱形.

17. 设 $\triangle ABC$ 的内切圆 Γ 与 BC 切于点 D,DD' 是 Γ 的一直径,

过 D' 作 Γ 的切线与 AD 交于点 X,过 X 作 Γ 的不同于 XD' 的切线,切点为 N. 证明:$\triangle BCN$ 的外接圆与 Γ 切于点 N.

18. 已知四边形 $ABCD$ 内接于以 BD 为直径的圆,设 A' 为 A 关于 BD 的对称点,B' 为 B 关于 AC 的对称点,直线 $A'C$ 与 BD,AC 与 $B'D$ 分别交于点 P,Q,证明:$PQ \perp AC$.

19. 在锐角 $\triangle ABC$ 中,已知 AM 是中线,BK,CL 分别是高,其中 M,K,L 分别在 BC,CA,AB 上,过 A 且垂直于 AM 的直线与 CL 交于点 E,与 BK 交于点 F. 证明:

(1) A 是 EF 的中点;

(2) 设 $\triangle MEF$ 的外接圆为 Γ,与线段 EF 和不含 M 的圆 Γ 的弧 $\widehat{EF}$ 相切的任意两个圆 Γ_1 与 Γ_2 交于点 P,Q,则 M,P,Q 三点共线.

20. 已知 $\odot O_1$,$\odot O_2$ 外切于点 D,又分别与圆 Γ 内切于点 E,F,直线 l 为 $\odot O_1$,$\odot O_2$ 过 D 的公切线. 设 AB 为垂直于 l 的圆 Γ 的直径,满足 A,E,O_1 在直线 l 的同侧,证明:AO_1,BO_2,EF 三线共点.

21. 已知下底边为 $BC(>AD)$ 的梯形 $ABCD$ 内接于 $\odot O$,P 是在直线 BC 上的动点,且使得 PA 不与 $\odot O$ 相切,以 PD 为直径的圆交 $\odot O$ 于点 $E(\neq D)$. 记 BC 与 ED 交于点 M,N 是 PA 与 $\odot O$ 的交点($\neq A$),求证:直线 MN 经过一定点.

22. 已知 $\triangle ABC$ 外心为 O,P 为 OA 延长线上一点,直线 l 与 PB 关于 AB 对称,直线 h 与 PC 关于 AC 对称,l 与 h 交于点 Q. 若 P 在 OA 延长线上运动,求 Q 的轨迹.

23. 在 $\triangle ABC$ 中,$\angle B \neq \angle C$,$\triangle ABC$ 的内切圆 $\odot I$ 与 BC,CA,AB 的切点分别为 D,E,F,记 AD 与 $\odot I$ 的不同于 D 的交点为 P,过 P 作 AD 的垂线,交直线 EF 于点 Q,X,Y 分别是 AQ 与直线 DE,DF 的交点. 求证:A 是 XY 的中点.

24. 已知圆 Γ_1,Γ_2 交于点 Q,R,且内切于圆 Γ,切点分别为 A_1,A_2,P 为 Γ 上任意一点,线段 PA_1,PA_2 分别与 Γ_1,Γ_2 交于点 B_1,B_2,利用根轴证明:

(1) 与 Γ_1 切于点 B_1 的直线和与 Γ_2 切于点 B_2 的直线平行;

(2) B_1B_2 是 Γ_1,Γ_2 的公切线的充要条件是 P 在直线 QR 上.

25. P 是 $\triangle ABC$ 内一点,A_1,B_1,C_1 分别是 PA 和 BC,PB 和 CA,

PC 和 AB 的交点,A_2,B_2,C_2 分别是 B_1C_1 和 BC,C_1A_1 和 CA,A_1B_1 和 AB 的交点,设 ω_1,ω_2,ω_3 分别是以 A_1A_2,B_1B_2,C_1C_2 为直径的圆,求证:ω_1,ω_2,ω_3 有一个公共点的充要条件是 ω_1,ω_2 有公共点.

26. 设 D 是 $\triangle ABC$ 的边 BC 上一点,满足 $\angle CAD = \angle CBA$,$\odot O$ 经过 B、D 两点,并分别与线段 AB,AD 交于点 E,F,BF,DE 交于点 G,M 是 AG 的中点,求证:$CM \perp AO$.

27. 设梯形 $ABCD(AB \parallel CD)$ 内接于圆 ω,G 为 $\triangle BCD$ 内一点,射线 AG,BG 分别交 ω 于点 P,Q,过 G 作 AB 的平行线,分别交线段 BD,BC 于点 R,S,证明:当且仅当 BG 平分 $\angle CBD$ 时,P,Q,R,S 共圆.

28. 设一条直线 l 截 $\triangle ABC$ 的三边 BC,CA,AB 所在直线于 D,E,F 三点,O_1,O_2,O_3 分别是 $\triangle AEF$,$\triangle BFD$,$\triangle CDE$ 的外心,求证:$\triangle O_1O_2O_3$ 的垂心 H 在直线 l 上.

29. 设 P,Q 是 $\triangle ABC$ 内一对等角共轭点,$\triangle PBC$,$\triangle PCA$,$\triangle PAB$ 的外心分别为 O_1,O_2,O_3,$\triangle QBC$,$\triangle QCA$,$\triangle QAB$ 的外心分别为 O_1',O_2',O_3'. 设 O 是经过 O_1,O_2,O_3 三点之圆的圆心,O' 是经过 O_1',O_2',O_3' 三点的圆之圆心. 求证:$OO' \parallel PQ$.

30. O 为圆 ω 的圆心,ω 分别与 $\angle BAC$ 的两条边切于点 B,C,Q 是 $\angle BAC$ 内一点,线段 AQ 上一点 P 满足 $AQ \perp OP$,直线 OP 分别交 $\triangle BPQ$ 的外接圆 ω_1 和 $\triangle CPQ$ 的外接圆 ω_2 于点 $M(\neq P)$ 和 $N(\neq P)$,证明:$OM = ON$.

31. 设 O 和 I 分别为 $\triangle ABC$ 的外心和内心,$\triangle ABC$ 的内切圆与 BC,CA,AB 分别相切于点 D,E,F,直线 FD 与 CA 交于点 P,直线 ED 与 AB 交于点 Q,M,N 分别为线段 PE,QF 的中点. 求证:$OI \perp MN$.

32. 已知 AB 是 $\odot O$ 的弦,M 是劣弧 $\overset{\frown}{AB}$ 的中点,C 是 $\odot O$ 外任一点,过 C 作 $\odot O$ 的切线 CS,CT,联结 MS,MT,分别交 AB 于点 E,F,过 E,F 作 AB 的垂线,分别交 OS,OT 于点 X,Y,再过 C 作 $\odot O$ 的割线,交 $\odot O$ 于点 P,Q,联结 MP 交 AB 于点 R. 设 Z 是 $\triangle PQR$ 的外心,求证:X,Y,Z 共线.

33. 设 $\odot O$ 的内接四边形 $ABCD$ 的对角线交于点 P,过 P,B 的 $\odot O_1$ 与过 P,A 的 $\odot O_2$ 交于点 P,Q,且 $\odot O_1$,$\odot O_2$ 分别与 $\odot O$ 相交于另

一点 E,F,求证:直线 PQ,CE,DF 共点或平行.

34. 设 H 是 $\triangle ABC$ 的垂心,又一直线 l 分别交直线 BC,CA,AB 于点 X,Y,Z,证明:过 A,B,C,H 各向 HX,HY,HZ,l 所作的垂线共点.

35. (Hagge) H 是 $\triangle ABC$ 的垂心,X,Y,Z 分别在 BC,CA,AB 上,且 AX,BY,CZ 共点. 证明:

(1) 过 H 所引 AX,BY,CZ 的垂线分别与直径为 BC,CA,AB 的圆相交,则各交点共圆;

(2) 过 H 所引 AX,BY,CZ 的垂线分别与直径为 AX,BY,CZ 的圆相交,则各交点共圆;

(3) 直径为 BC,CA,AB 的圆分别与直径为 AX,BY,CZ 的圆相交,则各交点共圆或共线.

36. 设 A,B,C 三点对于 $\odot O$ 的幂为 a,b,c,证明:直线 ABC 或 $\odot ABC$ 切于 $\odot O$ 的充要条件为 $\pm BC\sqrt{a} \pm CA\sqrt{b} \pm AB\sqrt{c} = 0$.

37. 证明:三角形中,与外心共线的任一双等角共轭点的垂足圆与九点圆相切.

38. A,B,C,D 依次是一直线上的动点,但保持 $AD=a,BC=b(a,b$ 固定$)$,过 B,C 作一动圆,设 AM,AK,DL,DK 是这个圆的切线,MN,KL 分别交 AD 于点 P,Q,求 PQ 的最小值.

§7.3 位 似

如果两个相似图形的任意一对对应点 A, A' 的连线均经过同一点 P，且 $\dfrac{PA}{PA'}=k$（非零常数），则称这两个图形是**位似图形**.（如两个相似图形的任意一对对应点 A, A' 的连线均经过同一点 P，则这两个图形不一定是位似图形，也就是说 $\dfrac{PA}{PA'}=k$ 并非多余，请读者自己找反例.）

两圆的位似具有非常丰富的性质，但易为初学者忽略.

1. 两圆外离，则外公切线的交点、内公切线的交点都是位似中心.

2. 两圆外切，有两个位似中心——外公切线的交点和两圆的切点.

3. 两圆相交，只有一个位似中心——外公切线的交点.

4. 小圆内切于大圆，则只有一个位似中心——它们的切点.

5. 小圆内含于大圆，则只有一个位似中心.

6. 最重要的性质：若两圆 $\odot O_1, \odot O_2$ 的半径分别为 r_1, r_2，过位似中心 P 任作一直线，分别交 $\odot O_1, \odot O_2$ 的对应点为 A_1, A_2，则 $\dfrac{PA_1}{PA_2}=\dfrac{r_1}{r_2}$. 如果要考虑位置，那么当 A_1, A_2 在 P 的同侧，则位似比形式不变；当 A_1, A_2 在 P 的异侧，则需要添加一个负号.

还有一个利用位似证明的结论，也十分有用.

两圆内切于点 P，大圆的弦 AB 与小圆也切于点 Q，延长 PQ 交大圆于点 K，则 K 是弧 $\widehat{AB}$ 的中点，$KA^2=KB^2=KQ \cdot KP$.

例1 如图 7.22,圆 ω 与 $\triangle ABC$ 的外接圆相切于点 A,与边 AB 交于点 K,且和边 BC 相交.过点 C 作圆 ω 的切线,切点为 L,联结 KL,交边 BC 于点 T.证明:线段 BT 的长等于点 B 到圆 ω 的切线长.

证明

设 M 是圆 ω 与边 AC 的第二个交点. 下证四边形 $ATLC$ 是圆内接的. 事实上,注意到,以点 A 为中心的一个位似变换将圆 ω 变为 $\triangle ABC$ 的外接圆,直线 MK 变为直线 CB,因此,它们平行. 这样,我们得到

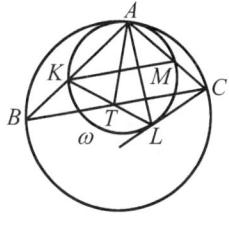

图 7.22

$$\angle AMK = \angle ACB = \angle ACT.$$

由四边形 $AMLK$ 是圆内接的,

$$\angle AMK = \angle ALK = \angle ALT.$$

故 $\angle ACT = \angle ALT$,即四边形 $ATLC$ 是圆内接的,故

$$\angle CTA = \angle CLA = \angle TKA.$$

这样推出 $\angle BTA = \angle BKT$. 故 $\triangle BTA \sim \triangle BKT$. 由此 $BT^2 = BK \cdot BA$. 另一方面,乘积 $BK \cdot BA$ 等于从点 B 到圆 ω 的切线的长的平方.

例2 与等腰 $\triangle ABC$ 两腰 AB 和 AC 都相切的圆 ω 交边 BC 于点 K 和 L. 联结 AK,交圆 ω 于另一点 M. 点 P 和 Q 分别是点 K 关于点 B 和 C 的对称点. 证明:$\triangle PMQ$ 的外接圆与圆 ω 相切.

证明

如图 7.23,设圆 ω 与边 AB,AC 相切的切点分别为 D,E,因为 DE 和 BC 均垂直于 $\angle BAC$ 的角平分线,所以 $DE/\!/BC$. 在以点 A 为中心,

205

系数为 $\dfrac{AK}{AM}$ 的位似变换下，圆 ω 变为 ω'.
圆 ω' 通过 K，因此，通过 L，并且分别与射线 AB 和 AC 切于某点 D' 和 E'.

由位似的性质，$MD \parallel KD'$. 接下来，由圆幂定理，有

$$BD^2 = BK \cdot BL = BD'^2,$$

故 $BD = BD'$，又因为 $BK = BP$，所以 $DKD'P$ 是平行四边形，这推出 $PD \parallel KD'$. 因此，M, D, P 三点共线. 类似地

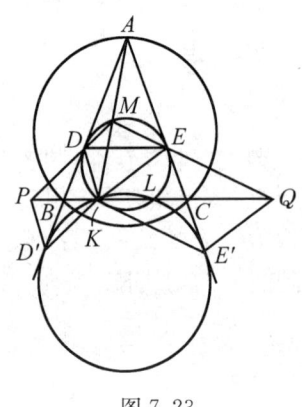

图 7.23

得到，M, E, Q 三点共线. 这样，$\triangle MDE$ 和 $\triangle MPQ$ 关于中心 M 位似. 故它们的外接圆也位似，所以在点 M 处相切.

例 3 $\odot O$ 为 $\triangle ABC$ 的外接圆，A' 是 BC 的中点，AA' 与外接圆交于点 A''，$A'Q_a \perp AO$. 点 Q_a 在直线 AO 上，过点 A'' 的外接圆的切线与直线 $A'Q_a$ 相交于点 P_a. 用同样的方式，可以构造点 P_b 和 P_c. 证明：P_a，P_b，P_c 三点共线.

证明

可以证明它们都在 $\odot O$ 与九点圆的根轴上.

如图 7.24 所示，把 $\triangle ABC$ 位似变换到 $\triangle A'B'C'$. $\triangle ABC$ 的重心为位似中心，位似比为 $-\dfrac{1}{2}$.

在这种变换下，AO 变成了 $A'N$，其中 N 是九点圆的圆心. 所以

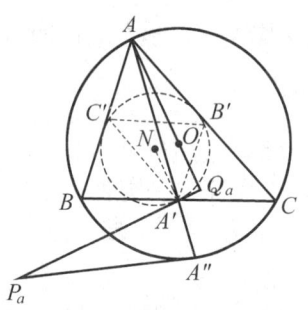

图 7.24

$A'N \parallel AO$，$A'P_a \perp A'N$. 故 $A'P_a$ 是九点圆的切线. 易知 $\angle OAB + \angle C = 90°$，则 $\angle BAA' + \angle A'AO + \angle C = 90°$（不妨设 $AB \leqslant AC$）. 又 $\angle P_a A''A' = \angle BAA' + \angle C$，$\angle P_a A'A'' = 90° - \angle A'AO$，所以 $\angle P_a A''A' = \angle P_a A'A''$. 故 $A'P_a = A''P_a$. 所以 P_a 在 $\odot O$ 与九点圆的

根轴上. 同理, P_b 和 P_c 也在 $\odot O$ 与九点圆的根轴上.

例 4 已知 $\triangle ABC$ 的垂心为 H, 外心为 O, 设 A,B,C 关于 BC, CA,AB 的对称点分别为 D,E,F. 求证: D,E,F 三点共线的充要条件是 $OH=2R$, 这里 R 为 $\triangle ABC$ 外接圆的半径.

证明

首先证明一个引理, 如图 7.25, 设 $\triangle XYZ$ 的外接圆为 $\odot O'$, 作平行四边形 $XZYW$, 又设 Y 关于 XZ 的对称点是 Y', O' 在 WY 上的射影为 Y'', 则 $Y'Y''$ 经过 $\triangle XYZ$ 的重心 G', 且 $\dfrac{G'Y'}{G'Y''}=2$.

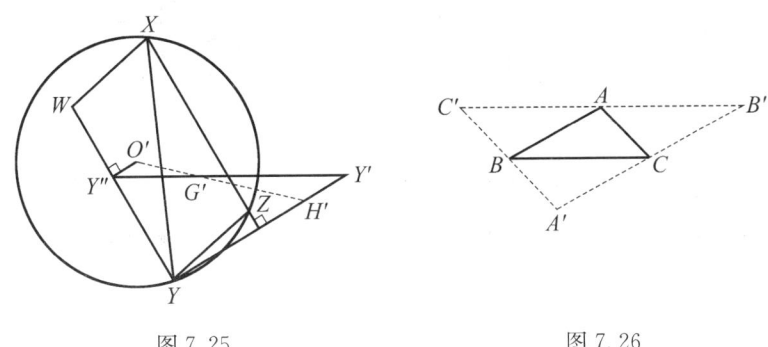

图 7.25   图 7.26

证明如下: 延长 $O'G'$ 交 YY' 于点 H', 则由欧拉线知 H' 为 $\triangle XYZ$ 垂心(因为 $Y'Y\perp XZ$), 又 $YY'/\!/O'Y''$, 故 $\dfrac{Y'G'}{Y''G'}=\dfrac{G'H'}{G'O'}=2$. 引理证毕.

如图 7.26, 作 $\triangle A'B'C'$, 使 A,B,C 分别为 $B'C',A'C',A'B'$ 的中点. 则易知 $\triangle ABC$ 的垂心 H 为 $\triangle A'B'C'$ 的外心, 而 $\triangle ABC$ 的重心 G 仍为 $\triangle A'B'C'$ 的重心(为图形简便, 一些点不画出, 但这无碍论证之过程).

由引理知, 若过 $\triangle ABC$ 外心 O 向 $A'B',B'C',C'A'$ 作垂线, 垂足分别为 F',D' 和 E', 则有 E',G,E 共线之类, 且 $\dfrac{E'G}{EG}=\dfrac{F'G}{FG}=\dfrac{D'G}{DG}=\dfrac{1}{2}$. 于是 E,F,D 共线等价于 E',F',D' 共线. 由著名的西姆森定理知,

D', E', F' 共线的充要条件是 O 在 $\triangle A'B'C'$ 的外接圆上，即 $OH = \triangle A'B'C'$ 外接圆半径 $= 2R$.

例 5　设点 O 是锐角 $\triangle ABC$ 的外心，分别以 $\triangle ABC$ 三边的中点为圆心作过点 O 的圆，这三个圆两两的异于 O 的交点分别为 K, L, M. 证明：点 O 是 $\triangle KLM$ 的内心.

证明

如图 7.27 所示，设 A', B', C' 分别是边 BC, CA, AB 的中点. 由于 $OA' \perp BC, B'C' \parallel BC$，所以 $OA' \perp B'C'$. 类似地，$OB' \perp A'C'$. 所以，点 O 是 $\triangle A'B'C'$ 的垂心. 又因为 $B'C'$ 是 KO 的中垂线，所以 KO 的中点 K' 是点 O 在 $B'C'$ 上的投影.

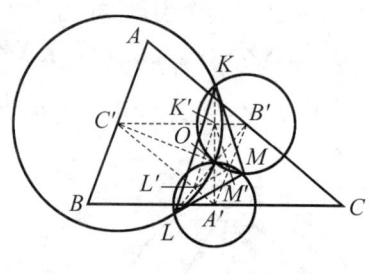

图 7.27

设 LO 和 MO 的中点分别为 L' 和 M'，易知点 O 是 $\triangle K'L'M'$ 的内心. 由 $\triangle KLM$ 与 $\triangle K'L'M'$ 位似，位似中心为 O，位似比为 2，可得点 O 是 $\triangle KLM$ 的内心.

例 6　设 $\odot S_1, \odot S_2, \odot S_3$ 中每一个都外切于 $\odot S$，对应切点分别为 A_1, B_1, C_1，且都与 $\triangle ABC$ 的两边相切. 证明：直线 AA_1, BB_1, CC_1 共点.

证明

如图 7.28 所示，以 $\odot S_i$ 的圆心 O_i 为圆心，$\odot S$ 圆心为 O, O_iO 为半径作 $\odot S_i'(i=1, 2, 3)$，设这三个圆两两的公切线交于点 A_2, B_2, C_2，则 $AB \parallel A_2B_2$，$BC \parallel B_2C_2$，$CA \parallel C_2A_2$，且直线 AA_2, BB_2, CC_2 都过 $\triangle ABC$ 的内心 I.

由相似性可知 $\dfrac{O_1A}{O_1A_2} = \dfrac{O_1A_1}{O_1O}$，即 $AA_1 \parallel A_2O$. 同理，$BB_1 \parallel B_2O$，$CC_1 \parallel C_2O$，并利用 $\dfrac{IA}{IA_2} = \dfrac{IB}{IB_2} = \dfrac{IC}{IC_2}$，可推出直线 AA_1、BB_1、CC_1 都过

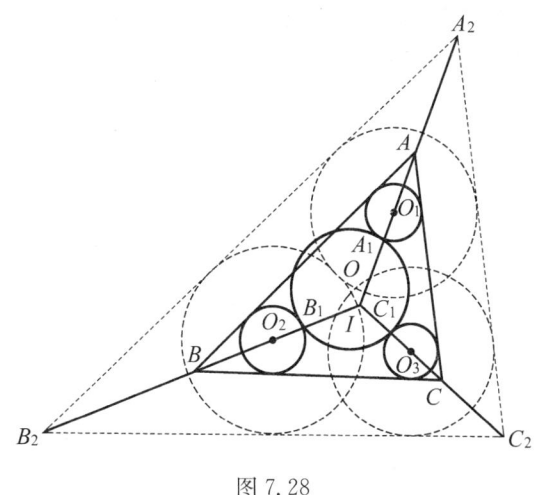

图 7.28

线段 OI 上满足 $\dfrac{IP}{IO}=\dfrac{IA}{IA_2}$ 的点 P.

例 7 如图 7.29,在 $\triangle ABC$ 的内部有 4 个半径相等的 $\odot K_1$, $\odot K_2$, $\odot K_3$, $\odot K_4$,其中 $\odot K_1$, $\odot K_2$, $\odot K_3$ 均与 $\triangle ABC$ 的两条边相切,且与 $\odot K_4$ 外切. 证明:$\triangle ABC$ 的内心、外心和点 K_4 在一条直线上.

证明

如图 7.29,设 $\triangle ABC$ 的内心为 I,外心为 O. 联结 AI, BI, CI, K_1K_2, K_2K_3, K_3K_1, K_4K_1, K_4K_2, K_4K_3.

因为 $\triangle ABC$ 的三边与 $\odot K_1$, $\odot K_2$, $\odot K_3$ 相切,所以,K_1 在 AI 上,K_2 在 BI 上,K_3 在 CI 上.

设圆半径为 r.

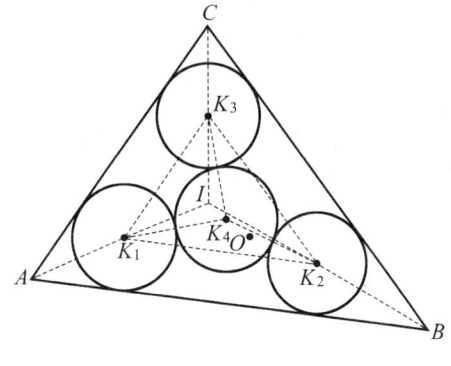

图 7.29

因为 AB 是 $\odot K_1$ 和 $\odot K_2$ 的公切线,且 $\odot K_1$ 和 $\odot K_2$ 是等圆,所以,K_1,K_2 到 AB 的距离都是 r.

故 $K_1 K_2 /\!/ AB$.

同理,$K_1 K_3 /\!/ AC$,$K_2 K_3 /\!/ BC$.

所以,$\dfrac{IK_1}{IA}=\dfrac{IK_2}{IB}=\dfrac{IK_3}{IC}$.

故 $\triangle ABC$ 和 $\triangle K_1 K_2 K_3$ 关于 I 位似.

因为 $K_4 K_1 = K_4 K_2 = K_4 K_3 = 2r$,所以,$K_4$ 是 $\triangle K_1 K_2 K_3$ 的外心.

又 O 是 $\triangle ABC$ 的外心,所以,I,K_4,O 三点共线.

例8 设圆 ω 是 $\triangle ABC$ 的外接圆,P 是 $\triangle ABC$ 的一个内点,射线 AP,BP,CP 分别交圆 ω 于点 A_1,B_1,C_1. 设 A_1,B_1,C_1 关于三边 BC,CA,AB 的中点的对称点为 A_2,B_2,C_2. 求证:$\triangle A_2 B_2 C_2$ 的外接圆通过 $\triangle ABC$ 的垂心.

证明

我们用 O 和 H 分别表示 $\triangle ABC$ 的外心和垂心,用 D,E,F 分别表示边 BC,CA,AB 的中点. 在圆 ω 上选择三点 A_3,B_3,C_3 使得 AA_3,BB_3,CC_3 为圆 ω 的直径. (如图 7.30)

因为 $A_3 B \perp AB$,$A_3 B /\!/ CH$,类似有 $A_3 C /\!/ BH$. 因此 $A_3 CHB$ 是平行四边形并且 D 是 HA_3 的中点. 同样的方法我们得到 E 和 F 分别是 HB_3 和 HC_3 的中点.

设点 O 在直线 PA,PB,PC 上的投影分别为 A_4,B_4,C_4,则 A_4,B_4,C_4 三点落在以 OP 为直径的圆的圆周上. 我们用 ω_2 表示这个圆. 由于 D 既是 HA_3 又是 $A_1 A_2$ 的中点,从而 $\overrightarrow{HA_2}=\overrightarrow{A_1 A_3}$(即四边形 $HA_2 A_3 A_1$ 是平行四边形). 另一方面,由 $\angle AA_1 A_3 = 90°$ 可知 $\triangle AA_1 A_3$ 和 $\triangle AA_4 O$ 相似. 因为 $\dfrac{AO}{AA_3}=\dfrac{1}{2}$,$\overrightarrow{A_1 A_3}=2\overrightarrow{A_4 O}$. 从而 $\overrightarrow{HA_2}=-2\overrightarrow{OA_4}$. 同样的方法我们可以得到 $\overrightarrow{HB_2}=-2\overrightarrow{OB_4}$,$\overrightarrow{HC_2}=-2\overrightarrow{OC_4}$. 这样就存在一个位似变换把点 (H,A_2,B_2,C_2) 映到 (O,A_4,B_4,C_4),注意到 O,A_4,B_4,C_4 在圆 ω_2 上,从而 A_2,B_2,C_2,H 共圆.

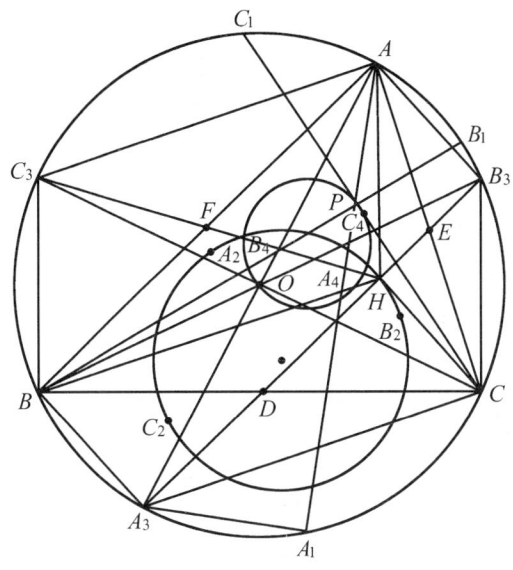

图 7.30

例 9 已知 $\odot O_1$，$\odot O_2$ 外切于点 D，并同时与圆 ω 内切，切点分别为 E, F，过 D 作 $\odot O_1$，$\odot O_2$ 的公切线 l. 设 ω 的直径 $AB \perp l$，使得 A, E, O_1 在 l 的同侧. 证明：直线 AO_1，BO_2，EF 三线共点.

证明

方法一 如图 7.31，设 AB 的中点为 O. 知 E 为圆 ω 与 $\odot O_1$ 的位似中心.

由于 OB, O_1D 分别垂直于 l，则 $OB \parallel O_1D$，所以，E, D, B 三点共线.

同理，F, D, A 三点共线.

设 AE, BF 交于点 C. 由 $AF \perp BC$，$BE \perp AC$，知 D 是 $\triangle ABC$ 的垂心. 故 $CD \perp AB$.

这表明，点 C 在直线 l 上.

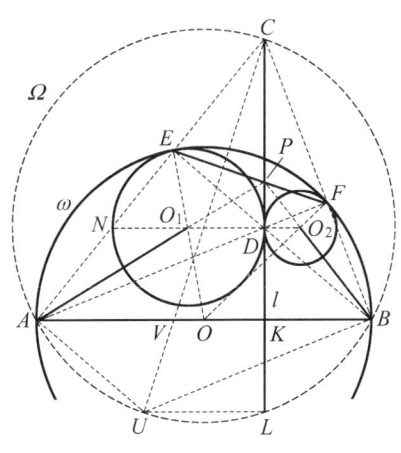

图 7.31

由于点 D 在 $\triangle ABC$ 的内部,则 $\triangle ABC$ 是锐角三角形.

设 $\angle ACB = \gamma$,则 $\triangle FEC \backsim \triangle ABC$,相似比 $\dfrac{FC}{AC} = \cos\gamma$,且点 E、F 在以 CD 为直径的圆上.

设 EF 与直线 l 交于点 P.

下面证明:点 P 在直线 AO_1 上.

设 AC 与 $\odot O_1$ 的第二个交点为 N. 则 ND 是 $\odot O_1$ 的直径.

由门奈劳斯定理的逆定理,要证 A, O_1, P 三点共线,只要证 $\dfrac{CA}{AN} \cdot \dfrac{NO_1}{O_1D} \cdot \dfrac{DP}{PC} = 1$.

又 $NO_1 = O_1D$,则只要证 $\dfrac{CA}{AN} = \dfrac{CP}{PD}$.

设直线 l 与 AB 交于点 K,则 $\dfrac{CA}{AN} = \dfrac{CK}{KD}$.

设 $\triangle ABC$ 的外接圆为 Ω,CU 为直径,CU、AB 交于点 V,延长 CK 与 Ω 交于点 L.

因为 $AB \parallel UL$,所以,$\angle ACU = \angle BCL$.

又 $\angle EFC = \angle BAC, \angle FEC = \angle ABC, \dfrac{EF}{AB} = \cos\gamma$.

利用 $\triangle CEF \backsim \triangle CBA$,直线 CP 与 CV 关于 $\angle ACB$ 的平分线对称,因此,$\dfrac{CP}{PD} = \dfrac{CV}{VU}$.

由于 D 是 $\triangle ABC$ 的垂心,故 $KL = KD$. 于是,$\dfrac{CK}{KD} = \dfrac{CK}{KL}$.

因为 $AB \parallel UL$,所以,$\dfrac{CV}{VU} = \dfrac{CK}{KL}$.

于是,$\dfrac{CA}{AN} = \dfrac{CK}{KD} = \dfrac{CK}{KL} = \dfrac{CV}{VU} = \dfrac{CP}{PD}$.

从而,点 P 在直线 AO_1 上.

同理,点 P 在直线 BO_2 上.

故 AO_1, BO_2, EF 三线共点.

方法二 由方法一知 D 是 $\triangle ABC$ 的垂心. 如图 7.32, 设 M 是 CD 的中点, 则 M 是四边形 $CEDF$ 的外接圆的圆心.

因为 O_1O_2 与 AB 均垂直于直线 l, 所以, $O_1O_2 \parallel AB$.

又 MO_1 是 $\odot M$ 与 $\odot O_1$ 的连心线, 则 MO_1, AC 都垂直于 ED, 故 $MO_1 \parallel AC$. 同理, $MO_2 \parallel BC$.

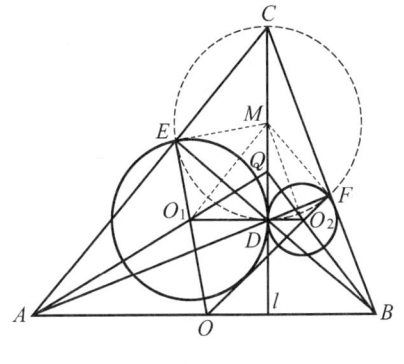

图 7.32

因此, $\triangle ABC$ 与 $\triangle O_1O_2M$ 的对应边平行, 且不全等. 于是对应点的连线交于一点 Q, 且 Q 为这两个三角形的位似中心.

由于 AD, OO_2 交于点 F, AO_1, BO_2 交于点 Q, OO_1, BD 交于点 E, 由帕普斯定理知 F, Q, E 共线, 即 Q 是直线 AO_1, BO_2, EF 的公共点.

例 10 已知 P 是凸四边形 $ABCD$ 的边 AB 上的一点, ω 是 $\triangle CPD$ 的内切圆, I 为其圆心, 若 ω 分别与 $\triangle APD$ 与 $\triangle BPC$ 的内切圆切于点 K 和 L, AC 与 BD 交于点 E, AK, BL 交于点 F. 求证: E, I, F 共线.

证明

设 Ω 是与线段 AB 相切、且与射线 AD 和 BC 相切的圆, 其圆心为 J. 下证: 点 E, F 在直线 IJ 上.

设 $\triangle APD$, $\triangle BPC$ 的内切圆分别为 ω_A, ω_B, h_1 是将 ω 变为 Ω 的位似变换, 且位似比是负的.

考虑两次位似变换的复合, 一次是以 K 为位似中心、位似比为负, 将 ω 变为 ω_A, 另一次是以 A 为位似中心、位似比为正, 将 ω_A 变为 Ω. 于是, AK 与 IJ 的交点即为位似变换 h_1 的位似中心.

同理, BL 与 IJ 的交点也是位似变换 h_1 的位似中心. 于是, 这个位似中心就是 AK 与 BL 的交点 F, 即 F 在直线 IJ 上 (若 $I=J$, 则 $F=I$, 结论显然成立), 如图 7.33.

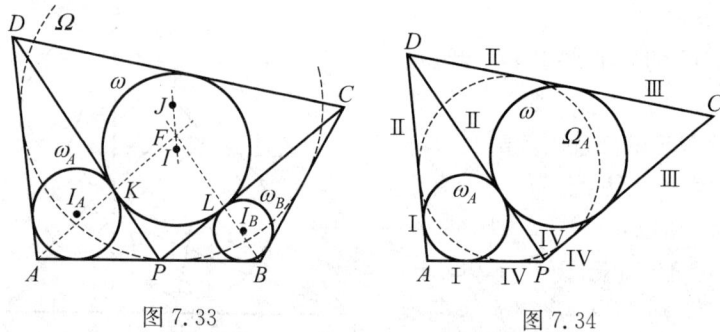

图 7.33   图 7.34

如图 7.34,考虑四边形 $APCD$,用符号 Ⅰ,Ⅱ,Ⅲ,Ⅳ 表示相等的线段. 因圆 ω 和圆 ω_A 与 PD 切于同一点,所以,$AD+PC=AP+CD$.

于是,四边形 $APCD$ 有内切圆. 同理,四边形 $BCDP$ 也有内切圆. 设这两个内切圆分别为 Ω_A,Ω_B.

设 h_2 是将 ω 变换为 Ω 的位似变换,且位似比是正的.

考虑两次位似变换的复合,一次是以 C 为位似中心、位似比为正,将 ω 变为 Ω_A;另一次是以 A 为位似中心、位似比为正,将 Ω_A 变为 Ω,则位似变换 h_2 的位似中心在 AC 上.

同理,也在 BD 上.

因此,这个位似中心就是点 E.

于是,点 E 也在直线 IJ 上(如图 7.35).

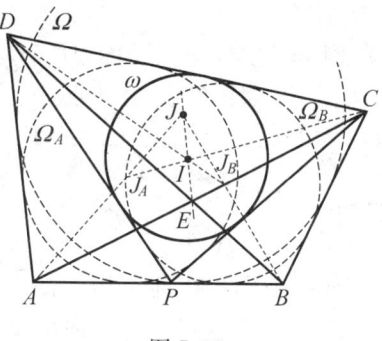

图 7.35

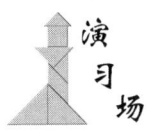

习题 7.c

1. 已知两圆相交于点 X,Y,证明:若存在 4 个点满足对于每一个与两个给定的圆分别相切于点 A,B 的圆交直线 XY 于点 C,D,则 AC, AD, BC, BD 经过这 4 个点之一.

2. 圆内接四边形 $ABCD$ 中,AD 与 BC 不平行,E,F 在 CD 上(E 比 F 靠近 C),点 G,H 分别为 $\triangle BCE$ 和 $\triangle ADF$ 的外心,求证:AB, CD, GH 三线共点或平行的充要条件是 A,B,E,F 共圆.

3. 设 $\triangle ABC$ 的一个旁切圆切 BC 于点 A',过 A' 作 $\angle A$ 的平分线的平行直线 a,类似地定义 b,c,求证:a,b,c 三线共点.

4. 给定两个圆,一个在另一个内部,且两圆相切于点 N,大圆的弦 BA 和 BC 分别与小圆相切于点 K 和 M,设不包含 N 的弧 $\widehat{AB}$ 和 $\widehat{BC}$ 的中点分别是 Q 和 P,$\triangle BQK$ 和 $\triangle BPM$ 的外接圆的第二个交点为 B_1,证明:四边形 BPB_1Q 是平行四边形.

5. 四边形 $ABCD$ 外切于圆 ω,AB 和 CD 所在直线交于点 O,圆 ω_1 与边 BC 切于点 K,且与 AB 和 CD 所在直线都相切,圆 ω_2 与边 AD 相切于点 L,且亦与边 AB 和 CD 所在直线都相切,现知 O,K,L 共线,证明:BC,AD 的中点及 ω 的圆心三点共线.

6. $\triangle ABC$ 内切圆切 BC 于点 D,DE 为直径,延长 AE 至 BC 于点 F,求证:$DF=|AB-AC|$.

7. 给定一正 $\triangle ABC$ 和一点 M,A',B',C' 分别是 A,B,C 关于 M 的对称点,

   (1) 求证:平面上存在一点 P,满足 $PA=PB'$,$PB=PC'$,$PC=PA'$;

   (2) 若 D 是 AB 的中点,当 M 变化时(M 不与 D 重合),求证:$\triangle MNP$(N 为直线 DM 和 AP 的交点)的外接圆必过一定点.

8. AD 是 $\triangle ABC$ 的角平分线,Γ 与 Γ' 分别是 $\triangle ABD$,$\triangle ACD$ 的外接圆,P,Q 是直线 AD 与两圆公切线的交点,求证:$PQ^2 = AB \cdot AC$.

9. 菱形 $ABCD$ 的内切圆 Γ 切 AB 于点 T,Γ 的一条切线交 AB, AD 于点 P,S,PS 交 BC,CD 于点 Q,R. 求证:

(1) $\dfrac{1}{PQ}+\dfrac{1}{RS}=\dfrac{1}{BT}$;

(2) $\dfrac{1}{PS}-\dfrac{1}{QR}=\dfrac{1}{AT}$.

10. $\Gamma_1,\Gamma_2,\Gamma_3,\Gamma_4$ 分别为 4 个不同的圆,且 Γ_1 与 Γ_3 外切于点 P,Γ_2 与 Γ_4 也外切于点 P. 设 Γ_1 与 Γ_2,Γ_2 与 Γ_3,Γ_3 与 Γ_4,Γ_4 与 Γ_1 分别交于异于 P 的点 A,B,C,D. 求证:$\dfrac{AB\cdot BC}{AD\cdot DC}=\dfrac{PB^2}{PD^2}$.

11. 设 O 是锐角 $\triangle ABC$ 的外心,分别以 $\triangle ABC$ 三边中点为圆心作过 O 的圆,这 3 个圆两两异于 O 的交点分别为 K,L,M,证明:O 是 $\triangle KLM$ 的内心.

12. $\odot O_1$,$\odot O_2$ 相交于点 A,B,由 A 分别向 $\odot O_1$,$\odot O_2$ 作切线 l_1, l_2,T_1,T_2 分别在 $\odot O_1$,$\odot O_2$ 上,使得 $\angle T_1O_1A=\angle T_2O_2A$,$\odot O_1$ 上过 T_1 的切线与 l_2 相交于点 M_1,$\odot O_2$ 上过 T_2 的切线与 l_1 相交于点 M_2,证明:M_1M_2 的中点位于一条不依赖于 T_1,T_2 位置的直线上.

13. $\triangle ABC$ 的外心为 O,A' 是 BC 的中点,AA' 与 $\triangle ABC$ 的外接圆交于点 A'',Q_a 在 AO 上,$A'Q_a\perp AO$,过 A'' 的外接圆切线与 $A'Q_a$ 交于点 P_a,类似地构造 P_b 和 P_c. 证明:P_a,P_b,P_c 三点共线.

14. D,E,F 分别是 $\triangle ABC$ 的边 BC,CA,AB 的内点,且 $\triangle AEF$, $\triangle BFD$,$\triangle CDE$ 的内切圆半径均等于 $\triangle ABC$ 内切圆半径的一半. 求证:D,E,F 为各自边的中点.

15. 在 $\triangle ABC$ 中,$\angle B<\angle C$,设经过 B,C 且与 AC 切于点 C 的圆为 $\odot O$,直线 AB,CO 分别与 $\odot O$ 交于点 $D(\neq B)$、$P(\neq C)$,过 P 作 AO 的平行线与 AC 交于点 E,直线 EB 交 $\odot O$ 于点 $L(\neq B)$,BD 的中垂线与 AC 交于点 F,LF 交 CD 于点 K. 证明:$EK/\!/CL$.

16. 设 D 是 $\triangle ABC$ 的边 BC 上一点,且满足 $AB+BD=AC+CD$,线段 AD 与 $\triangle ABC$ 的内切圆交于点 X,Y,且 X 距 A 更近,$\triangle ABC$ 的内切圆与 BC 切于点 E. 证明:

(1) $EY\perp AD$;

216

(2) $XD=2IA'$,其中 I 为 $\triangle ABC$ 内心,A' 为 BC 的中点.

17. 半径不同的两个圆 Γ_1,Γ_2 外切于点 T,A,B 分别为 Γ_1,Γ_2 上异于 T 的点,且 $\angle ATB=90°$.

(1) 证明:直线 AB 经过定点;

(2) 求 AB 中点的轨迹.

18. 已知两圆 $\odot S_1,\odot S_2$ 的半径分别是 r_1,r_2,且外离,$\triangle ABC$ 满足 A 在 $\odot S_1$ 上,AB,AC 分别与 $\odot S_2$ 切于点 B,C. 求:

(1) $\triangle ABC$ 内心的轨迹;

(2) $\triangle ABC$ 垂心的轨迹.

19. 已知梯形 $ABCD$,上、下底满足 $AB>CD,K,L$ 分别在 AB,CD 上,且满足 $\dfrac{AK}{KB}=\dfrac{DL}{LC}$,设在线段 KL 上存在点 P,Q,满足 $\angle APB=\angle BCD,\angle CQD=\angle ABC$. 证明:$P,Q,B,C$ 四点共圆.

20. 设 M_a,M_b,M_c 分别为 $\triangle ABC$ 的三边 BC,CA,AB 的中点,T_a,T_b,T_c 是 $\triangle ABC$ 外接圆上不包含相对的顶点的弧 $\overset{\frown}{BC},\overset{\frown}{CA},\overset{\frown}{AB}$ 的中点. 对于 $i\in\{a,b,c\}$,ω_i 是以 M_iT_i 为直径的圆,p_i 是 ω_j 与 ω_k 的外公切线,且 ω_i 与 ω_j,ω_k 在 p_i 的异侧,其中 $\{i,j,k\}=\{a,b,c\}$. 证明:p_a,p_b,p_c 构成的三角形相似于 $\triangle ABC$,并求这两个三角形的相似比.

21. Γ 为 $\triangle ABC$ 的外接圆,圆 Γ_A 与 AB,AC,Γ 均相切,圆 Γ_B 与 AB,BC,Γ 均相切,圆 Γ_C 与 AC,BC,Γ 均相切. 记 $\Gamma_A,\Gamma_B,\Gamma_C$ 与 Γ 分别切于点 P,Q,R. 求证:AP,BQ,CR 共点.

22. M 是 $\triangle ABC$ 外接圆的弧 $\overset{\frown}{AB}$(不含 C)上的点,M 在 AB,BC 上的投影分别为 X,Y,且 X,Y 在 AB,BC 内部,若 K,N 分别是 AC,XY 的中点,证明:$\angle MNK=90°$.

23. 在锐角 $\triangle ABC$ 中,P 为 $\triangle ABC$ 内一点,O_a,O_b,O_c 分别为 $\triangle PBC,\triangle PAC,\triangle PAB$ 的外心.

(1) 求满足 $\dfrac{O_aO_b}{AB}=\dfrac{O_bO_c}{BC}=\dfrac{O_cO_a}{CA}$ 的点 P 的轨迹;

(2) 对于(1)中的每一点 P,证明:AO_a,BO_b,CO_c 交于一点 X;

(3) 证明:X 对于 $\triangle ABC$ 外接圆的幂为 $\dfrac{a^2+b^2+c^2-5R^2}{4}$,其中

$a=BC, b=CA, c=AB, R$ 是 $\triangle ABC$ 外接圆的半径.

24. 已知 l, m 是两条平行线,P 是 l, m 之间的一个定点,E, F 是 l, m 上的动点,且使得有向角 $\angle EPF$ 是一个定角 α(小于 $\frac{\pi}{2}$). 证明:存在另一个不同于 P 的点 Q,使 $\angle EQF$ 也是定角.

25. 已知 $\triangle ABC$,P 在 $\angle BAC$ 内、$\triangle ABC$ 外,

(1) 证明:以下 3 个命题中任两个包含第三个:$\triangle BPC$ 的外心在射线 PA 上,$\triangle CPA$ 的外心在射线 PB 上,$\triangle APB$ 的外心在射线 PC 上;

(2) 证明:当(1)的条件成立时,$\triangle BPC$,$\triangle CPA$,$\triangle APB$ 的外心在 $\triangle ABC$ 外接圆上.

26. 圆 Γ 与圆 ω 内切于点 S,Γ 的弦 AB 与 ω 相切于点 T,设 ω 的圆心为 O,P 为直线 AO 上一点,求证:$PB \perp AB \Leftrightarrow PS \perp ST$.

27. 凸四边形 $ABCD$ 中,P, Q 分别是射线 BA 和 CD,射线 BC 和 AD 的交点,H 是 D 在直线 PQ 上的射影. 证明:四边形 $ABCD$ 有内切圆,当且仅当 H 向 $\triangle ADP$ 的内切圆及 $\triangle CDQ$ 的内切圆所引两条切线间的夹角相等.

28. 双心四边形 $ABCD$ 的内切圆分别切 AB, BC, CD, DA 于点 K, L, M, N,$\angle A$ 和 $\angle B$ 的外角平分线交于点 K',$\angle B$ 和 $\angle C$ 的外角平分线交于点 L',$\angle C$ 和 $\angle D$ 的外角平分线交于点 M',$\angle D$ 和 $\angle A$ 的外角平分线交于点 N'. 证明:直线 KK', LL', MM', NN' 共点.

29. $\triangle ABC$ 的 BC, CA 边上的旁切圆圆心分别是 I_A, I_B,P 在 $\triangle ABC$ 的外接圆 $\odot O$ 上,求证:$\triangle I_A CP$ 和 $\triangle I_B CP$ 的外心连线的中点就是 O.

30. 证明:三角形的 4 个内格尔点组成垂心组,而 4 个格尔刚点分别为 4 个内格尔点所连成的 4 个三角形的陪位重心.

31. 证明斯皮克(Spiker)定理:三角形的任一内格尔点至各顶点连线的中点所连成的三角形,与原三角形的中点三角形有一个共同的内切圆或旁切圆.

32. 设 I 是 $\triangle ABC$ 的内心或旁心,N 是对应的内格尔点,联结 AN, BN, CN 分别交 BC, CA, AB 于点 X, Y, Z,引 $IP \perp BC, IQ \perp$

CA,$IR \perp AB$ 于点 P,Q,R,令 P,Q,R 在 AX,BY,CZ 上的射影为 P',Q',R',使 $\overline{AA'} = \overline{P'X}$,$\overline{BB'} = \overline{Q'Y}$,$\overline{CC'} = \overline{R'Z}$. 求证:$\odot A'B'C'$ 与 $\odot ABC$ 相切,且 N 是这两个圆的位似中心之一.

33. 三角形的 3 条中位线将其划分为 4 个全等三角形,证明:在这 4 个三角形中,各内切圆有一公切圆,对应的旁切圆也各有一个公切圆,这所得的 4 个公切圆又同原三角形的中点三角形的九点圆相切.

34. 证明:三角形的各个格尔刚点及内格尔点的等角共轭点分别是外接圆与内切圆及外接圆与旁切圆的位似中心.

35. 已知 $\triangle ABC$,Γ 为 BC 边上的旁切圆,任选取一条平行于 BC 的直线 l,分别交线段 AB,AC 于点 D,E,记 $\triangle ADE$ 的内切圆为 Γ_1,过 D,E 作 Γ 的切线(不过 A)交于点 P,过 B,C 作 Γ_1 的切线(不过 A)交于点 Q. 证明:无论 l 怎样选取,直线 PQ 都过定点.

36. 在 $\triangle ABC$ 中,AH 是高,D 是直线 BC 上任一点,设 O,O_1,O_2 分别是 $\triangle ABC$,$\triangle ABD$,$\triangle ACD$ 的外心,N,N_1,N_2 分别是 $\triangle ABC$,$\triangle ABD$,$\triangle ACD$ 的九点圆圆心,设 O' 是 A,O,O_1,O_2 所共圆(Salmon 圆)的圆心,作 $O'E \perp BC$,垂足为 E,求证:H,E,N,N_1,N_2 五点共圆.

37. 已知圆 Γ_1,Γ_2 交于点 Q,R,且内切于圆 Γ,切点分别为 A_1,A_2,P 为 Γ 上任意一点,线段 PA_1,PA_2 分别与 Γ_1,Γ_2 交于点 B_1,B_2. 利用位似证明:

(1) 与 Γ_1 切于点 B_1 的直线和与 Γ_2 切于点 B_2 的直线平行;

(2) B_1B_2 是 Γ_1,Γ_2 公切线的充要条件是 P 在直线 QR 上.

§7.4 反　　演

如果 P,Q 在半径为 r 的 $\odot O$ 的一条半径所在的直线上,满足 $\overline{OP} \cdot \overline{OQ} = r^2$,则 P,Q 叫做关于 $\odot O$ 的反演点,O 是反演中心,$\odot O$ 叫做反演基圆,r 称为反演半径,将一个图形变为它的反演图形的变换叫做反演变换.

反演可算是圆特有的一种重要变换,具有以下性质.

1. 过反演中心的圆,其反演图形是一条直线;不过反演中心的圆,其反演图形仍是圆;不过反演中心的直线,其反演图形是过反演中心的一个圆.

2. 两圆在交点处的交角(过交点的切线的夹角),等于这两圆的反演圆在原交点的反演点处的夹角.

3. 两圆的位似中心就是它们的反演中心(这是由于点关于圆的幂之性质,参见 7.2 节).

4. 相切两圆反演后,如切点不是反演中心,则两圆反演后仍相切(包括其中一圆变成一直线之情形);如果切点就是反演中心,则两圆经反演后变为一对平行直线.

5. 如两点关于一基圆 O 互为反演点,那么这两点经某一反演变换后所得的另两点关于此圆经过同一反演变换后所得的圆仍互为反演点.

例 1　设 A 是两个不相等的、分别以 O_1 和 O_2 为圆心的 $\odot O_1$ 和 $\odot O_2$ 的两个交点之一. 一条公切线切 $\odot O_1$ 和 $\odot O_2$ 于 P_1 和 P_2 两点;另一条公切线切 $\odot O_1$ 和 $\odot O_2$ 于 Q_1 和 Q_2 两点,M_1 是 P_1Q_1 的中点,

M_2 是 P_2Q_2 的中点. 求证：$\angle O_1AO_2 = \angle M_1AM_2$.

证明

以两公切线交点 P 为反演中心，反演幂 $= PP_1 \cdot PP_2$，建立反演变换.

则由弦切角及相似知，A 仍为 A，而 M_1、M_2 分别变成为 O_2、O_1，故 $PA^2 = PP_1 \cdot PP_2 = PM_1 \cdot PO_2 = PO_1 \cdot PM_2$，$\triangle PAO_1 \backsim \triangle PM_2A$，$\triangle PAM_1 \backsim \triangle PO_2A$，因此结论成立.

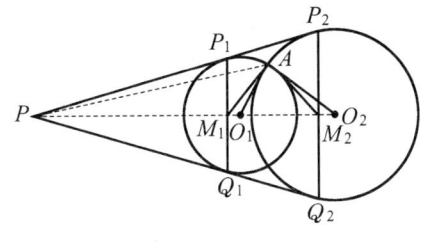

图 7.36

例 2 设 AB 是 $\odot O$ 的直径，M 是此直径上的一点，弦 $PQ \perp AB$，以 AM 为直径的圆为 $\odot O_1$，以 BM 为直径的圆为 $\odot O_2$，$\odot O_3$ 及 $\odot O_4$ 都与 $\odot O$ 及直线 PQ 相切且又分别与 $\odot O_1$ 及 $\odot O_2$ 相切. 证明：$\odot O_3$ 与 $\odot O_4$ 的半径相等，而且 $\odot O, \odot O_1, \odot O_2, \odot O_3$ 的半径成比例.

证明

以 A 为反演中心，A 到 $\odot O_2$ 的切线长为反演半径 R 建立反演变换 T. 这个变换将 $\odot O_2$ 变为自身，B 和 M 是互为反演点的两点，由此推出直线 PQ 的反演圆就是 $\odot O$.

$\odot O_4$ 同时与 $\odot O, \odot O_2$ 及 PQ 相切，在此反演下它也是不动图形. 从 A 点到 $\odot O_4$ 的切线长也等于反演半径 R，即 $\odot O_2$ 与 $\odot O_4$ 的切线长相等. A 点位于 $\odot O_2$ 与 $\odot O_4$ 的根轴（两圆的内公切线）上.

设 $\odot O_2$ 与 $\odot O_4$ 的切点为 N，点 N 在 O_2O_4 上，再作 $O_4C \perp AB$，垂足为 C，$\triangle AO_2N \backsim \triangle O_2CO_4$，$\dfrac{AO_2}{O_2O_4} = \dfrac{O_2N}{O_2C}$，

$\dfrac{2R - R_2}{R_2 + R_4} = \dfrac{R_2}{R_2 - R_4} = \dfrac{R}{R_2}$，$RR_4 = (R - $

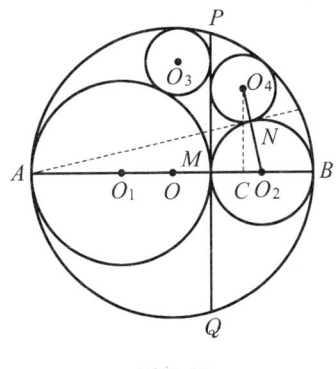

图 7.37

$R_2)R_2=R_1R_2$. 由此得 R,R_1,R_2,R_4 成比例. $R_4=\dfrac{R_1R_2}{R}$；若以 B 为反演中心，又可得 $R_3=\dfrac{R_1R_2}{R}$，最后得出 $R_3=R_4$.

例 3　设不等边 $\triangle A_1A_2A_3$ 的内心为 I，$C_i(i=1,2,3)$ 为过 I 与 A_iA_{i+1} 和 A_iA_{i+2} 相切的小圆（超过的角标模 3 处理，下同），$B_i(i=1,2,3)$ 为圆 C_{i+1} 与 C_{i+2} 的另一交点，证明：$\triangle A_1B_1I$、$\triangle A_2B_2I$、$\triangle A_3B_3I$ 的外心共线.

证明　此证明建立在反演的基础上. 将内心 I 视为反演中心，用符号"′"表示点经反演后的像，如图 7.38 所示.

易见 $\odot C_i$ 的像是直线 $B'_{i+1}B'_{i+2}$，这些直线构成了 $\triangle B'_1B'_2B'_3$. 直线 A_iA_{i+1} 变为圆 I'_{i+2}，边 A_iA_{i+1} 变为不包含点 I 的 $\overset{\frown}{A'_iA'_{i+1}}$. 注意由于从点 I 到 $\triangle A_1A_2A_3$ 各边的距离相等，故这些圆的半径都相等.

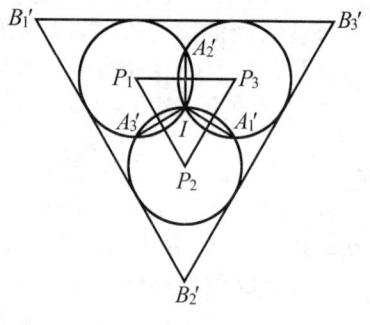

图 7.38

注意若 $\Sigma_1,\Sigma_2,\Sigma_3$ 为 3 个过一点 I 的圆且两两不相切，则它们的圆心共线当且仅当存在另一点 $J\neq I$，使这 3 个圆均过 J.

现将在 Σ_i 作为 $\triangle A_iB_iI$ 的外接圆时应用这一结论.

由于反演变换将 Σ_i 变为直线 $A'_iB'_i$，则必有直线 $A'_1B'_1$、$A'_2B'_2$、$A'_3B'_3$ 共线. 由此，说明 $\triangle A'_1A'_2A'_3$ 和 $\triangle B'_1B'_2B'_3$ 是保形的，即它们的对应边平行. 由于圆 Γ_1、Γ_2、Γ_3 的半径相等，则由它们的圆心构成的 $\triangle P_1P_2P_3$ 的各边与 $\triangle B'_1B'_2B'_3$ 的对应边平行，以 I 为中心、比例为 $\dfrac{1}{2}$ 的保形变换将 $\triangle A'_1A'_2A'_3$ 变为顶点为 $\triangle P_1P_2P_3$ 各边中点的三角形. 因此，$\triangle A'_1A'_2A'_3$ 和 $\triangle P_1P_2P_3$ 的对应边也平行. 由此即得结论.

例 4 用反演证明：设 $\triangle ABC$ 的外心、内心分别为 O，I，内切圆和外接圆半径分别为 r，R，则 $IO^2 = R^2 - 2Rr$.

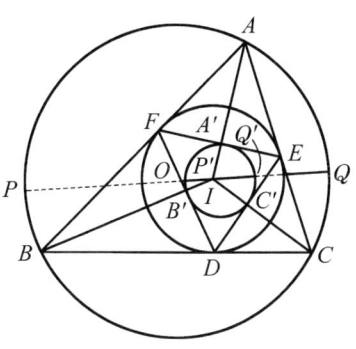

图 7.39

证明

如图 7.39，不妨设内切圆切 BC，CA，AB 于点 D，E，F，设 $IO = d$.

以内切圆为反演基圆，则 A，B，C 的反演点 A'，B'，C' 分别为 EF，FD，DE 的中点，因此 $\odot O$ 的反演图形是 $\triangle DEF$ 的九点圆.

又两端延长 IO，交 $\odot O$ 于点 P，Q，交 $\triangle A'B'C'$ 外接圆于点 P'，Q'，下证 $P'Q'$ 即为 $\triangle A'B'C'$ 外接圆的直径. 这是由于 $\triangle A'B'C'$ 圆心和 O 关于反演中心 I 是三点共线的.

于是 $P'Q' = r$. 而 $IP' = \dfrac{r^2}{IP} = \dfrac{r^2}{R \pm d}$，$IQ' = \dfrac{r^2}{IQ} = \dfrac{r^2}{R \mp d}$，因此 $\dfrac{r^2}{R+d} + \dfrac{r^2}{R-d} = r$，化简即得 $d^2 = R^2 - 2Rr$.

例 5 如图 7.40，设双心四边形 $ABCD$ 的外接圆 $\odot O$ 和内切圆 $\odot I$ 的半径分别是 R，r，$OI = d$，$\odot I$ 切 AB，BC，CD，DA 于点 E，F，G，H，EG 与 FH 交于点 K. 求证：

(1) 以 $\odot I$ 为反演基圆，则 $\odot O$ 的反演图形是过四边形 $EFGH$ 各边中点的圆；

(2) $\dfrac{1}{(R+d)^2} + \dfrac{1}{(R-d)^2} = \dfrac{1}{r^2}$.

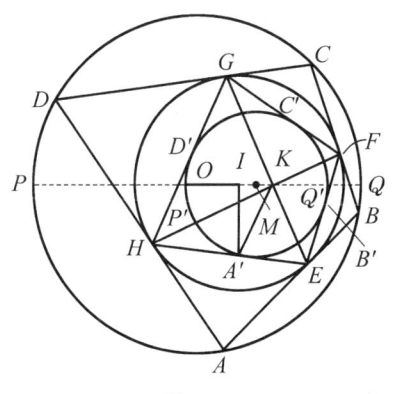

图 7.40

证明

(1) 易知 $GE \perp HF$. 而 A，B，

C、D 的反演点分别是 A'、B'、C'、D'. 这四点分别是 HE、EF、FG 和 GH 的中点.

易知 $HF \perp GE$，A'、B'、C'、D' 是一矩形的顶点，记此圆为 ω，则以 $\odot I$ 为反演基圆，$\odot O$ 的反演图形是 ω.

（2）由帕斯卡定理或面积比知，直线 OI 经过 K. 又设直线 OI 与四边形 $ABCD$ 外接圆交于点 P、Q，又与 ω 交于点 P'、Q'，如图 7.40 所示. 设 IK 的中点为 M，则由于 A' 为直角三角形 KHE 斜边上的中点，故 $A'M^2 = \dfrac{A'I^2+A'K^2}{2} - \dfrac{IK^2}{4} = \dfrac{A'I^2+A'E^2}{2} - \dfrac{IK^2}{4} = \dfrac{r^2}{2} - \dfrac{IK^2}{4}$.

这是一个对称式，故 B'、C'、D' 至其距离亦等于 $A'M$（图中未画出），M 为 ω 的圆心.

于是 $P'I^2 + Q'I^2 = (P'M - MI)^2 + (Q'M + MI)^2 = 2P'M^2 + 2MI^2 = 2A'M^2 + \dfrac{1}{2}IK^2 = r^2$. 又 $P'I = \dfrac{r^2}{IP} = \dfrac{r^2}{R \pm d}$，$Q'I = \dfrac{r^2}{IQ} = \dfrac{r^2}{R \mp d}$，故 $\dfrac{r^4}{(R+d)^2} + \dfrac{r^4}{(R-d)^2} = r^2$，化简即得结论.

点评 由 $\dfrac{1}{r^2} = \dfrac{1}{(R+d)^2} + \dfrac{1}{(R-d)^2} \geq \dfrac{2}{(R+d)(R-d)} = \dfrac{2}{R^2-d^2} \geq \dfrac{2}{R^2}$，得 $R \geq \sqrt{2}r$.

例 6 在锐角 $\triangle ABC$ 中，ω、Ω、R 分别表示其内切圆、外接圆、外接圆的半径. 圆 ω_A 与 Ω 内切于点 A 且与 ω 外切；圆 Ω_A 与 Ω 内切于点 A 且与 ω 内切，P_A 和 Q_A 分别是 ω_A 和 Ω_A 的圆心. 同样定义 P_B、Q_B；P_C、Q_C. 求证：$8P_AQ_A \cdot P_BQ_B \cdot P_CQ_C \leq R^3$，等号当且仅当 $\triangle ABC$ 为正三角形时成立.

证明 如图 7.41，设 ω 与边 BC、CA、AB 分别相切于点 A_1、B_1、C_1，设

$BC = a$, $CA = b$, $AB = c$, $AB_1 = AC_1 = x$, $BC_1 = BA_1 = y$, $CA_1 = CB_1 = z$, 则 $a = y+z$, $b = z+x$, $c = x+y$. 由平均不等式知 $a \geq 2\sqrt{yz}$, $b \geq 2\sqrt{zx}$, $c \geq 2\sqrt{xy}$,

从而 $abc \geq 8xyz$, (1) 等号当且仅当 $x = y = z$, 即 $\triangle ABC$ 为正三角形时成立.

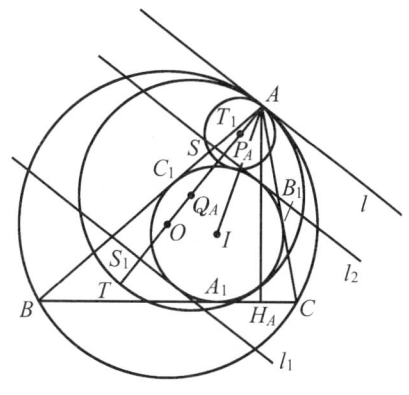

图 7.41

下证 $P_A Q_A = \dfrac{xa^2}{4S_{\triangle ABC}}$. 记 r, r_A, r'_A 分别为 ω, ω_A, Ω_A 的半径. 以 A 为反演中心, x 为反演半径作反演变换 I, 则 $I(B_1) = B_1$, $I(C_1) = C_1$, $I(\omega) = \omega$. 设射线 AO 交 ω_A, Ω_A 于点 S, T. 由于 ω_A, Ω_A 分别与 ω 外切、内切, 所以 $AT > AS$. 令 $S_1 = I(S)$, $T_1 = I(T)$, 记 l 为 Ω 过点 A 的切线, $I(\omega_A)$ 为过 S_1 且平行于 l 的直线(记为 l_1), $I(\Omega_A)$ 为过 T_1 且平行于 l 的直线(记为 l_2). 由于 ω 与 ω_A, Ω_A 均相切, 因此 l_1 与 l_2 均与 $I(\omega)$ ($=\omega$) 相切, 所以, l_1 与 l_2 间的距离为 $2r$, 此即 $S_1 T_1 = 2r$.

由反演的定义知, $AS_1 \cdot AS = x^2 = AT_1 \cdot AT$, 而 $AS = 2r_A$, $AT = 2r'_A$, $S_1 T_1 = 2r$, 可得

$$r_A = \dfrac{x^2}{2AS_1}, \quad r'_A = \dfrac{x^2}{2AT_1} = \dfrac{x^2}{2(AS_1 - 2r)},$$

因此

$$P_A Q_A = AQ_A - AP_A = r'_A - r_A = \dfrac{x^2}{2}\left(\dfrac{1}{AS_1 - 2r} - \dfrac{1}{AS_1}\right).$$

设 H_A 为 A 在边 BC 上的投影, 则 $\angle BAS_1 = \angle BAO = 90° - \angle ACB = \angle CAH_A$, 而 AI 平分 $\angle BAC$, 所以 AS_1 与 AH_A 关于 AI 对称. 注意到 l_1(过 S_1) 与 BC(过 H_A) 均与 ω 相切, 所以 $AS_1 = AH_A$, 又因为

$$2S_{\triangle ABC} = AH_A \cdot BC = (AB + BC + CA)r,$$

所以 $P_A Q_A = \dfrac{x^2}{2}\left(\dfrac{1}{AH_A - 2r} - \dfrac{1}{AH_A}\right)$

$= \dfrac{x^2}{4S_{\triangle ABC}}\left(\dfrac{1}{\dfrac{1}{BC} - \dfrac{2}{AB+BC+CA}} - BC\right)$

$= \dfrac{x^2}{4S_{\triangle ABC}}\left(\dfrac{1}{\dfrac{1}{y+z} - \dfrac{1}{x+y+z}} - (y+z)\right)$

$= \dfrac{x(y+z)^2}{4S_{\triangle ABC}} = \dfrac{xa^2}{4S_{\triangle ABC}}.$

同理可得 $P_B Q_B = \dfrac{yb^2}{4S_{\triangle ABC}}$,$P_C Q_C = \dfrac{zc^2}{4S_{\triangle ABC}}$.

又

$$R = \dfrac{abc}{4S_{\triangle ABC}}, \qquad (2)$$

结合(1)、(2)即得

$8P_A Q_A \cdot P_B Q_B \cdot P_C Q_C = \dfrac{a^2b^2c^2}{64S_{\triangle ABC}^3} \cdot 8xyz$

$\leqslant \dfrac{a^2b^2c^2}{64S_{\triangle ABC}^3} \cdot abc = \left(\dfrac{abc}{4S_{\triangle ABC}}\right)^3 = R^3,$

等号当且仅当 $\triangle ABC$ 为正三角形时成立.

说明　$AS_1 = AH_A$ 的证明如下：如图 7.42,延长 AI 交 S_1L 于点 M,交 $H_A L$ 于点 N,注意到 $\angle S_1 AM = \angle H_A AN$, $AS_1 /\!/ IL_1$, $AH_A /\!/ IL_2$,所以,$\angle L_1 IM = \angle L_2 IN$,于是 $\mathrm{Rt}\triangle IL_1 M \cong \mathrm{Rt}\triangle IL_2 N$,从而 $IM = IN$,即点 M, N 重合,从而 M, N, L 重合,即 A, I, L 三点共线,故 $\triangle AS_1 L \cong \triangle AH_A L$,所以,$AS_1 = AH_A$.

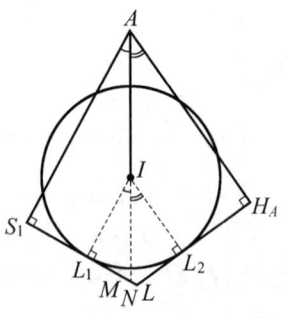

图 7.42

例 7 用反演证明费尔巴哈定理：三角形的九点圆与它的内切圆、旁切圆均相切.

▎证明

如图 7.43，设 $\triangle ABC$ 中，$\odot I$ 是内切圆，$\odot J$ 是 BC 边外的旁切圆，它们分别切 BC 于点 G 和 K，$\angle BAC$ 的平分线 AIJ 交 BC 于点 S.

不妨设 $AB \geqslant AC$，过 B 作 AJ 的垂线，交 AJ 于点 R，交 AC 的延长线于点 P，联结 PS，交 AB 于点 Q，则 $AP = AB$，PQ 和 BC 关于 AJ 轴对称，所以 PQ 是 $\odot I$ 和 $\odot J$ 的另一条内公切线.

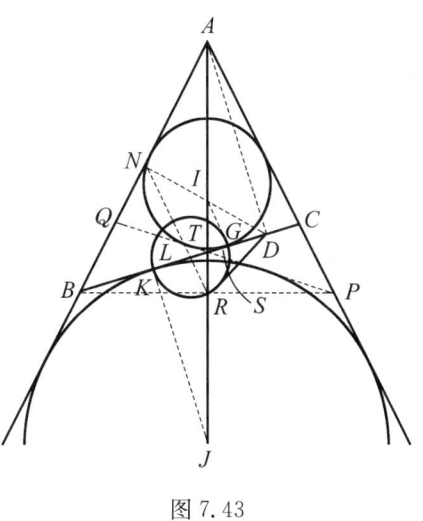

图 7.43

由于 $BK = CG = \dfrac{1}{2}(BC+CA-AB)$，故 $KG = AB - AC$. 因 IG 和 JK 都垂直于 BC，故以 KG 为直径作圆，必定和 $\odot I$ 及 $\odot J$ 正交.

设 KG 的中点为 L，L 也是 BC 的中点. 因 R 是 BP 的中点，所以 $RL \parallel AP$. 延长 RL 交 AB 于点 N，N 也是 AB 的中点，作 $AD \perp BC$，垂足为 D，联结 DN，并设 RN 交 $\odot I$ 于点 T，由于 $RN \parallel AP$ 以及 $\triangle APQ$ 关于 AJ 和 $\triangle ABC$ 为轴对称，所以 $\angle NTQ = \angle APQ = \angle ABC$. 而 DN 是直角 $\triangle ABD$ 斜边上的中线，$DN = BN$，所以 $\angle ABC = \angle NDB$. 因此 $\angle NTQ = \angle NDB = \angle NDS$，$N$，$T$，$S$，$D$ 四点共圆. 由此可得 $LS \cdot LD = LT \cdot LN$. 又 $\angle LSR = \angle BSR = \dfrac{1}{2}\angle BAC + \angle ABC$. 而 A，D，R，B 四点共圆，所以 $\angle LRD = \angle LRA + \angle ARD = \angle NRA + \angle ABD = \dfrac{1}{2}\angle BAC + \angle ABC$，因此 $\angle LSR = \angle LRD$，由此可证 $\triangle LSR \backsim \triangle LRD$，故 $LS \cdot LD = LR^2$.

由此可见,以 $\odot L$ 为反演基圆,那么 S 和 D,T 和 N 是两对反演点. 但 $\triangle ABC$ 的九点圆(图中未画出)就是经过 L,N,D 三点的圆,它关于 $\odot L$ 的反演图形是直线 PQ. 这就证明了:以 $\odot L$ 为反演基圆时,$\odot I$ 和 $\odot J$ 保持不变,而它们的一条内公切线 PQ 反演成 $\triangle ABC$ 的九点圆,所以九点圆必与内切圆和旁切圆相切.

> **点评** 此证明较依赖于图形位置,还有一种方法是直接计算九点圆心和内切圆或旁切圆之间的距离.

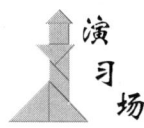

习题 7.d

1. N 与 S 为圆 ω 的一组对径点,l 为 ω 的过 S 的切线,NA 与 l 交于点 A,与 ω 交于点 C,NB 与 l 交于点 B,与 ω 交于点 D,ω 在 C 及 D 上的两条切线交于点 X,NX 交 l 于点 Y. 求证:$AY = BY$.

2. 凸四边形 $ABCD$ 外切于 $\odot O$,AB,BC,CD,DA 上的切点分别是 E,F,G,H,直线 HE,FG 交于点 P. 求证:$OP \perp AC$.

3. 四边形 $ABCD$ 内接于圆,AB,DC 延长后交于点 P,AD,BC 延长后交于点 Q,过 Q 作圆的两条切线,切点是 E,F. 求证:P,E,F 共线.

4. $\triangle ABC$ 中,$\angle A = 90°$,$\angle B < \angle C$,过 A 作 $\triangle ABC$ 外接圆 ω 的切线和 BC 交于点 D,E 是 A 关于 BC 的对称点,X 是 A 到 BE 的垂足,Y 是 AX 的中点,直线 BY 与 ω 再交于点 Z. 利用反演证明:BD 与 $\triangle ADZ$ 的外接圆相切.

5. 两个半径不相等的 $\odot O_1$,$\odot O_2$ 交于点 A,B,以 B 为圆心作一圆,交 $\odot O_1$ 于 CD,交 $\odot O_2$ 于 EF,直线 DE,CF 相交于点 M,直线 DF,CE 相交于点 N. 证明:M,A,N 共线.

6. 两圆外切于 A,且内切于另一圆 Γ 于点 B,C,D 是小圆内公切线割 Γ 的弦的中点,证明:当 B,C,D 不共线时,A 是 $\triangle BCD$ 的内心.

7. D,E 为 $\triangle ABC$ 中 AB 所在直线上的两点,满足 $AD = AC$,$BE = BC$,$\angle A$ 与 $\angle B$ 的角平分线分别交对边于点 P,Q,交 $\triangle ABC$ 的外接圆于点 M,N. 设 $\triangle MBE$,$\triangle AND$ 的外心分别为 U,V,AU 与 BV 交于点 $X(\neq C)$,证明:$CX \perp PQ$.

8. 如图 7.44,A,B,C 是平面上任意三点,在两(外离)圆 $\odot O_1$,$\odot O_2$ 上分别有 4 个点 A_1,A_2,A_3,A_4;B_1,B_2,B_3,B_4,满足四边形 $A_1A_2A_3A_4$ 与 $B_1B_2B_3B_4$ 顺相似,作 $\triangle C_iAB \backsim \triangle CA_iB_i (i = 1, 2, 3, 4)$. 求证:$C_1$,$C_2$,$C_3$,$C_4$ 四点共圆.

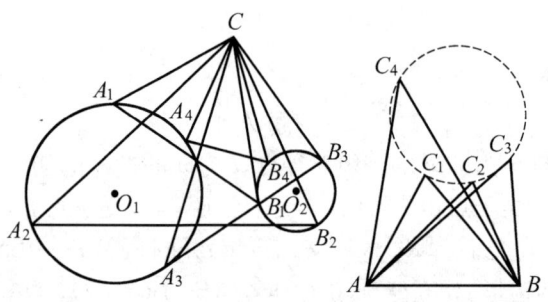

图 7.44

9. 在等腰直角 $\triangle ABC$ 中,$\angle A = 90°$,$AB = 1$,D 是 BC 的中点,E,F 为 BC 上另外两点,M 为 $\triangle ADE$ 外接圆和 $\triangle ABF$ 外接圆的另一个交点,N 为直线 AF 与 $\triangle ACE$ 外接圆的另一个交点,P 为直线 AD 与 $\triangle AMN$ 外接圆的另一个交点,求 AP 的长度.

10. H 非 $\triangle ABC$ 的顶点,证明:H 是 $\triangle ABC$ 垂心的充要条件是:$\pm HB \cdot HC \cdot BC \pm HC \cdot HA \cdot CA \pm HA \cdot HB \cdot AB = BC \cdot CA \cdot AB$,其中全取"$+$"号对应于锐角 $\triangle ABC$,第一项取"$+$"号其余两项取"$-$"号对应于 $\angle BAC$ 是钝角情形,余类推.

11. 设大小两圆 $\odot O$,$\odot O'$(半径分别是 r,r')内切于点 A,AB 是大圆直径,现在这两圆的间隙作互相外切的两个内切圆 $\odot O_1$,$\odot O_2$,记它们与 $\odot O$ 的切点为 X,Y. 联结 AX,AY,AO_1,AO_2,使其分别交 $\odot O$ 在点 B 处的切线于点 P,Q,M,N. 求证:

(1) $PQ = \dfrac{2r(r-r')}{r'}$;

(2) $MN = \dfrac{4r(r-r')}{r+r'}$.

12. 设 I 是 $\triangle ABC$ 的内心或旁心,过 I 且垂直于 IA 作直线分别交直线 AB,AC 于点 B',C',以 $B'C'$ 为弦作圆使其与 AB,AC 相切,余类推,这样得到 12 个圆. 求证:

(1) 这 12 个圆都与 $\triangle ABC$ 外接圆相切;

(2) 这 12 个圆可分为 3 组,同切于两边所在直线的四圆为一组,

13. 设 $\odot I$ 是 $\triangle ABC$ 的内切圆或旁切圆,射线 AI, BI, CI 还交外接圆于点 L, M, N,作 $\odot L$, $\odot M$, $\odot N$,使其分别与 BC, CA, AB 相切.

(1) 证明:这所作三圆与 $\odot I$ 有一公切圆;

(2) 又设 LL', MM', NN' 是外接圆直径,又作 $\odot L'$, $\odot M'$, $\odot N'$,使其分别与 BC, CA, AB 相切,证明:这所作三圆与 $\odot I$ 也有一公切圆.

14. 设 $\odot I$ 是 $\triangle ABC$ 的内切圆或旁切圆,

(1) AI, BI, CI 分别交 BC, CA, AB 于点 D, E, F,以 AD, BE, CF 各为弦作圆,使其分别与 BC, CA, AB 相切,证明:这所作三圆与 $\odot I$ 有一公切圆;

(2) 在 AI, BI, CI 三线上各取一点 X, Y, Z,以 YZ, ZX, XY 中点为心各作圆,使其分别与 BC, CA, AB 相切,证明:这所作三圆与 $\odot I$ 有一公切圆;

(3) 在 AI, BI, CI 三线上各取一点 A', B', C',使 I 是 $\triangle A'B'C'$ 的重心,证明:各以 A', B', C' 为圆心且分别切 BC, CA, AB 的三圆与 $\odot I$ 有一公切圆.

15. 设 $\odot I$ 是 $\triangle ABC$ 的内切圆或旁切圆,在 AI, BI, CI 三线上各取一点 A', B', C',使 I 是 $\triangle A'B'C'$ 垂心.证明:以 A', B', C' 为圆心且分别切 BC, CA, AB 的三圆与 $\odot I$ 有一公切圆,这公切圆与 $\odot I$ 的切点即 $\triangle ABC$ 的费尔巴哈点(九点圆与 $\odot I$ 的切点).

16. 直线 l_1, l_2 交于点 P,圆 ω_1, ω_2 外切于点 P,且 l_1 是它们的公切线,类似地,圆 τ_1, τ_2 外切于点 P,且 l_2 是它们的公切线.已知 ω_1 分别与 τ_1, τ_2 还交于点 A, B;ω_2 分别与 τ_1, τ_2 还交于点 C, D(除 P 外),证明: A, B, C, D 四点共圆的充要条件是 $l_1 \perp l_2$.

17. 设 $\triangle ABC$ 的半周长为 p, E, F 分别在直线 AB 上,使得 $CE = CF = p$,证明: $\triangle ABC$ 相应于 AB 的旁切圆与 $\triangle EFC$ 的外接圆相切.

§7.5 牛顿定理

3.3节提到过的牛顿定理,亦可表述为圆外切四边形的对角线和对边切点连线共点,它是圆外切四边形的重要性质,比如可利用它及角元塞瓦定理证明布利安香定理:圆外切六边形3条主对角线共点.

下面先给出牛顿定理的证明.

例1 如图 7.45,圆外切四边形 $ABCD$ 的内切圆分别切 AB, BC, CD, DA 于点 S, P, Q, R,证明:AC, BD, PR, SQ 共点.

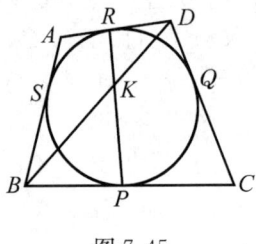

图 7.45

证明

不妨设 BD, PR 交于点 K,由 $\angle DRP + \angle BPR = 180°$,知 $\dfrac{DK}{DR} = \dfrac{\sin\angle DRP}{\sin\angle RKD} = \dfrac{\sin\angle BPR}{\sin\angle BKP} = \dfrac{KB}{BP}$,即 $\dfrac{DK}{KB} = \dfrac{DR}{BP}$,又若设 SQ 与 BD 交于点 K',则 $\dfrac{DK'}{K'B} = \dfrac{DQ}{BS}$. 由 $DR = DQ$, $BP = BS$,知 $\dfrac{DK}{KB} = \dfrac{DK'}{K'B}$,故 K 与 K' 重合,BD 过 RP 与 SQ 的交点,同理,AC 也过此点,证毕.

例2 已知圆外切四边形 $ABCD$,内切圆分别切 AB, BC, CD, DA 于点 P, Q, R, S,延长 QP, RS, CA,证明:其平行或共点,若其共点(设为 M),又设 BD, AC 交于点 N,则 M, A, N, C 是调和点列.

证明

如图 7.46,设 QP,CA 延长后交于点 M,RS,CA 延长后交于点 M',由门奈劳斯定理,有

$$\frac{CM}{MA} = \frac{BP}{PA} \cdot \frac{QC}{BQ} = \frac{QC}{PA},$$

同理有 $\dfrac{CM'}{M'A} = \dfrac{RC}{SA}$,

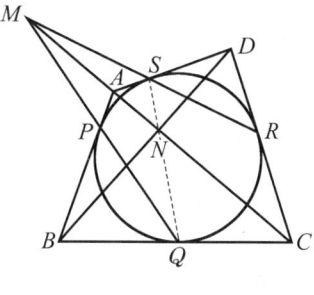

图 7.46

故 M 与 M' 重合,QP,RS,CA 共点于 M.

又由牛顿定理,S,N,Q 共线,对 $\triangle ASN$,$\triangle NQC$ 用正弦定理,有 $\dfrac{CN}{NA} = \dfrac{CQ}{AS} = \dfrac{CQ}{PA}$,于是 $\dfrac{CM}{MA} = \dfrac{CN}{NA}$,$M$,$A$,$N$,$C$ 为调和点列.

例 3 设凸四边形 $ABCD$ 的对角线交于点 O,O 至 AB,BC,CD,DA 的距离分别是 h_1,h_2,h_3,h_4.求证:四边形 $ABCD$ 有内切圆的充要条件是 $\dfrac{1}{h_1} + \dfrac{1}{h_3} = \dfrac{1}{h_2} + \dfrac{1}{h_4}$.

证明

先证明必要条件,O 至四边垂线此处不画出.如图 7.47(A),作内切圆 $\odot I$,与 AB,BC,CD,DA 分别切于点 P,Q,R,S.易知有结论:AC,BD,SQ,PR 共点于 O.

设 $\odot I$ 的半径为 r,$h_4 = OS \cdot \sin\angle ASI = OS \cdot \sin\angle SRQ = \dfrac{OS \cdot SQ}{2r}$.同理,$h_2 = \dfrac{OQ \cdot SQ}{2r}$.于是 $\dfrac{1}{h_2} + \dfrac{1}{h_4} = \dfrac{2r}{SQ}\left(\dfrac{1}{OS} + \dfrac{1}{OQ}\right) = \dfrac{2r}{OS \cdot OQ}$,而 $\dfrac{1}{h_1} + \dfrac{1}{h_3} = \dfrac{2r}{OP \cdot OR}$,由相交弦定理即知必要性成立.

下证充分性,如图 7.47(B),在 OA,OB,OC,OD 上分别找一点 A',B',C',D',使 $OA' \cdot OA = OB' \cdot OB = OC' \cdot OC = OD' \cdot OD$(只要此值充分小,$A'$,$B'$,$C'$,$D'$ 不必在形外).设 O 至 $A'D'$ 的距离为 h_4',同理定义 h_1',h_2',h_3'.于是由 $\triangle OA'D' \backsim \triangle ODA$,有 $h_4' \cdot AD =$

233

$h_4 \cdot A'D'$,但 $\dfrac{A'D'}{C'D'} = \dfrac{\sin\angle ODC}{\sin\angle ODA} = \dfrac{h_3}{h_4}$,故 $h_4 \cdot A'D' = h_3 \cdot C'D' = k$.

同理,$h_1 \cdot A'B' = h_2 \cdot B'C' = k$,于是 $A'D' + B'C' = \dfrac{k}{h_4} + \dfrac{k}{h_2} = \dfrac{k}{h_1} + \dfrac{k}{h_3} = A'B' + C'D'$,因此,四边形 $A'B'C'D'$ 为圆外切四边形,故 $\dfrac{1}{h'_1} + \dfrac{1}{h'_3} = \dfrac{1}{h'_2} + \dfrac{1}{h'_4}$,于是 $AD + BC = \dfrac{k}{h'_4} + \dfrac{k}{h'_2} = \dfrac{k}{h'_1} + \dfrac{k}{h'_3} = AB + CD$,因此,四边形 $ABCD$ 有内切圆.

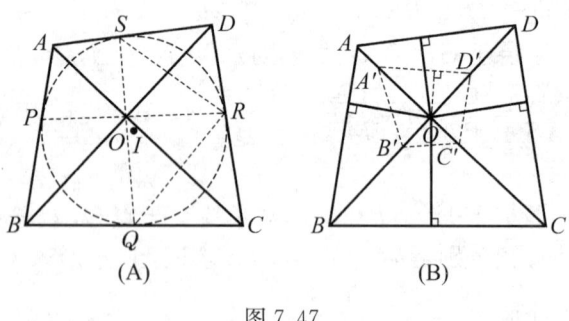

图 7.47

点评 此题用了反演加转换的方法,使难以直接使用的条件变得好用,耐人寻味. 利用三角形内 3 条高与内切圆半径的关系,还可以得到另一个充要条件:$\dfrac{1}{r_1} + \dfrac{1}{r_3} = \dfrac{1}{r_2} + \dfrac{1}{r_4}$,其中 r_1, r_2, r_3, r_4 分别是 $\triangle OAB, \triangle OBC, \triangle OCD, \triangle ODA$ 的内切圆半径.

例 4 如图 7.48,$\triangle ABC$ 中,$AB > AC$,内切圆切 BC 于点 E,AE 还交圆于另一点 D,在 AE 上有一异于 E 的点 F,$CE = CF$,延长 CF 交 BD 于点 G,证明:$CF = GF$.

证明

由 $AB > AC$，保证 F 在 AE 上而不在其延长线上 ($\angle AEC < 90°$). 过 D 作圆切线 MNK，其中 M, N 分别在 AB, AC 上，K 在 BC 的延长线上.

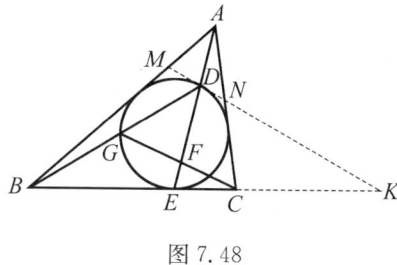

图 7.48

接下去是两个事实：首先，$\angle KDE = \angle AEK = \angle EFC$，故 $MK \parallel CG$. 其次，由于 BN, CM（图中未画出）与 DE 三线共点，故 B, E, C, K 为调和点列.

于是 $BC \cdot EK = 2BE \cdot CK$. 由门奈劳斯定理，有 $1 = \dfrac{CB}{BE} \cdot \dfrac{ED}{DF} \cdot \dfrac{FG}{GC} = \dfrac{BC}{BE} \cdot \dfrac{EK}{CK} \cdot \dfrac{FG}{GC} = \dfrac{2FG}{GC}$. 故 $CF = GF$.

例 5　在 $\triangle ABC$ 中，内切圆切 BC 于点 D，切 AC 于点 E，线段 AD 与圆还交于点 P. 求证：若 $BP \perp CP$，则 $AE + AP = PD$，其中 E 是圆在 AC 上的切点.

证明

如图 7.49，不妨设 $AB \geqslant AC$，过 P 作切线 MN，M, N 分别在 AB, AC 上. 延长 MN 与 BC 交于点 G（图中未画出），则由牛顿定理，BN, CM, PD 共点，故 B, D, C, G 成调和点列（$AB > AC$ 时），或 $BD = DC$（$AB = AC$ 时）.

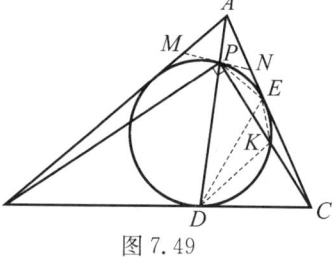

图 7.49

易知 PC 平分 $\angle DPN$，由弦切角知 $\angle NPC = \angle PDK = \angle DPK = \angle KDC$，这里 K 是 PC 与圆的另一个交点.

设 $PK = DK = a$，$PD = b$，由 $\dfrac{EK}{EP} = \sqrt{\dfrac{CK}{CP}} = \dfrac{DK}{DP}$，$EK = \dfrac{a}{b} EP$，又由托勒密定理

有 $EK \cdot b + EP \cdot a = DE \cdot a$，故 $2EP \cdot a = DE \cdot a$，$DE = 2EP$，$\dfrac{AP}{AD} = \left(\dfrac{PE}{DE}\right)^2 = \dfrac{1}{4}$，于是可知 $AE : AP : PD = 2 : 1 : 3$，证毕.

例 6 如图 7.50，已知 $\odot I$ 的外切四边形 $ABCD$，I 在 AC 上的垂足为 K. 求证：$\angle BKC = \angle DKC$.

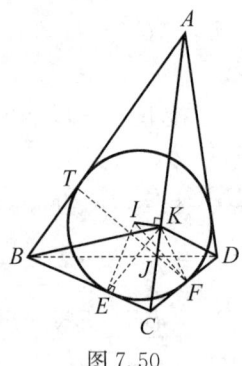

图 7.50

证明

不妨设 $\odot I$ 分别切 BC，CD 于点 E，F，易知 I，E，C，F，K 共圆，于是 $\angle EKC = \angle EIC = \angle FIC = \angle FKC (= \theta)$，又设 $\angle BKE = \alpha$，$\angle DKF = \beta$，则 $\angle BKC = \alpha + \theta$，$\angle DKC = \beta + \theta$，只需证 $\alpha = \beta$ 即可.

由面积比知

$$\dfrac{BC}{BE} = \dfrac{S_{\triangle BKC}}{S_{\triangle BKE}} = \dfrac{CK \sin(\alpha + \theta)}{EK \sin \alpha}, \tag{1}$$

$$\dfrac{CD}{FD} = \dfrac{CK \sin(\beta + \theta)}{FK \sin \beta}, \tag{2}$$

若 $\dfrac{\sin(\alpha + \theta)}{\sin \alpha} = \dfrac{\sin(\beta + \theta)}{\sin \beta}$，则 $\cos \theta + \sin \theta \cot \alpha = \cos \theta + \sin \theta \cot \beta$，$\sin \theta \neq 0$，故 $\cot \alpha = \cot \beta$，$\alpha = \beta$，题目已证. 因此，(1)、(2) 两式相除，三角部分若能抵消，故只需证

$$\dfrac{BC}{BE} \cdot \dfrac{FD}{CD} = \dfrac{FK}{EK}. \tag{3}$$

由 K，E，C，F 共圆，知 $\dfrac{FK}{EK} = \dfrac{\sin \angle ACD}{\sin \angle ACB}$，(3) 变为 $\dfrac{FD}{BE} = \dfrac{CD \sin \angle ACD}{BC \sin \angle ACB} = \dfrac{DJ}{BJ}$.

此处 J 是 AC 与 BD 的交点.

设 $\odot I$ 与 AB 切于点 T，由牛顿定理，有 T，J，F 共线，考虑到 $\angle BTJ + \angle DFJ = 180°$，对 $\triangle BTJ$ 和 $\triangle DFJ$ 分别使用正弦定理，即有 $\dfrac{FD}{BE} = \dfrac{FD}{BT} = \dfrac{DJ}{BJ}$，于是(3)、(2)、(1)均成立，结论得证.

> **点评** 本题是叶中豪先生告诉作者的，它是一类问题的典型. 条件和结论都异常简洁，但其证明却涉及了十分丰富乃至深入的内容，这很难在较短时间内一看即得，而是需要一定的几何修养和解题经验，由 $\dfrac{\sin(\alpha+\theta)}{\sin\alpha} = \dfrac{\sin(\beta+\theta)}{\sin\beta}$ 推出 $\alpha = \beta$ 也是一个极有用的结论，有很多应用.

§7.6 沢山引理

泽山引理以前一直不太为人关注,随着两圆或多圆相切的一些难题频频亮相,人们逐渐意识到泽山引理是一个重要工具,于是它的人气指数便开始节节攀升.

由于数学竞赛大纲未规定泽山引理可直接使用,本节例题中先给出它的证明,其基本出发点是两个圆的位似性质.

例1 证明**泽山引理**：如图 7.51,设两圆内切于点 K,AC,BD 是与小圆相切的大圆的弦,切点分别是 F,E,则直线 EF 经过 $\triangle ABC$ 和 $\triangle DBC$ 的内心.

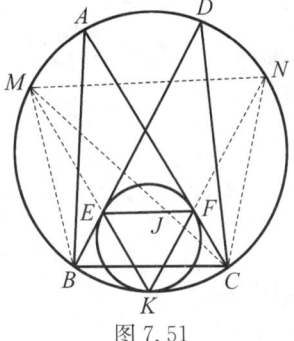

图 7.51

证明 延长 KE,KF,分别交大圆于点 M,N,联结 MN,MB,NC,MC,则以下事实成立：

(1) 由位似知 $EF \parallel MN$;

(2) M,N 分别是弧 $\overset{\frown}{BD}$,$\overset{\frown}{AC}$ 的中点;

(3) $MB^2 = ME \cdot MK$,$NC^2 = NF \cdot NK$.

又设 CM 与 EF 交于点 J,只需证 $MB = MJ$ 即可.下面给出证明.

$$\frac{MJ}{ME} = \frac{\sin\angle MEJ}{\sin\angle MJE} = \frac{\sin\angle EMN}{\sin\angle JMN} = \frac{NK}{NC} = \sqrt{\frac{NK}{NF}}$$

238

$$=\sqrt{\frac{MK}{ME}}=\frac{MB}{ME}, 于是 MJ=MB,$$

J 为 $\triangle DBC$ 的内心,同理 $\triangle ABC$ 的内心亦在直线 EF 上,证毕.

> **点评** 泽山引理比较基本,从后面引用的例子可以看出. 当 A 与 D 重合时,即曼海姆(Mannheim)定理.

例 2 证明 Thébault 定理:如图 7.52,D 在 $\triangle ABC$ 的边 BC 上,$\odot O_1$,$\odot O_2$ 均与 $\triangle ABC$ 的外接圆内切,$\odot O_1$ 还与 AD,BD 切于点 N,E,$\odot O_2$ 还与 AD,DC 切于点 M,F,则 $\triangle ABC$ 的内心在 O_1O_2 上.

证明

DO_1 平分 $\angle ADB$,DO_2 平分 $\angle ADC$,易知 $O_1D \perp O_2D$,$\triangle O_1ED \sim \triangle DFO_2$,又 $EN \perp O_1D$,$MF \perp O_2D$,设 EN 与 O_1D 交于点 P,MF 与 O_2D 交于点 Q,易知 $\dfrac{O_1P}{PD}=\dfrac{DQ}{QO_2}$,$EN \parallel DO_2$,$MF \parallel O_1D$,(由同一法)知直线 EN,MF 的交点 K 在 O_1O_2 上.

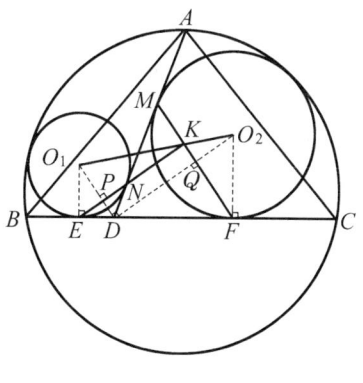

图 7.52

又由泽山引理,直线 EN,MF 的交点是 $\triangle ABC$ 的内心,故内心在 O_1O_2 上.

例 3 如图 7.53,D 在 $\triangle ABC$ 的边 BC 上,$\odot O_1$ 与 AD,BD 相切,$\odot O_2$ 与 AD,DC 相切,且 $\odot O_1$ 和 $\odot O_2$ 还分别与 $\triangle ABC$ 的外接圆内切. 若 B,C,O_2,O_1 共圆,求证:$AB+BD=AC+CD$.

证明

先证明 $\odot O_1$ 与 $\odot O_2$ 是等圆. 设 $\odot O_1$, $\odot O_2$ 的半径分别是 r_1, r_2, $\triangle ABC$ 外接圆的半径是 r, 用反证法, 假设 $r_1 \neq r_2$. 又设 $\odot O_1$ 与 BC 及大圆分别切于点 E, M, $\odot O_2$ 与 BC 及大圆分别切于点 F, N, 延长 ME, NF, 易知它们交于弧 $\overset{\frown}{BC}$ 的中点 K. 设 $BC = b$, $BK (= KC) = a$, $BE = x$, $CF = y$, $b - x - y > 0$.

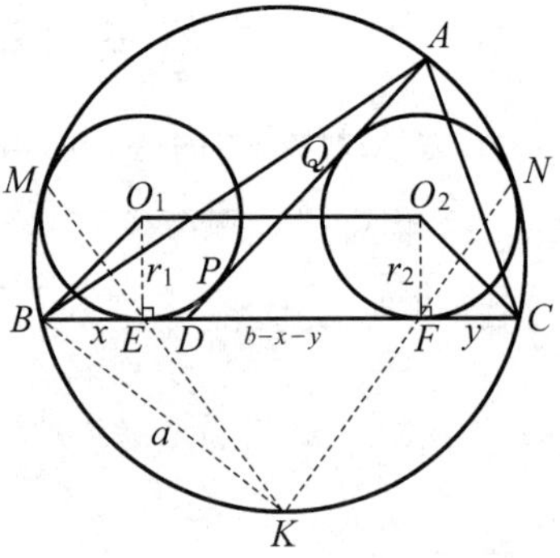

图 7.53

下面事实为大家所共知:

(1) $a^2 = BK^2 = KE \cdot KM$;

(2) $\dfrac{ME}{MK} = \dfrac{r_1}{r}$;

(3) $x(b-x) = EK \cdot ME$.

于是 $\dfrac{a^2 r_1}{r} = KE \cdot ME = x(b-x)$, $r_1 = \dfrac{rx(b-x)}{a^2}$,

同理, $r_2 = \dfrac{ry(b-y)}{a^2}$.

若 $r_1 \neq r_2$, 由 $\angle O_1BC + \angle O_1O_2C = 180°$, 知 $\angle O_1O_2F = 180° - \angle CO_2F - \angle O_1BC$, 故

$$\dfrac{b-x-y}{r_2 - r_1} = \tan\angle O_1O_2F = -\tan(\angle CO_2F + \angle O_1BC)$$

$$= \dfrac{\tan\angle CO_2F + \tan\angle O_1BC}{\tan\angle CO_2F \cdot \tan\angle O_1BC - 1} = \dfrac{\dfrac{y}{r_2} + \dfrac{r_1}{x}}{\dfrac{yr_1}{xr_2} - 1}$$

$$= \dfrac{xy + r_1 r_2}{yr_1 - xr_2}. \tag{1}$$

(1) 式左边 $= \dfrac{b-x-y}{\dfrac{ry(b-y)}{a^2} - \dfrac{rx(b-x)}{a^2}} = \dfrac{a^2}{r(y-x)}$.

(1) 式右边 $= \dfrac{xy + \dfrac{r^2xy(b-x)(b-y)}{a^4}}{\dfrac{rxy(b-x)}{a^2} - \dfrac{rxy(b-y)}{a^2}} = \dfrac{a^2 + \dfrac{r^2(b-x)(b-y)}{a^2}}{r(y-x)},$

对比两式,有 $\dfrac{r^2(b-x)(b-y)}{a^2} = 0$,矛盾,故 $r_1 = r_2$, $x = y$. 又设 $\odot O_1$, $\odot O_2$ 分别与 AD 切于点 P, Q,由泽山引理,直线 EP, QF 的交点 I 是 $\triangle ABC$ 的内心,而由 Thébault 定理,I 就在 O_1O_2 上. 于是得到平行四边形 $IEDO_2$. 设 $\triangle ABC$ 的内切圆 $\odot I$ 与 BC 切于 $J(I, J$ 均未画出),故有 $JF = IO_2 = ED$,结合 $BE = FC$,有 $BD = JC = \dfrac{1}{2}(AC + BC - AB)$,于是 $AB + BD = \dfrac{1}{2}(AB + BC + CA) = AC + DC.$

> **点评** 从位似到泽山引理、Thébault 定理,再到这一结论,生动地说明平面几何结构的精致复杂,学习平面几何特别要求积累,不可仅凭小聪明.

例 4 如图 7.54,两小圆 $\odot O_1$ 和 $\odot O_2$ 均与大圆 $\odot O$ 内切,两条内公切线经两端延长后,变成大圆的弦 AB, CD. 证明:靠近 AD 这一侧的小圆的外公切线与 AD 平行(对于另一侧也有完全类似的结论).

证明

设 $\odot O_1$ 与 AB, CD 分别切于点 M, N, $\odot O_2$ 与 AB, CD 分别切于点 T, S, AB, CD 交

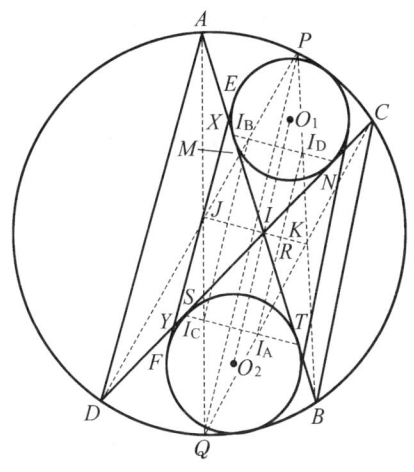

图 7.54

于点 I. 又设弧 $\overset{\frown}{AC}$, $\overset{\frown}{BD}$ 的中点分别是 P, Q, 以下事实较为显然:

$$PQ \parallel O_1O_2, \quad O_1O_2 \perp MN, \quad MN \parallel ST.$$

又由泽山引理, AQ 与 ST 的交点 I_C 是 $\triangle ABD$ 的内心, 同理可定义 I_A, I_B, I_D, 且四边形 $I_A I_D I_B I_C$ 为一矩形, 故 $I_B I_C$, PQ, $O_1 O_2$, $I_D I_A$ 之间相互平行.

设 AQ, DP 交于点 J, CQ, PB 交于点 K (J, K 分别是 $\triangle AID$, $\triangle CIB$ 的内心), 易知 J, I, K 共线且 $JK \perp O_1O_2$, $JK \perp PQ$. 又设 $\angle DAB = \angle DPB = \angle DCB = \alpha$, $\angle ADC = \angle AQC = \angle ABC = \beta$, 则 $\dfrac{r_1}{r_2} = \dfrac{NI}{IS} = \dfrac{I_D R}{R I_A} = \dfrac{\cot \dfrac{\alpha}{2}}{\cot \dfrac{\beta}{2}}$. 此处 r_1, r_2 分别为 $\odot O_1$ 和 $\odot O_2$ 的半径, 而 R 为 $I_A I_D$ 与 JK 的交点.

又设靠近 AD 的外公切线为 EF, 分别交 AB, CD 于点 X, Y. 易知 $EX = XM = YF = YS$.

又设 $\angle YXI = \alpha'$, $\angle XYI = \beta'$, 易知 $XM = r_1 \tan \dfrac{\alpha'}{2}$, $YS = r_2 \tan \dfrac{\beta'}{2}$, 故 $\dfrac{\cot \dfrac{\alpha'}{2}}{\cot \dfrac{\beta'}{2}} = \dfrac{r_1}{r_2} = \dfrac{\cot \dfrac{\alpha}{2}}{\cot \dfrac{\beta}{2}}$. $\alpha' + \beta' = \alpha + \beta$ 是显然的.

由于余切函数在 $\left(0, \dfrac{\pi}{2}\right)$ 内是减函数, 故

若 $\alpha' > \alpha$, 则 $\beta' < \beta$, $\cot \dfrac{\alpha'}{2} < \cot \dfrac{\alpha}{2}$, $\cot \dfrac{\beta'}{2} > \cot \dfrac{\beta}{2}$, $\dfrac{\cot \dfrac{\alpha'}{2}}{\cot \dfrac{\beta'}{2}} < \dfrac{\cot \dfrac{\alpha}{2}}{\cot \dfrac{\beta}{2}}$, 矛盾.

同样 $\alpha' < \alpha$ 也不可能, 故 $\alpha = \alpha'$, $EF \parallel AD$.

点评 本题是叶中豪先生提出的,始见于单墫教授的《解析几何的技巧》.本证明中四边形 $I_A I_D I_B I_C$ 为矩形及 $EX = YF$ 是常见的较易结论(这也说明一堆容易的结论合一起就往往不简单),读者可自证之.

第八讲　杂题选讲

例1　圆内接正 n 边形 $A_1A_2\cdots A_n$，P 是圆内一点，延长 A_jP 至圆于点 $A'_j(j=1,2,\cdots,n)$. 求证：

(1) $\sum\limits_{j=1}^{n} A_jP \geqslant \sum\limits_{j=1}^{n} A'_jP$；

(2) $\sum\limits_{j=1}^{n} A_jP^2 \geqslant \sum\limits_{j=1}^{n} A'_jP^2$.

证明　用复数可解决此问题，设 A_k 对应 n 次单位根 $\mathrm{e}^{\frac{2\pi i k}{n}}$ ($k=0,1,2,\cdots,n-1$)，圆的直径为 2.

由 $A_jP + A'_jP \leqslant 2$，知 $A'_jP \leqslant 2 - A_jP$，于是对于(1)，可考虑加强命题 $\sum\limits_{j=1}^{n} A_jP \geqslant n$. 设 P 的对应复数是 z，则 $\sum\limits_{j=1}^{n} A_jP = \sum\limits_{k=0}^{n-1} \left|z - \mathrm{e}^{\frac{2\pi i k}{n}}\right| = \sum\limits_{k=0}^{n-1} \left|z\mathrm{e}^{\frac{-2\pi i k}{n}} - 1\right| \geqslant \left|z\sum\limits_{k=0}^{n-1} \mathrm{e}^{\frac{-2\pi i k}{n}} - n\right| = n$.

对于(2)，用 $A'_jP \leqslant 2 - A_jP$ 同样可加强证明.

例2　考虑方程组 $\begin{cases} x+y=z+u, \\ 2xy=zu, \end{cases}$ 求实常数 m 的最大值，使得对于方程组的任意正整数解 (x,y,z,u)，当 $x \geqslant y$ 时，有 $m \leqslant \dfrac{x}{y}$.

解　易知有 $(x-y)^2 = u^2 + z^2$.

构造△ABC,满足 $BC = a = u$, $CA = b = z$, $AB = c = x - y$. 设 I 为△ABC 的内心,r 为内切圆半径,Z 为内切圆与 AB 的切点,连 CI 交 AB 于点 T,CH 为 AB 边上的高,C' 是 AB 边的中点,如图 8.1.

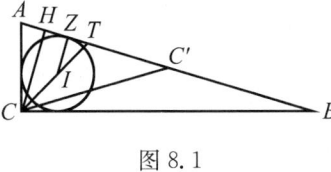

图 8.1

因为△ABC 是直角三角形,则 $r = IZ = p - c$,其中 $p = \frac{1}{2}(a+b+c)$ 为 △ABC 的半周长. 于是,

$$a + b = 2r + c = 2r + x - y.$$

由 $a + b = u + z = x + y$,可得

$$y = r, \quad x = c + y = c + r = c + p - c = p.$$

下面证明:对于任意 a,b,

$$\frac{x}{y} = \frac{p}{r} \geqslant (\sqrt{2} + 1)^2.$$

由 $CC' \geqslant CT \geqslant CI + IZ$,有

$$\frac{p - r}{2} = \frac{c}{2} \geqslant (\sqrt{2} + 1)r.$$

于是,$\frac{p}{r} \geqslant 3 + 2\sqrt{2} = (\sqrt{2} + 1)^2$.

等号仅当三角形为等腰直角三角形时成立,但此时△ABC 的三条边的边长不能都是整数,于是,有

$$\frac{p}{r} > 3 + 2\sqrt{2}.$$

另一方面,$CH \leqslant CI + IZ$,
由 $CH \cdot c = uz = 2xy = 2pr$,得

$$\frac{2pr}{c} \leqslant (\sqrt{2} + 1)r.$$

从而, $\dfrac{x}{y} = \dfrac{p}{r} \leqslant (\sqrt{2}+1)^2 \cdot \dfrac{c^2}{4pr}$.

又因为 $\dfrac{c^2}{4pr} = \dfrac{a^2+b^2}{2ab} = 1 + \dfrac{(a-b)^2}{2ab}$,

且对于方程 $a^2+b^2=c^2$, 由勾股方程基本解知,有无穷多个正整数 a, b 满足 $\dfrac{c^2}{4pr}$ 可以无限趋近于 1. 于是, m 的最大值为 $3+2\sqrt{2}$.

例 3 设 a, b, c, d 为整数, $a > b > c > d > 0$, 且 $ac+bd = (b+d+a-c)(b+d-a+c)$. 证明: $ab+cd$ 不是素数.

证明 由等式 $ac+bd = (b+d+a-c)(b+d-a+c)$, 得

$$a^2 - ac + c^2 = b^2 + bd + d^2. \tag{1}$$

于是可构造四边形 $ABCD$ 如下: $AB = a$, $BC = d$, $CD = b$, $AD = c$, $\angle BAD = 60°$, $\angle BCD = 120°$, 由余弦定理知, (1) 式为 BD^2, 且 A, B, C, D 四点共圆.

设 $\angle ABC = \alpha$, 则 $\angle CDA = 180° - \alpha$, 对 $\triangle ABC$ 和 $\triangle ACD$ 用余弦定理, 有

$$a^2 + d^2 - 2ad\cos\alpha = AC^2 = b^2 + c^2 + 2bc\cos\alpha.$$

所以

$$2\cos\alpha = \dfrac{a^2+d^2-b^2-c^2}{ad+bc},$$

$$AC^2 = a^2+d^2-ad \cdot \dfrac{a^2+d^2-b^2-c^2}{ad+bc}$$

$$= \dfrac{(a^2+d^2)(ad+bc)-ad(a^2+d^2-b^2-c^2)}{ad+bc}$$

$$= \dfrac{(a^2+d^2)bc+ad(b^2+c^2)}{ad+bc}$$

$$= \dfrac{(ab+cd)(ac+bd)}{ad+bc}.$$

对圆内接四边形 $ABCD$,用托勒密定理,得

$$AC \cdot BD = ab + cd,$$

所以 $AC^2 = \dfrac{(ab+cd)^2}{a^2 - ac + c^2}$,

所以 $\dfrac{(ab+cd)(ac+bd)}{ad+bc} = \dfrac{(ab+cd)^2}{a^2 - ac + c^2}$,

$$(ac+bd)(a^2 - ac + c^2) = (ab+cd)(ad+bc). \qquad (2)$$

又由 $(a-d)(b-c) > 0$ 及 $(a-b)(c-d) > 0$,得

$$ab + cd > ac + bd > ad + bc. \qquad (3)$$

若 $ab+cd$ 是素数,由(3)知,$ab+cd$ 与 $ac+bd$ 互质,由(2)知,$ac+bd \mid ad+bc$,这与(3)矛盾.从而命题得证.

例 4 已知非负实数 x, y, z 满足 $xy + yz + zx = 1$,求证:

$$\dfrac{1}{\sqrt{x+y}} + \dfrac{1}{\sqrt{y+z}} + \dfrac{1}{\sqrt{z+x}} \geq 2 + \dfrac{\sqrt{2}}{2}.$$

证明 设 $x = \cot A, y = \cot B, z = \cot C$,这里 $\triangle ABC$ 是锐角三角形或直角三角形.

$x + y = \cot A + \cot B = \dfrac{\sin C}{\sin A \sin B}$,同理有另外两值,于是问题变成证明

$$\sqrt{\dfrac{\sin A \sin B}{\sin C}} + \sqrt{\dfrac{\sin B \sin C}{\sin A}} + \sqrt{\dfrac{\sin C \sin A}{\sin B}} \geq 2 + \dfrac{\sqrt{2}}{2}. \qquad (4)$$

下面来证明此式.

如图 8.2,设 $\triangle ABC$ 外接圆的半径 $R = \dfrac{1}{2}$,三边长分别为 a, b, c,作 $\angle BAC$ 的平分线 AD 并延长交圆于点 E,联结 BE, CE,设 $AE =$

l,易知有如下结论:

(1) $bc = AD \cdot AE = AD \cdot l$;

(2) $2l\cos\dfrac{A}{2} = b+c$;

(3) $BE^2 = DE \cdot l$.

而(4)式 $\Leftrightarrow \sqrt{\dfrac{ab}{c}} + \sqrt{\dfrac{bc}{a}} + \sqrt{\dfrac{ca}{b}} \geqslant 2 + \dfrac{\sqrt{2}}{2}$,

上述左式 $= \sqrt{\dfrac{a}{bc}}(b+c) + \sqrt{\dfrac{bc}{a}}$,今"冻结变量",固定 BC,且不妨设 $\angle A$ 为最小内角,$\angle A \leqslant 60°$,让 A 成为动点($\angle BAC$ 确定,而 $\angle ACB \geqslant \angle ABC \geqslant \angle BAC$),又 $BE = CE = \sin\dfrac{A}{2}$,有 $bc = AD \cdot l = l^2 - DE \cdot l = l^2 - \sin^2\dfrac{A}{2}$.

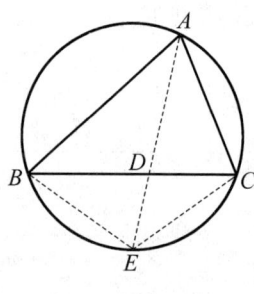

图 8.2

于是 $\sqrt{\dfrac{a}{bc}}(b+c) + \sqrt{\dfrac{bc}{a}} = \sqrt{\dfrac{a}{l^2 - \sin^2\dfrac{A}{2}}} \cdot 2l\cos\dfrac{A}{2} + \sqrt{\dfrac{l^2 - \sin^2\dfrac{A}{2}}{a}} = f(l)$,这是 l 的单变量函数.

当 $\angle ACB = 90°$ 时,l 达到最小,为 $\sin\left(90° + \dfrac{A}{2}\right) = \cos\dfrac{A}{2}$,故设

$t = \sqrt{\dfrac{l^2 - \sin^2\dfrac{A}{2}}{a}}$,则 $t \geqslant \sqrt{\dfrac{\cos^2\dfrac{A}{2} - \sin^2\dfrac{A}{2}}{\sin A}} = \sqrt{\cot A}$,

而 $f(l) = g(t) = t + 2\sqrt{a + \dfrac{\sin^2\dfrac{A}{2}}{t^2}}\cos\dfrac{A}{2}$.

$= t + \sqrt{4a\cos^2\dfrac{A}{2} + \dfrac{4\sin^2\dfrac{A}{2}\cos^2\dfrac{A}{2}}{t^2}}$

$$= t + \sqrt{4a\cos^2\frac{A}{2} + \frac{a^2}{t^2}}.$$

$$g'(t) = 1 - \frac{a^2}{t^2\sqrt{4at^2\cos^2\frac{A}{2} + a^2}},$$

如证 $g'(t) \geqslant 0$，只需证明

$$t^4[2(1+\cos A)at^2 + a^2] \geqslant a^4, 用 t \geqslant \sqrt{\cot A} 代入，得$$

$$\cot^2 A[2(1+\cos A)\cos A + \sin^2 A] \geqslant \sin^4 A,$$

或 $\quad 2\cos^3 A + 2\cos^4 A + \cos^2 A \sin^2 A \geqslant \sin^6 A,$

或 $\quad 2\cos^3 A + \cos^4 A + \cos^2 A \geqslant \sin^6 A.$

这由 $\angle A \leqslant 60°$ 保证.

于是只须证 $g(\sqrt{\cot A}) \geqslant 2 + \frac{\sqrt{2}}{2}$. 此时 $\angle C$ 已调至 $90°$，$z=0$，故

只需证明在 $xy=1$ 的前提下，证明 $\dfrac{1}{\sqrt{x}} + \dfrac{1}{\sqrt{y}} + \dfrac{1}{\sqrt{x+y}} \geqslant 2 + \dfrac{\sqrt{2}}{2}$，或

$$\sqrt{x} + \sqrt{y} + \frac{1}{\sqrt{x+y}} \geqslant 2 + \frac{\sqrt{2}}{2}.$$

左式 $= \sqrt{x+y+2} + \dfrac{1}{\sqrt{x+y}} = \sqrt{S+2} + \dfrac{1}{\sqrt{S}}$,

此处 $S \geqslant 2\sqrt{xy} = 2$,

$$\sqrt{S+2} + \frac{1}{\sqrt{S}} \geqslant 2 + \frac{\sqrt{2}}{2} \Leftrightarrow \sqrt{S+2} - 2 \geqslant \frac{1}{\sqrt{2}} - \frac{1}{\sqrt{S}}$$

$$\Leftrightarrow \frac{S-2}{\sqrt{S+2}+2} \geqslant \frac{\sqrt{S}-\sqrt{2}}{\sqrt{2S}} \Leftarrow \frac{\sqrt{S}+\sqrt{2}}{\sqrt{S+2}+2} \geqslant \frac{1}{\sqrt{2S}}$$

$$\Leftrightarrow \sqrt{2S} + 2\sqrt{S} \geqslant \sqrt{S+2} + 2,$$

由于 $\sqrt{2S} = \sqrt{2S^2} = \sqrt{S^2+S^2} > \sqrt{S+2}$，故原式成立.

 本题颇为复杂,三角代换、几何过渡到函数,要分几步走,也很容易算错.

例 5 $\triangle ABC$ 的角平分线分别是 AD,BE,CF,经延长后交 $\triangle ABC$ 外接圆于点 K,L,M,求证:$\sqrt{\dfrac{AD}{KD}}+\sqrt{\dfrac{BE}{LE}}+\sqrt{\dfrac{CF}{MF}}\geqslant 3\sqrt{3}$.

证明 设 $\triangle ABC$ 的三边为 a,b,c,外接圆半径是 R,由面积知

$$\frac{AD}{KD}=\frac{S_{\triangle ABC}}{S_{\triangle KBC}}=\frac{bc}{KB\cdot KC}=\frac{2R\sin B\cdot 2R\sin C}{2R\sin\dfrac{A}{2}\cdot 2R\sin\dfrac{A}{2}},$$

故 $\sqrt{\dfrac{AD}{KD}}=\dfrac{\sqrt{\sin B\sin C}}{\sin\dfrac{A}{2}}$,

下证 $\dfrac{\sqrt{\sin B\sin C}}{\sin\dfrac{A}{2}}\geqslant 3\sqrt{3}\tan\dfrac{B}{2}\tan\dfrac{C}{2}$,

此等价于 $\dfrac{4\sin\dfrac{B}{2}\cos\dfrac{B}{2}\sin\dfrac{C}{2}\cos\dfrac{C}{2}}{\cos^{2}\dfrac{B+C}{2}}\geqslant 27\tan^{2}\dfrac{B}{2}\tan^{2}\dfrac{C}{2}$.

左式 $=\dfrac{4\sin\dfrac{B}{2}\cos\dfrac{B}{2}\sin\dfrac{C}{2}\cos\dfrac{C}{2}}{\left(\cos\dfrac{B}{2}\cos\dfrac{C}{2}-\sin\dfrac{B}{2}\sin\dfrac{C}{2}\right)^{2}}=\dfrac{4\tan\dfrac{B}{2}\tan\dfrac{C}{2}}{\left(1-\tan\dfrac{B}{2}\tan\dfrac{C}{2}\right)^{2}}$,

于是只需证 $\tan\dfrac{B}{2}\tan\dfrac{C}{2}\left(1-\tan\dfrac{B}{2}\tan\dfrac{C}{2}\right)^{2}\leqslant\dfrac{4}{27}$,

记 $\tan\dfrac{B}{2}\tan\dfrac{C}{2}=x$,由算术-几何平均不等式,

250

有 $x(1-x)^2 = \dfrac{1}{2} \cdot 2x(1-x)(1-x) \leqslant \dfrac{1}{2}\left(\dfrac{2x+1-x+1-x}{3}\right)^3 = \dfrac{4}{27}.$

于是 $\sqrt{\dfrac{AD}{KD}} \geqslant 3\sqrt{3}\tan\dfrac{B}{2}\tan\dfrac{C}{2}$,

同理 $\sqrt{\dfrac{BE}{LE}} \geqslant 3\sqrt{3}\tan\dfrac{C}{2}\tan\dfrac{A}{2}$, $\sqrt{\dfrac{CF}{MF}} \geqslant 3\sqrt{3}\tan\dfrac{A}{2}\tan\dfrac{B}{2}$,

三式相加并利用 $\tan\dfrac{A}{2}\tan\dfrac{B}{2} + \tan\dfrac{B}{2}\tan\dfrac{C}{2} + \tan\dfrac{C}{2}\tan\dfrac{A}{2} = 1$ 即得结论.

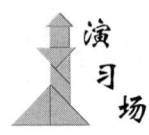

习题 8

1. 证明:(1) 一三角形中,高越长,它的中点离垂心越远;
(2) 一三角形中,角平分线越长,它的中点离开内心越远.

2. 求证:当三角形不是正三角形时,可以将其划分(既无遗漏也无重叠)成若干与之相似但无全等的三角形.

3. 设 G 为 $\triangle ABC$ 的重心,确定三角形所在平面上动点 P 的位置,使得 $AP \cdot AG + BP \cdot BG + CP \cdot CG$ 最小,并用三角形三边长 a, b, c 表示这个最小值.

4. 给定一个锐角 $\triangle ABC$,作一个最小的内接正三角形,使得它的顶点分别在 $\triangle ABC$ 三边上.

5. 设 $\triangle ABC$ 内切圆半径为 1,三边长均为整数,求证:$\triangle ABC$ 是直角三角形.

6. 凸四边形的 4 个内角大小依次为 $2\alpha, 2\beta, 2\gamma, 2\delta$,4 条边长依次为 l, m, n, k,求证:凸四边形的面积为

$$S = \frac{(l+m+n+k)^2}{4(\cot\alpha+\cot\beta+\cot\gamma+\cot\delta)} - \frac{(l-m+n-k)^2}{4(\tan\alpha+\tan\beta+\tan\gamma+\tan\delta)}.$$

7. 在锐角 $\triangle ABC$ 中,h_a, h_b, h_c 是 3 条高,求证:$h_a + h_b + h_c \leqslant 3(R+r)$,其中 R, r 分别是 $\triangle ABC$ 的外接圆、内切圆的半径.

8. 已知 $\odot O$ 有 3 条直径 AD, BE, CF,两两夹角为 $60°$,圆内有一点 P 使得 $2OP<$ 圆的半径 R,过 P 作与三角形垂直的弦与圆周交于 6 个点,现去除 3 条直径,将 P 与 A, B, C, D, E, F 相连,共得到 12 块区域,相间地染成黑色或白色.求证:$S_{黑}=S_{白}$.

9. 已知 n 个点 $A_1, A_2, \cdots, A_n$ 中,每三点不共线,证明:当且仅当
$A_1A_2 \cdot A_3A_n \cdot \cdots \cdot A_{n-1}A_n + A_2A_3 \cdot A_4A_n \cdot \cdots \cdot A_{n-1}A_n \cdot A_1A_n$
$+ \cdots + A_{n-1}A_{n-2} \cdot A_1A_n \cdot \cdots \cdot A_{n-3}A_n = A_1A_{n-1} \cdot A_2A_n \cdot \cdots \cdot A_{n-2}A_n$ 时,n 边形 $A_1A_2\cdots A_n$ 内接于圆.

10. 已知凸四边形 $ABCD$ 的对角线 AC 上一点 K,满足 $KD =$

DC, $\angle BAC = \dfrac{\angle KDC}{2}$, $\angle DAC = \dfrac{\angle KBC}{2}$. 证明：$\angle KDA = \angle BCA$ 或 $\angle KDA = \angle KBA$.

11. 已知锐角 $\triangle ABC$，CD 是高，M 是 AB 的中点，过 M 的直线分别交射线 CA，CB 于点 K，L，$CK = CL$，若 $\triangle CKL$ 的外心为 S，证明：$SD = SM$.

12. 在具有单位面积的等边 $\triangle ABC$ 外作 $\triangle APB$，$\triangle BQC$，$\triangle CRA$，使 $\angle P = \angle Q = \angle R = 60°$.

（1）求 $\triangle PQR$ 的最大面积；

（2）求以 $\triangle APB$，$\triangle BQC$，$\triangle CRA$ 内心为顶点的三角形的最大面积.

13. 在边长为 a，b，c，各角为 α，β，γ 的 $\triangle ABC$ 内有点 P，Q，使得 $\angle BPC = \angle CPA = \angle APB = 120°$，$\angle BQC = 60° + \alpha$，$\angle CQA = 60° + \beta$，$\angle AQB = 60° + \gamma$. 证明：$(AP + BP + CP)^3 \cdot AQ \cdot BQ \cdot CQ = (abc)^2$.

14. 凸四边形 $ABCD$ 中，$AD = CD$，$BD = BC$，$\angle ADC = 168°$，$\angle ABC = 66°$，求 $\angle BAD$.

15. 凸五边形 $ABCDE$ 满足 $AB = 1$，$\angle BAE = \angle ABC = 120°$，$\angle CDE = 60°$，$\angle ADB = 30°$. 证明：该五边形的面积小于 $\sqrt{3}$.

16. 设 $\triangle ABC$ 的内角 $\angle BAC = \alpha$，$BC = \sqrt{Rr}$，其中 R，r 分别是 $\triangle ABC$ 外接圆和内切圆半径，求 α 的取值范围.

17. 设 $\triangle ABC$ 三边长为 a，b，c，对应的中线长为 m_a，m_b，m_c，外接圆直径为 d，求证：$\dfrac{a^2 + b^2}{m_c} + \dfrac{b^2 + c^2}{m_a} + \dfrac{c^2 + a^2}{m_b} \leqslant 6d$.

18. 设 a，b，c 为正数，试求以下方程的正根 x：

$$\sqrt{abx(a+b+x)} + \sqrt{bcx(b+c+x)} + \sqrt{cax(c+a+x)} = \sqrt{abc(a+b+c)}.$$

19. 设 $\triangle ABC$ 的外接圆半径为 1，$\angle BAC = 30°$，X 是 $\triangle ABC$ 内或边界上一点，记 $m(X) = \min\{AX, BX, CX\}$，若 $\max\{m(X)\} = \dfrac{\sqrt{3}}{3}$，

253

求△ABC另外两个角.

20. 圆内接四边形 $ABCD$ 的边长均为整数,$AD=2005$,$\angle ABC=\angle ADC=90°$,且 $\max\{AB,BC,CD\}<2005$,求四边形周长的最大值和最小值.

21. 凸四边形 $ABCD$ 为圆内接四边形,$\angle A=60°$,$BC=CD=1$,射线 AB,DC 相交于点 E,射线 BC,AD 相交于点 F.已知△BCE 和△CDF 的周长都是整数,求四边形 $ABCD$ 的周长.

22. 设△ABC 的半周长和内切圆半径分别为 s 和 r,以边 BC,CA,AB 为直径向△ABC 外作 3 个半圆,记与这 3 个半圆都内切的大圆半径为 t,证明:$\dfrac{s}{2}<t\leqslant\dfrac{s}{2}+\left(1-\dfrac{\sqrt{3}}{2}\right)r$.

23. A,B,C,D 是直线 l 上依次排定的 4 个定点,$AB=a$,$BC=b$,$CD=c$.求证:可作一点 P,使 P 不在 l 上且满足 $\angle APB=\angle BPC=\angle CPD$ 的充要条件是 $(a+b)(b+c)<4ac$.

参考答案及提示

习题 1. a

1. 由四点共圆知,第一条不一定;后两条是肯定的. 用余弦定理与一次函数性质证明,比较困难.

2. 证明 B, C, F, E 共圆.

3. 运用反证法. 若 $AB > AC$,通过比例线段得到 $AE < AF$,再由正弦的性质和 B, D, Q, F 共圆及 C, D, Q, E 共圆,得 $\angle ABC > \angle ACB$,矛盾.

4. 设 F' 是直线 EF 与 BC 的交点, G' 是直线 GE 与 AC 的交点,易知 F, D, G, C 共圆, G', E, F', C 共圆, F, G, F', G' 也共圆.

5. 利用四点共圆性质或判定垂直的平方差等式.

6. 反过来(用同一法)考虑,证明 $\triangle DEF$ 的垂心是 $\triangle ABC$ 的外心.

7. 利用垂直的平方差性质计算即得.

8. 先证明过 P 向四边形的四边作垂线,垂足是一个矩形的四个顶点,再利用位似.

9. 利用角平分线性质,先证明 C, E, H, B 共圆(E 是 QN 的中点).

10. 作平行四边形 $MM'AB$,得 A, N, D, M' 共圆,再得 M, N, M' 共线.

11. 通过正弦定理和斯图尔特定理证明切割线定理的逆定理.

12. 作平移利用四点共圆性质即可.

13. 设 CK, BD 交于点 S,先证明 A, B, C, S 共圆.

14. 作 PD 垂直 BC 于中点 K,则 P, K, A, Q 共圆.

15. 设 Z 是 $\triangle ADX, \triangle BCX$ 外接圆的第二个交点, W 是 $\triangle ABZ$,

255

△CDZ 外接圆的第二个交点,先证明 W, Y 重合.

16. 设四边形 ABCD 的对角线交于点 G,则 A, B, E, G 共圆,A, D, F, G 共圆.

17. 先证明 B, I, H, C 共圆.

18. 在 CD 上找一点 K,满足 ∠CAK=30°,于是 A, B, K, D 共圆,最后得 ∠DBC=90°.

19. ∠EKF=135°,利用 A, D, F, G 共圆.

20. 可用面积比做代数运算,或找到 AC 的中点 K,证明 A, D, E, K 共圆.

21. 利用相似三角形和四点共圆易得.

22. 作平行四边形 $KBK'C$.

23. 证明 B, C, N, H, M 共圆,并考虑同一法和正弦定理.

24. 必要条件较为显然,至于充分条件,首先利用相似三角形证明:若 DA 平分 ∠EDF,则 AD⊥BC.

25. 结论是肯定的,作 △ABC 的外接圆即可证明.

26. 作 △ABC 的外接圆,延长(或直线)AP, BP 等与之再相交即可证明.

27. 先证明 H, A, C, D 共圆(H 是 △ABC 的垂心),再利用正弦定理.

28. 考虑四边形 ABCD 是一等形,利用四点共圆进行角度转换.

29. 作矩形 ABED,证明 P, Q, A 均在 CE 的中垂线上,本题也可构造四点共圆证明.

30. 设 B 关于 AE 的对称点为 B',证明 B', A, C, E 共圆.

31. 设 △ARQ, △BRP, △CPQ 的外接圆交于密克点 M,先证明 M 是定点,再利用角元塞瓦定理证明三垂线交于 M 的等角共轭点.

32. 设 QR, AD 延长后交于点 E,证明直线 PE, PS 重合,利用 A, P, E, Q 共圆和 P, Q, R, S 共圆等.

33. 由于 A, B, C, D 共圆,通过计算可得.

34. 先证明一个结论:已知 △DEF, P, Q 分别在射线 FD, FE 上,且 PF≥λDF, QF≥λEF,此处 λ 为一正数.若 ∠PFQ≥90°,则 PQ≥λDE.再利用余弦定理,转化为证明代数不等式 $\sqrt{x^2+xy+y^2}+$

$\sqrt{x^2+xz+z^2} \geqslant 4\sqrt{\left(\dfrac{xy}{x+y}\right)^2+\left(\dfrac{xz}{x+z}\right)^2+\left(\dfrac{xy}{x+y}\right)\left(\dfrac{xz}{x+z}\right)}$,其中 x,y,z 是 AF,BF,CF 的长度.

35. 设 A,B 在直线 FG 上的垂足分别为 P,Q,利用 C,F,M,G 共圆得 $\triangle APG \backsim \triangle CFM$,得 $AB-FG \geqslant PG+FQ = \dfrac{MF \cdot AG+MG \cdot BF}{CM}$,等号仅当 $AB \parallel FG$ 时成立,易得答案为 CD 内的点(即不包含 C、D)满足条件.

习题 1.b

1. 延长 AO 与 BK 交于点 T,证明 S,B,T,O 共圆,$AS=ST$,以及四边形 $STKQ$ 是平行四边形.

2. 利用 B,C,O,H 共圆,结果是 $\sqrt{3}$.

3. 记 M 是 AC 的中点,N 是 F 在 CD 上的垂足,则 D,E,F,M,N 五点共圆.

4. $\triangle ABC$ 的外心在过 M 的 BC 的垂线上,$\triangle ADE$ 的外心在 $\angle BAC$ 的平分线上,考虑比例线段.

5. 设 T 是直线 PQ 与 $\triangle ACQ$ 外接圆的另一个交点,于是有 A,T,B,P 共圆.

6. 延长 ME 交 $\triangle ABC$ 的外接圆于点 F,设法证明 $AF \parallel NB$.

7. 设直线 AB 与 $\triangle BHC$ 的外接圆的另一个交点为 A',CD 与 $\triangle ABC$ 的外接圆交于点 H',与 OD 垂直的直线交 $\triangle ABC$ 的外接圆于点 P,P',证明 P',A',H,P 共圆,再证明 $A'H$,PP',BC 直线共点.

8. 利用正弦定理和面积比.

9. 先证明 $AC=BD$.

10. E,F 分别是钝角 $\triangle ABD$ 和锐角 $\triangle ACD$ 的外心,设法证明 $\triangle ACF$ 是正三角形 $\Leftrightarrow DF=AG$.

11. $\angle ADB=30°$. 在 BD 上找一点 E,使得 A,E,C,D 共圆,然后利用正三角形的性质.

12. 在三角形 3 条边上所截六点共圆,称为三角形的余弦圆,利用角度直接计算即可.

13. 利用 $\triangle PXY \backsim \triangle P'Y'X'$ 与 P,X,C,Y 四点共圆等,读者可考虑反之如何.

14. 将结论转为 $\dfrac{AE}{DF} = \dfrac{BE}{CF}$,对每一式运用反相似(四点共圆)和正弦定理计算.

15. 设三条欧拉线交成的三角形为 $\triangle PQR$,适当设定字母可得 $RQ \parallel BC$,$PR \parallel CA$,$QP \parallel AB$,$\triangle AYZ$,$\triangle BZX$,$\triangle CXY$ 的外心也是一个正三角形的顶点,并以此证明 $RQ = BC$ 等.

16. 先证明一个引理:设 P 关于 $\triangle ABC$ 的边 AB,AC 的对称点是 F,E,O,H 分别是 $\triangle ABC$ 的外心和垂心,则 $S_{\triangle HEF} = \dfrac{R^2 - OP^2}{2}\sin 2A$.

17. 设 D,E,F 分别是 BC,CA,AB 的中点,AD 交 B_1C_1 于点 M,先证 A,M,E,B_1 共圆,A,M,F,C_1 共圆,D,O,F,B 共圆.

18. 先证明:已知 $\triangle A_1B_1C_1$ 和 $\triangle A_1B_1C_1$ 的中位线形成的 $\triangle ABC$,则 $\triangle ABC$ 的垂心是 $\triangle A_1B_1C_1$ 的外心,$\triangle ABC$ 的外心(即 $\triangle A_1B_1C_1$ 的九点圆圆心)是 $\triangle A_1B_1C_1$ 的外心和垂心连线的中点.

19. 利用四点共圆证明 $AP \perp BP$.

20. 先证明直线 MN 经过 AH 的中点.

21. 分别(利用中线长公式等)计算 AO,KO,证明它们相等,其中 O 是 O_1O_2 的中点.

22. 利用垂径定理或面积比.

23. 先证明 A,X,C,Y 共圆.

24. 先证明 X,X',Y,Y',Z,Z' 六点共圆.

25. 设 DH_1,CH_2 延长后交于点 M,AH_1,BH_2 延长后交于点 N,运用德萨格定理及逆定理知,本结论等价于直线 AD,MN,BC 共点或平行,这又等价于 $\dfrac{DM}{CM} = \dfrac{AN}{BN}$,其证明是先转化为更比形式(寻找局部,破坏对称性,参见本书习题 14),然后利用反相似(或四点共圆)和正弦定理即得. 本结论主要由叶中豪先生提出.

26. 利用圆证明 A，I，A_1 共线 $\Leftrightarrow \angle BAC = 60° \Leftrightarrow S_{\triangle BKB_2} = S_{\triangle CKC_2}$.

27. 证明结论中任一条与 A，B，C，D 共圆等价.

28. 过 P 作 $PD \perp BC$，D 是垂足，设法证明直线 ME，NF 经过 $\triangle DEF$ 外接圆与 BC 另一交点 Q，或利用帕斯卡定理.

29. 利用正弦定理和塞瓦逆定理即可.

30. 设 AA_2，BB_2 交于点 O，先证明 O，A，B，C 共圆，再利用同一法.

31. 利用余弦定理和三角形面积公式计算，得知仅当四边形为圆内接四边形时为最大，其值为 $\sqrt{(p-a)(p-b)(p-c)(p-d)}$，此处 p 为半周长(并注意它的边长未必要按顺序，且边长依次固定后一定可调整到能内接于圆).

32. 先证明 B，C，I，P 共圆.

习题 1.c

1. D 在直线 BC 上. 本题可向完全四边形推广.

2. 构造平行四边形 $ABCD$，先证明 A，D，C，Z 共圆.

3. 设 AK 是 $\triangle ABC$ 的高，先证明 BE，CF，AK 共点.

4. 显然直线 AD，KL，BC 共点，再利用比例线段的性质.

5. 直接计算即可得，先证明四点共圆.

6. 计算相关角度即可.

7. 利用内心到某边垂足至顶点距离的公式，通过相似三角形证明. 作者与叶中豪先生(通过几何画板)发现：设 $\triangle ABC$ 的 AB，BC，CA 边中垂线分别与角平分线 AD，BE，CF 交于点 A_1，B_1，C_1，而 CA，AB，BC 边中垂线分别与角平分线 AD，BE，CF 交于点 A_2，B_2，C_2，则 I，A_1，B_1，C_1 及 I，A_2，B_2，C_2 分别四点共圆，且两圆的公共弦是 I、类似重心 K 及 Mittonpunkt 所共直线(参见 http://bbs.cnool.net/thesis.jsp?thesisid=494).

8. 直接计算内心至某边垂足，至该边端点的距离等.

9. 两端延长 $\triangle ABD$ 与 $\triangle ACD$ 的内心连线，分别交 AB，AC 于

点 M, N, 先证明原题条件等价于 $AM=AN$, 再考虑门奈劳斯定理.

10. 利用相交弦定理, 并考虑角平分线长度公式.

11. 作 $\triangle ABC$ 的外接圆及直径 BK, 则 BR 也平分 $\angle HBK$, 且 $\dfrac{HR}{RK} = \cos B$.

12. 先证明 I_1, I_2, C, B 共圆.

13. 不妨设 O 在 $\triangle PBC$ 内,

(1) 利用 $S_{\triangle POE} = \dfrac{1}{2}(S_{\triangle POA} + S_{\triangle POB})$ 等进行面积转换.

(2) 利用 $S_{\triangle PEF} = S_{\triangle POE} + S_{\triangle POF} - S_{\triangle OEF}$.

14. 结论是肯定的, 先论证对角线中点连线的中点即是对边中点连线的中点, 再证明这四边的中点和 M, N 共六点(或五点)共圆.

15. 通过计算几组四点共圆容易做出判定.

16. 作 $\angle EPF$ 的平分线交 EF 于点 S, 交圆于点 K, 则 $PC^2 = PE \cdot PF = PS \cdot PK$, I 在 AK 上.

17. 先证明设 $\triangle KED$ 的外接圆交 AC 于点 M', 则 M' 与 M 重合.

18. 先证明 P, B, H, C 共圆, 再证明 $\triangle XLF \backsim \triangle FEO$ (L, E 分别是 X, O 在 AB 上的垂足).

19. 设 R 在 CD, BC, DA, AB 所在直线上的投影分别为 M, N, S, T, 易知 R, T, A, S 共圆, R, N, C, M 共圆, R, P, M, T 共圆. 设 CA, PQ 交于点 L, 证明 RO, RL 分别是 $\angle ARC$ 的内、外角平分线.

20. 利用余弦定理及平方差等式计算.

21. 利用正弦定理等, 并得到等价关系 $QN \parallel BC$.

22. 先证明 K 为 $\triangle A_2 A_4 A_6$ 的垂心.

23. 利用(可先证明)戴维斯(Davis)定理: 三角形三边上各有两点, 且每两边上的四点分别共圆, 则六点共圆.

24. 均可利用戴维斯定理加以证明. 注意当 A', B', C' 依条件变动时, 所得的一系列圆称为 $\triangle ABC$ 的塔克圆系.

25. 考虑戴维斯定理, 先证明 3 组四点共圆; 再考虑点关于圆的幂. 进一步, 我们可以证明下述 12 个点共圆: 作一三角形 3 条高, 以每垂足为起点在所在边(所在直线)上截两线段, 使其长度均等于该垂足与外心的距离,所得的 6 个截点;以及该三角形的每边所在直线上有一对点,到对顶点的连线均等于三角形外接圆直径,这 6 条连线的中点.

26. 先证明一些交点是等腰梯形的顶点.

27. 证明其中一些点是一等腰梯形的顶点.

28. 证明 $\triangle ABC$ 外心 O 到这六点的距离相等.

29. 利用割线定理的逆定理(或反相似)进行计算即可.

30. 先选择一组四点共圆(角度计算即可),然后同理可得其他的点共圆.

31. 设 AC,BD 交于点 Q,利用相似三角形($\triangle A'QD' \backsim \triangle DQA$ 等)性质. 另外,如果 A',C' 是 BD 上两点,B',D' 是 AC 上两点,其余条件不变,则类似结论也成立.

32. 作 $\angle BFC$ 和 $\angle BEC$ 的平分线,利用内心与外接圆的著名性质,读者可考虑反之如何.

33. 四边形 $ABCD$ 是圆内接四边形,可运用正弦定理和正切的和角公式.

34. 设 B,E,F,D 所共圆的圆心是 O,通过两对相似三角形证明 $\angle DAP = \angle BAO = \angle DAQ$.

35. 设 D 在 AB,AC 上的垂足为 M,N,证明 EF 在 BC 上的投影长度等于 MN 在 BC 上的投影长度.

习题 2.a

1. 先证明 3 条垂线共点,读者可考虑反之如何.

2. 可利用中线长与相似比,读者可考虑反之如何.

3. 过 C 作 AB,AD 的垂线.

4. 过 O 作四边的垂线,转化并利用余弦的性质.

5. 可利用向量等证明 BC 的中点至 E、F 等距,DA 同理可证.

6. 先证明在 $\triangle ABM$ 的外接圆上,有唯一的点 $N(\neq M)$,使得 $\dfrac{AN}{BN} = \dfrac{AM}{BM}$,再利用四点共圆性质和相似三角形.

7. 先证明 K 是 $\triangle ACM$ 的垂心,考虑 M,D,K,L 共圆及 C,L,D,B 共圆即得结论.

8. 易知 $BC=BT, AD=AT$,并得到相等的角度.

9. 利用四点共圆性质计算角度.

10. 直接利用四点共圆与相似三角形.读者可考虑反之这样的 P 点存在能否得出 A, B, C, D 共圆.

11. 先证明这条线经过四边形 $ABCD$ 对角线的交点(此时只需要选出两个垂心证明较易的局部命题). 另一个"对应"命题是:四边形 $ABCD$ 有内切圆 $\odot O$,则 $\triangle OAB$,$\triangle OBC$,$\triangle OCD$,$\triangle ODA$ 的垂心共线.

12. 显然,8 个点中有两组,它们各构成一矩形的顶点,证明它们具有相同的外接圆.

13. 利用相似三角形、门奈劳斯定理和门奈劳斯定理的逆定理.

14. 设 H 是 $\triangle CMP$ 的垂心,证明四边形 $LOMH$ 是一个平行四边形.

15. 设置合适的角度,用三角函数表示和证明欲证式.

16. 设 AA'' 分别交 BC,CD' 于点 F,E,$\triangle A'EF$ 的内心是 I,先证明 I, E, C, F 共圆,A', I, C 共线.

17. 设 O 是四边形 $ABCD$ 的外心,有 $\triangle AKN$ 外心是 AO 中点等结论,再利用向量进行计算. 或直接利用垂直和平行关系.

18. 证明 M 在 CD 的中垂线上.

19. 证明 $\triangle AII' \sim \triangle ACB$.

20. $\angle APD = 90°$,考虑门奈劳斯定理.

21. 考虑帕斯卡定理. 也可用幂与根轴性质.

22. 设弧 $\overparen{BC}$ 中点为 H,先证明 $\triangle HML$ 为等腰三角形,计算角度即可.

23. 先证明 C, A 在 DF 的异侧,再证明 $AD=CF \Leftrightarrow \triangle ABE$ 的外心为 AE 的中点.

24. 利用正弦定理和其他三角函数公式(如和角公式)计算即得.

25. 证明 D, P, S, M 及 M, R, Q, C 共圆.

26. 证明 O_1O_3,O_2O_4 都过 OP 中点.

27. 若 A, B, E, F 共圆,设 AB,CD 交于点 T,将问题转化为证

明 $\dfrac{TE}{CE} = \dfrac{TD}{DF}$；反之可采用同一法.

28. 利用四点共圆证明这条线也过圆心和对角线的交点.

29. 利用四点共圆的相等角度和相似三角形进行转换计算即得.

30. 利用戴维斯定理.

习题 2. b

1. 利用判定垂直的平方差等式.

2. AA' 与 AX，BB' 与 BY，CC' 与 CZ 分别是各自角的等角线（即关于角平分线对称）.

3. 利用帕斯卡定理.

4. 易知 $SN \parallel AB$，故 A，B，K，M 共圆，$AK \perp BC$.

5. 利用门奈劳斯定理的逆定理，其中比例线段可运用三角形面积比（正弦）表达.

6. 作 BC 的中垂线 MN，N 在 AB 上，设法证明 A，N，M，C 共圆，或用三角函数计算出 $\angle B = 15°$.

7. 利用相似三角形、四点共圆（相交弦）和九点圆的性质.

8. 证明三直线交于 $\triangle ABC$ 外接圆上某点.

9. 先证明 BC 内存在一点 N，使得 $\angle PNB = \angle PCA$，再证明 $\dfrac{AC}{BN} = \dfrac{PL}{PK}$，$\dfrac{AB}{CN} = \dfrac{PM}{PK}$.

10. 取 BC 的中点 Q，计算 AP^2 和 DP^2.

11. （1） $\angle DNM = \dfrac{\angle A + \angle C}{2}$，$\angle DMN = \dfrac{\angle A + \angle B}{2}$，$\angle MDN = \dfrac{\angle B + \angle C}{2}$.

（2）利用（1）的结果可算得 $\angle NPM = 180° - \angle B - \angle C$.

12. 利用外心性质直接计算角度即得.

13. 证明 $DF \parallel AH$，$DM = EM$ 等.

14. 延长 AK 交 $\triangle ABC$ 外接圆 $\odot O$ 于点 P，K 在 AB，AC 上的垂足分别为 S，T，则 $\dfrac{AS}{AB} = \dfrac{AK}{AP} = \dfrac{AT}{AC}$.

15. 用同一法证明 B,H($\triangle ABC$ 的垂心),E 共线等.

16. 考虑塞瓦定理的逆定理.

17. 利用角平分线的比例性质与相似三角形.

18. 先证明 $\triangle AHC \cong \triangle MKN$(其中 K 为直线 MD 与 NE 的交点).

19. 证明这个公共点是弧 $\overset{\frown}{BAC}$ 的中点.

20. 利用等式 $AK \cdot \cos\dfrac{\angle A}{2} = \dfrac{1}{2}(AM+AN)$,问题转化为求 $AM+AN$ 的最小值,再利用"张角关系"(也可称作托勒密定理的反演)和柯西不等式.

21. (1) 利用 A,I,O,B 共圆.
(2) 先证明 $RO=RI$.

22. 使用(角元)塞瓦定理和门奈劳斯逆定理.

23. $\angle A=30°$,$\angle B=60°$.

24. 运用圆周角之间的转换,证明 $\angle AKL = \dfrac{1}{2}\angle AKC$.

25. 先证明 $RP=CQ$,然后利用三角形面积公式进行转换.

26. 先证明:若 P 是 $\triangle ABC$ 外接圆上任一点,P 关于 BC 中点的对称点是 Q,则 QH 的垂直平分线与直线 AP 关于 OH 的中点对称.此处 O,H 分别为 $\triangle ABC$ 的外心和垂心.

27. 过 A 作 $AK \perp BI$,K 是垂足,延长 AK 后交直线 BC 于点 L,证明 A,M,D,L 共圆.

28. 设 I_1,I_2 分别为 $\triangle AKB$,$\triangle CBL$ 的内心,P,Q 为直线 BI_1,BI_2 与 $\triangle ABC$ 外接圆的第二个交点,利用内心的重要性质,证明 $PI_1=QI_2$,再利用全等三角形.

29. 作 $\angle C$ 的平分线,将点 A 关于该平分线的对称点记为 A',证明 $\triangle APQ$ 的外接圆经过 A'.

30. (1) 设 K 是直线 MD,NE 的交点,先证明 $\triangle AHC \cong \triangle MKN$.

(2) 由前知 O' 是 BK 的中点,又设 I 是 AN 的中点,设法证明四边形 $BO'IO$ 为平行四边形.

31. 直接计算角度即得.

32. 作 $AQ /\!/ B'C'$, $BQ /\!/ C'A'$, 则 Q, B, C, A 共圆; 作 $AQ \perp B'C'$, $BQ \perp C'A'$, 则 Q, A, B, C 共圆.

33. 设 P 是 AH, BH 关于 l, m 的对称线的交点, 先证明 P 在 $\triangle ABC$ 的外接圆上.

34. 利用相似形与角度计算即可.

35. 直接利用相似形和比例线段.

36. 这一常数是正三角形边长平方的 $\dfrac{3}{4}$.

37. 利用陪位中线的性质.

38. 利用三角形面积之比和门奈劳斯逆定理.

39. 利用门奈劳斯定理的逆定理.

40. 证明这 3 条线两两的交点在三角形外接圆上.

41. 设 $\triangle ABC$ 与 $\triangle A'B'C'$ (对应)透视, 证明直线 AA', BB', CC' 共点于 O (即 $\triangle A'B'C'$ 内心), 则 A, B, C, O 共圆.

42. 利用内切圆或旁切圆与三角形的边长关系.

43. 通过相似和角度换算证明一些四点共圆.

44. 先证明一个引理: 设 $\triangle ABC$ 的内切圆 $\odot I$ 与边 BC 切于点 D, $\angle A$ 内的旁切圆与边 BC 切于点 E, 若线段 BC 的中点为 M, 则 $AE /\!/ IM$. 再利用门奈劳斯定理.

45. 充分利用门奈劳斯定理.

46. 证明 $\angle MTB - \angle CTM = \angle MAB$.

习题 3.a

1. 利用四点共圆(包括弦切角定理)和相似三角形.

2. 利用门奈劳斯定理的逆定理容易证明.

3. 运用弦切角和同一法即可.

4. 证明圆心就是三角形的重心.

5. 先证明一个熟悉的结果: $\odot O$ 的两弦 AM、QT 交于 QT 中点 F, 过 A, M 作 $\odot O$ 的切线, 分别交直线 QT 于点 P, U, 则 $PQ = UT$.

6. 直接计算角度即可.

7. 设 O 为圆心，M 是 AE 与 BC 的交点，作直径 AN，先证明 N，M，Z 共线，于是得 N，O，Z，D 共圆.

8. 先证 $\triangle BEO \backsim \triangle COF$，得 $\angle OGH + \angle OHG = \angle OGB + \angle OHC$，再利用反证法.

9. 利用切线性质.

10. 利用四点共圆和射影定理.

11. 利用门奈劳斯定理或面积比.

12. 设过圆心 O，C，D 三点的圆交 AB 于另一点 K，证明 $AK = AD$，$BK = BC$.

13. 利用比例线段直接计算可得.

14. 过 D 作 $DF /\!/ BC$，交 AC 延长线于点 F.

15. 可反过来考虑：BR 的延长线过 CD 的中点，利用三角形面积和正弦性质.

16. 先证明 $MT /\!/ BC$，再证明 $\dfrac{MT}{SM} = \dfrac{KB}{AB} \cdot \dfrac{HM}{HB} = \dfrac{HK}{HS}$.

17. 先利用正弦定理证明 $\sin\angle CAK = \sin\angle DBM$，再分两种情况讨论.

18. 将结论转化成比例线段，利用门奈劳斯定理；或利用四点共圆性质.

19. 利用解析几何方法，设定圆圆心为原点 O，方程为 $x^2 + y^2 = r^2$，直线 k 的方程为 $y = -s(s > r)$，直线 l 的方程为 $y = t$，证明定点的坐标为 $\left(0, -\dfrac{r^2}{s}\right)$.

20. 定点是 $\triangle ABP$ 的高 PE 的中点.

21. 过 O 作垂直于 AO 的直线，交 AB 于点 D，证明直线 QR 恒过定点 D.

22. 利用比例线段计算，可"破坏对称性"，对一边集中处理，另一边同理.

23. 设这个交点是 R，证明 $\dfrac{AR}{RC} = \sqrt{\dfrac{AB}{BC}}$.

24. 设直线 CF 还交 ω 于点 H，设法证明 $GH /\!/ l$.

25. 利用门奈劳斯定理与相交弦定理即可证明.

26. 通过角度计算和转换,分别证明 O, O_1, C_1, C 和 O, O_2, O_1, C 四点共圆.

27. 证明 A, A', R, K 共圆,T 是圆心,RK 是直径.

28. 通过计算切线长证明 $UV /\!/ YC$.

29. 设 $\triangle PEC$ 的外接圆与 $\odot O$ 交于点 B',证明 O, D, E, B' 共圆.

30. 设 L 为 CE 的中点,先证明 M, C, K, L 共圆.

31. 设 $\angle OPB = \theta$,设法证明 $4\sin^2\theta + 3\sin\theta - 1 = 0$.

32. 直接计算圆弧角度即可.

33. 利用等腰三角形的"斯图尔特定理",即 $\triangle ABC$ 中,$AB = AC$,P 是直线 BC 上任一点,则 $|AB^2 - AP^2| = BP \cdot CP$.

34. 显然有 $LA = LE, MC = MD, HG /\!/ LM$,且 B 是弧 $\overparen{HG}$ 的中点.

35. 设 BC 的中点为 M,考虑关于 M、T 的一个阿波罗尼斯圆(即 $\odot O$).

36. 由 A, P, H, Q 共圆,得 $\triangle HPE \sim \triangle HQF$,再设法证明 $\triangle HOM$ 也与之相似,这里 M 是 AH 的中点.

37. $\dfrac{h}{h-2}$.

38. (1) 先证明 $\dfrac{BD}{CD} = \dfrac{AB^2}{AC^2}$.

(2) 设 G 是 $\triangle ABC$ 的陪位重心,过 G 作 $\triangle ABC$ 三边的平行线,得到与其他边相交的 6 个交点,先证明这 6 个交点共圆,再证明 AA_1,BB_1,CC_1 均过六点圆的圆心.

39. 证明 P, A, Q, B 共圆,注意这里 PA, PB 是切线的条件是多余的.

40. 设 $\triangle ABC$ 的对应边为 a, b, c,外接圆半径是 R,设法证明
$$\cot\angle BAS = \dfrac{R(a^2 + b^2 + 3c^2)}{abc} = \cot\angle ABQ.$$

41. 设 O 为 ω 的圆心,M 为 OX 与 AB 的交点,先证明 O, M, D,

C 共圆.

42. 用同一法,证明两条切线在过 M 且垂直于 BC 的直线上所截的点重合.

习题 3.b

1. 证明这 6 个点到 I 的距离相等.

2. 考虑内切圆形成各切线的长度(用三角形三边表示)即可.

3. 考虑"旁切圆"(过 P)即可.

4. 有熟知结论(先证明):$BD = CE = \dfrac{1}{2}(AC + BC - AB)$ 及 $AB + CA = 2BC$. 答案是 $6 : (7 - \sqrt{7}) : (8 - 2\sqrt{7})$.

5. 设直线 AI 交 BC 于点 K,联结 IS,IT,则 $\triangle IST$ 是一等腰三角形,计算有关角度.

6. 用三角形的边长或角度的三角函数表示欲证式,再利用算术-几何平均不等式.

7. 使用内切圆的基本边角关系进行计算(可引进旁切圆).

8. 设 $\triangle ABC$ 的内切圆为 $\odot I$,过 F 作 $\odot I$ 的切线交 AB 于点 P,交 AC 于点 Q,证明 $PQ = PB$,$\angle PBC = \angle PQC$,从而 $\triangle PBC \cong \triangle PQC$.

9. 考虑三角形内切圆,计算内切圆和旁切圆的切线与三角形的边长关系即可.

10. P 在 $\triangle ABC$ 内时,$\dfrac{AB}{BC} = \dfrac{\sqrt{2}}{2}$;$P$ 在 $\triangle ABC$ 外时,$\dfrac{AB}{BC} = \dfrac{\sqrt{10}}{2}$.

11. 先通过四点共圆证明 $\angle FBH = \angle ECH$.

12. 先证明 $\angle C'A'B = 90° - \dfrac{1}{2}\angle ABC$ 等.

13. 先证明 $\triangle HBC \sim \triangle DFE$,又设 Q 为 EF 的中点,由 $IQ \parallel DP$ 及 H,I,D 三点共线,得 H,Q,P 共线.

14. 设 $\triangle ABC$ 内切圆切 AC 于点 J,证明 A,J,F,K 共圆.

15. 设 A 关于直线 EP 的对称点为 G,设法证明四边形 $EGDF$ 为平行四边形.

16. 证明 A,K,I,L,B 五点共圆.

17. 过 J 作 $JM // KL$，M 在 AC 上，证明 $JM = JD$，再考虑三角形内的（用三边表示的）切线长.

18. $\angle BEA_1 = \angle AEB_1 = 90°$.

19. 设内切圆 $\odot I$ 分别切 BC，CA，AB 于点 D_1，E_1，F_1，$A_1 K_a$ 交 $\odot I$ 于点 P，记 $\angle PID_1 = \theta$，先证明 P、K_a、A_1 共线 $\Leftrightarrow 2\sin\dfrac{A}{2}\sin\dfrac{\theta}{2} = \sin\dfrac{B+\theta-C}{2}$ 等 3 个式子.

20. 设内切圆 $\odot I$ 与 BC，CA，AB 分别切于点 D，E，F，直线 DI 与 EF 交于点 T，先证明直线 AT 过 BC 的中点 M，设直线 LY 交 AP 于点 Z，再证明 L 是 YZ 的中点.

21. 利用 B，C，F，G 共圆及正弦定理.

22. 先证明 $AF = CD$，$AE = BD$，$CE = BF$.

23. 利用勾股定理和正三角形性质.

24. 利用重心、内心性质和门奈劳斯定理.

25. 转化命题并利用余弦定理.

26. 利用角平分线长度公式.

27. 利用三角形面积比与塞瓦逆定理.

28. 利用布利安香定理和帕普斯定理.

29. 对 $\triangle ABC$ 和 $\triangle QPR$ 使用德萨格定理.

30. 利用德萨格定理的逆定理.

31. 考虑 I，E，G，B 共圆等.

32. 利用弦切角和塞瓦定理的逆定理.

33. 证明更强的结论：X，Y 在 $\angle B$ 的平分线上.

34. 设 ED 分别与 XY，AI 交于点 P，Q，证明 $EQ + PD = ED$.

35. (1) 用切割线定理与中线长公式先证明 $FP // AX$.
(2)(3)(4) 利用(1)的结果及比例线段的性质.

36. 考虑四点共圆及门奈劳斯定理的逆定理.

37. 利用直角坐标系证明，$A_0 D$，$B_0 E$，$C_0 F$，OI 四线共点的充要条件为 $2\sin\dfrac{A}{2}\cos\dfrac{B}{2}\cos\dfrac{C}{2} + \cos A = 2\sin\dfrac{B}{2}\cos\dfrac{C}{2}\cos\dfrac{A}{2} + \cos B = $

$2\sin\dfrac{C}{2}\cos\dfrac{A}{2}\cos\dfrac{B}{2}+\cos C.$

习题 3.c

1. 联结 IA，IB，IC，ID，将四边形 $ABCD$ 划分成 4 个三角形，有 $\angle AID+\angle BIC=180°$ 等，考虑这两对相对的三角形的面积比.

2. 通过角度计算,利用四点共圆的性质及正弦定理,得以四边垂足为顶点的四边形的对边之和相等.

3. 证明 $\triangle AIX \backsim \triangle DIY$ 等.

4. 充分性显然,必要性可利用同一法.

5. 设 X，Y 分别是 AB，DC 的中点,若 O 是 XY 的中点,先证明 $\triangle OXB \backsim \triangle CYO$，由此得到 $OA \cdot OC = OB \cdot OD$；反之,若 $OA \cdot OC = OB \cdot OD$，仍可得 $\triangle OXB \backsim \triangle CYO$.

6. 设 I 是凸四边形 $ABCD$ 的内心,联结 IA，IB，IC，ID，利用射影定理,证明 A，B，C，D 共圆的充要条件是 E，F，G，H 共圆.

7. 利用余弦定理,等号成立的条件是 $AB=AD$ 且 $CD=BC$.

8. 充分利用三角函数计算证明四边形 $ABCD$ 是一个以 BC，AD 为上、下底的等腰梯形.

9. 设 $\triangle ABK$，$\triangle BCL$，$\triangle CDM$，$\triangle DAN$ 的垂心分别是 K_1，L_1，M_1，N_1，证明 $\overrightarrow{K_1L_1}=\overrightarrow{AC}=\overrightarrow{N_1M_1}$.

10. (1) 利用对边之和相等判定.

(2) 证明这条线还经过圆内接四边形的两对角线交点.

11. 反复利用正弦定理.

12. 利用(角元)塞瓦逆定理,通过弦切角转换并使用正弦定理.

13. 利用余弦定理和判定垂直的平方差等式.

习题 4

1. 先证明 $KM /\!/ AB$(考虑中位线).

2. 由对称性可得定点就在 AB 的中垂线上.

3. 利用正弦定理将外接圆半径抵消,变成三角形边角关系的不等式.

4. 利用垂直平分线的性质,分情况讨论,当 T 在圆内时,$AD = BT + CT$;否则有 $AD = |BT - CT|$.

5. 设 O 是 $\triangle ABC$ 的外心,作 $OJ \perp A_1D$,J 在线段 A_1D 上,

(1)(2) 先证明 $\angle JA_1O + \angle OAL = 90°$,四边形 $OMDJ$ 是一矩形,于是 $MD = OJ = AL = \dfrac{AC}{2}$,由此可得结论.

(3) 设 I 是 $\triangle ABC$ 内心,在线段 AA_1 上,T,S 分别是 I 到 AD 和 A_1D 的射影,$SD = IT = $ 内切圆半径 r,再设法证明 $\triangle A_1 IS \cong \triangle A_1 CN$,$A_1 S = A_1 N$,$A_1 N + ON = $ 外接圆半径 R.

6. 证明 $\triangle PAC' \sim \triangle PA'C$,$\triangle PC'D' \sim \triangle PCD$.

7. 证明 $\triangle ACM \cong \triangle DON$,$O$,$M$,$P$,$N$ 共圆.

8. 取 AC 的中点 F,E,E' 分别是过 M 的直径与外接圆的交点,E 与 A 接近,证明 $MN \parallel AE$.

9. 设 H,O 分别是 $\triangle ABC$ 的垂心、外心,$AH = AO$,$\angle A$ 的平分线也是 $\angle HAO$ 的平分线.读者可考虑反之是否成立.

10. 设 $\triangle PAB$,$\triangle PCD$ 的外心及垂心分别为 O_1,H_1,O_2,H_2,利用同一三角形的外心和垂心为等角共轭点,得 $O_1(O_2)$、P、$H_2(H_1)$ 共线,以及 $\triangle PO_1H_1 \sim \triangle PO_2H_2$.

11. 分 3 种情况,得 $\dfrac{OQ}{OP} = \dfrac{t+1}{t-1}$.

12. C 为 AO 延长线与 $\odot O$ 的交点,且 BD 是垂直于 AO 的直径.

13. 设 P 为 BD 与 CE 的交点,证明 $AP = \dfrac{AO^2 - r^2}{AO}$.

14. 证明四边形 $BXDY$ 是正方形.

15. 利用边角关系直接计算角度立即得到.

16. 所求图形的面积为 $\dfrac{AB \cdot CD}{2}$,周长为 $(AB + CD + \sqrt{2} AD) \dfrac{\pi}{2}$.

17. 设 F 是 E 关于 AB 的对称点,则 D,C,F 共线.

18. 利用直角坐标系得轨迹为一直线.

19. 先证明 $CQ^2 = CE \cdot CA, CP^2 = CD \cdot CB$.

20. 利用正弦比和塞瓦定理的逆定理立得.

21. 证明这个距离为 $AB \sin \angle ACB$.

22. 证明 $\dfrac{\angle B - \angle C}{2} = \angle KID \leqslant \angle C$.

23. 答案是 $60°$, 可考虑有向角.

24. $DM = a$, 先证明 A, B, C, D 共圆.

25. 证明 $\triangle ABC \backsim \triangle A_1 B_1 C_1$, 直线 $A_1 A_2, B_1 B_2, C_1 C_2$ 分别是直线 AX, BX, CX 的对应直线.

26. 由于 $\angle AKI_a$ 的大小与 AL 的长是一一对应关系, 故将原命题转化为在 $AL = 2R$ 的前提下, DI_a 平分 $\angle AI_aB \Leftrightarrow \angle AKI_a = 90° + \dfrac{3}{4} \angle C$.

27. 利用布利安香定理.

28. 设 S 是 ω 与 CQ 交点, 证明 S 为 CQ 的中点.

29. (1) 证明 A, B, E, D 及 A, B, F, G 共圆.
(2) 证明 L, P, N, C 共圆 (P 为 AN 与 BL 的交点).

30. 菱形较小的内角不小于 $60°$.

31. 利用 A, E, B, D 共圆 (AB 是直径) 及勾股定理, 分 D 在 BC 及其延长线上两种情况讨论.

32. 记 $\alpha = \angle LDA = \angle LDB, R$ 为 ω 的半径, K 为过 M 且垂直于 DM 的直线与 DL 的交点, 先证明 $KD = \dfrac{MD}{\cos \beta} = 2R(1 + 2\sin\alpha)$.

33. 先证明 S 在 AQ 上, 作平行四边形 $PQRT$, 再证明 S 在 BT 上.

34. 设 P, Q, R 分别为 $\triangle ACD, \triangle BCD, \triangle BCE$ 的垂心, 先证明 B, C, R, Q 共圆, 再得到 $\angle RQC = 60° - \angle BDC, \angle PQC = 60° - \angle DBC, \angle PQR = \angle BCD - 60°, \angle BCD = 150°$.

35. 利用余弦定理和三角形面积公式, 得 $\dfrac{MN}{BC} = \sqrt{1 - \dfrac{2r}{R}}$.

36. 由相似三角形和三角形面积公式, 知只需证 $AO^2 \cdot BD \cdot$

$MC+CO^2 \cdot BD \cdot MA = BO^2 \cdot AC \cdot MD + DO^2 \cdot AC \cdot MB$,这里 M 是 AC 与 BD 的交点.

37. $AK=8.64$.

38. 利用相似形和塞瓦逆定理.

39. 设 X 为 $\triangle ABP$ 与四边形 $PECF$ 内切圆外公切线(靠近 F 这一侧)与 BF 的交点,分别记 $\triangle ADP$,$\triangle BCP$ 和 $\triangle APB$ 的内切圆半径为 r_1,r_2,r,证明 $\dfrac{r_1}{r}=\dfrac{BP}{BX}=\dfrac{r_2}{r}$.

40. 必要条件易证. 对于充分条件,设 I,I_1,I_2 在 AB 上的垂足分别为 M,M_1,M_2,先证明 $\triangle I_1M_1M \cong \triangle I_2M_2M$.

41. 利用 $\triangle DI_1I_2 \backsim \triangle ABC$ 即可.

42. 利用面积的割补可以证明这个面积就是 $\dfrac{\theta}{90}\pi r^2$.

43. 先由极端位置猜测面积为 1,再利用割补法证明.

44. 利用四点共圆和相似性质直接可得.

45. 设 $\triangle APD$ 和 $\triangle BPC$ 的外接圆的另一个交点(这要证明两圆不相切)是 O,证明 $\triangle PQR$ 的外接圆经过点 O.

46. 利用三角函数计算即可.

47. 利用四点共圆证明 $AE \cdot AF = \dfrac{AB^2 \cdot PA}{PB}$.

习题 5

1. 利用德萨格定理.

2. 可将此问题简化为:圆内一条动弦垂直于一条定弦,则该动弦被定弦分出的两部分之差是常数.

3. 利用四点共圆和全等三角形计算.

4. 利用完全四边形和密克点的性质即得.

5. 利用复数或圆周角的性质立得.

6. 过 N 作 KM 的垂线交圆于点 L,先证明 L 为 $\triangle KMN$ 的垂心.

7. 作 $ML \perp PR$,$NL \perp PS$,则 L 在外接圆上.

8. 证明一般情形:设两三角形 $\triangle_1$,$\triangle_2$ 有共同外接圆,则 $\triangle_1$ 三顶

点对于 $\triangle_2$ 的 3 条西姆森线的交点及 $\triangle_2$ 三顶点对于 $\triangle_1$ 的 3 条西姆森线的交点这六点共圆,圆心是 $\triangle_1$、$\triangle_2$ 垂心连线的中点.

9. 充分利用西姆森线的性质和相似三角形的比例进行计算.

10. 利用阿波罗尼斯圆的性质.

11. 通过复数可较快证明(注意设外心为原点,则垂心对应复数为三顶点之和).

12. 先证明三角形的外接圆上任一点关于三边的对称点共线,且这线经过三角形的垂心.

13. 利用西姆森线的方向计算角度立得.

14. 利用西姆森线的方向计算角度.

15. 先证明 4 个三角形的内心是一个矩形的顶点,余类推.

16. 设 $\triangle PBC$,$\triangle PCA$,$\triangle PAB$ 的外心分别为 A',B',C',则 $\triangle ABC$ 与 $\triangle A'B'C'$ 对应顶点连线交于 $\triangle ABC$ 的中心.

17. 利用平方差的性质计算即可(即证 $X'B^2 - X'C^2 + Y'C^2 - Y'A^2 + Z'A^2 - Z'B^2 = 0$).

18. 设 R,S 是所作直线与 AB、AC 直线的交点,且 R,S 分别在 BA,CA 的延长线上,$\angle AIS = \angle AIR = 30°$,设直线 IS 与 AB 交于点 P,直线 IR 与 AC 交于点 Q,先后证明 P,Q,R,S 共圆,P,Q,R,E 共圆,P,D,E,F 共圆.

19. 直接计算角度,先证明一组等角线,另一组同理可证.

20. 三角形的内心及三旁心构成一个垂心组,这个垂心组的垂足三角形就是原三角形.

21. (1) 利用垂足三角形等角共轭点的性质.

(2) 利用多次四点共圆的性质计算角度.

22. 利用四点共圆直接计算角度即可(注:垂心组中每三点所成的三角形具有共同的九点圆,这也叫做垂心组的九点圆).

23. 利用线段垂直与平行,证明两个九点圆重合.

24. 利用同一法.

25. 分两步走:(用数学归纳法)证明对圆内接四边形成立,证明对不同一顶点出发的所有对角线划分成立.

26. 利用相似三角形(中位线).

27. 利用平行证明泰勒圆圆心是原三角形的垂足三角形的中位线三角形的内心.

28. 证明这些直线交于原三角形的泰勒圆圆心.

29. 先证明设 AD, BE, CF 是 $\triangle ABC$ 的 3 条高,设 $\triangle AEF$ 的垂心为 G, 则 $\triangle ABC$ 的泰勒圆圆心是 DG 的中点.

30. 利用相似三角形及陪位重心的性质.

31. 利用等角线的性质立得.

习题 6. a

1. 利用四点共圆计算角度.

2. 这是著名的欧拉不等式,可以通过中位线三角形的外接圆证明,也可利用内外心距离的查普尔-欧拉公式 $OI = \sqrt{R^2 - 2Rr}$.

3. 先证明 L 是 $\triangle MBN$ 的外心.

4. 通过三角形边角与外接圆、内切圆半径的基本关系计算.

5. 先证明 C 为 ON 的中点,四边形 $LOKM$ 是平行四边形.

6. 利用塞瓦定理和门奈劳斯定理的逆定理.

7. 利用同一法(较复杂).

8. 设分别与 AB, AC 相切于点 P, Q 的圆之圆心为 L, 延长 AI 交 $\odot O$(半径为 R)于点 M, 先证明 $LO^2 = R^2 - LA \cdot IM + LP^2$.

9. 设射线 AI 交外接圆于点 D, 交 BC 于点 D'; 射线 BI 交外接圆于点 E, 交 AC 于点 E'; 射线 CI 交外接圆于点 F, 交 AB 于点 F', 利用面积证明 $\dfrac{UU'}{AU'} + \dfrac{VV'}{BV'} + \dfrac{WW'}{CW'} \leqslant \dfrac{DD'}{AD'} + \dfrac{EE'}{BE'} + \dfrac{FF'}{CF'} = \dfrac{R}{r} - 1$.

10. 设圆心为 O', 与 AB, BC 分别切于点 D, E, DE 与 BO' 交于点 I', 设法证明 $I' = I$.

11. 先证明 $\triangle OAM \sim \triangle OXA$, 从而 $\dfrac{AM}{AX} = \dfrac{OM}{R}$, 再证明 $OM \leqslant r$.

12. 设 I 为 $\triangle ABC$ 的内心,先证明 A, I, C, E 共圆.

13. 设直线 CB, DE 交于点 Q, QA 与 $\triangle ABC$ 外接圆交于异于 A 的一点 P', 先证明 $OP' \perp QA$, $OF \perp QA$, 故 O, F, P' 共线, P' 与 P

重合.

14. 利用余弦定理与和角公式计算即得.

15. 证明 K 在 $\triangle CDJ$ 外接圆上的充要条件是 $FJ = \dfrac{IF \cdot FE}{2IF + FE}$.

16. $MN = AB\sin\dfrac{\alpha}{2}$,$\triangle DMN$ 的外接圆过 AB 的中点.

17. 证明 A,P,O,Q 四点共圆.

18. 先利用切线长定理,再利用门奈劳斯定理的逆定理即可.

19. 分别证明几组四点共圆即可.

20. 利用角元塞瓦定理证明 B,M,P,Q 四点,C,N,P,Q 四点,A,M,Q,C 四点和 A,B,Q,N 四点分别共圆.

21. 计算内切圆和旁切圆半径即可.

22. 利用三角形内外心距离的欧拉公式.

23. 设 I 为 $\triangle ABC$ 的内心,证明条件与 $IH = IO$ 等价,这里 H、O 分别是三角形垂心和外心.

24. 证明 $\dfrac{GH}{DF} = \dfrac{BE}{DE} = \dfrac{BD}{AD} = \dfrac{DF}{AF}$.

25. (1) 证明 HP 是 $\angle AHB$ 的平分线.
(2) 证明 O 是 IN 的中点.

26. 设 X、Y 分别是直线 OB,OC 上使得 $OX = OY = OA$ 的点,D 是 A 关于 XY 的对称点,证明 $\triangle OCC' \backsim \triangle XDO$,$\triangle OBB' \backsim \triangle YDO$.

27. 设 $\triangle ABC$ 外接圆的直径为 AP,O_1 是 $\triangle ADE$ 的外心,设直线 AO_1 与 HP 交于点 Q,先证明 O_1 是 AQ 的中点.

28. 设 O_1 是题中旁切圆的圆心,先证明 $\angle OAO_1 = \angle MO_1 A$,$\triangle OAO_1 \cong \triangle MO_1 A$,$OM // AO_1$.

29. 利用 $\sqrt{CN \cdot CM} - \sqrt{BM \cdot BN} = AC - AB = BD - CD$.

30. 利用相似证明 $\dfrac{S_{\triangle YBC}}{S_{\triangle XPQ}} = 1 - \dfrac{PB^2}{PX^2}$.

31. 射线 AQ,CQ 分别与边 CD,AD 的交点为 C_2,A_2,先证明 A_2,C_2 分别在 $\triangle AA_1P$ 和 $\triangle CC_1P$ 的外接圆上,然后利用几组四点共圆.

32. 过 A 作 MN 的平行线交 $\odot O$ 于点 T,先证明 P,D,T 共线,再证明四边形 $NIMT$ 是平行四边形.

33. $\angle BAC = 120°$. 因为内切圆在 AB、AC 上的切点连线与 AB 的夹角为 $\dfrac{\angle B}{2}$,若设 $\triangle ABC$ 的外接圆、内切圆半径分别为 R、r,利用 $\dfrac{r}{R} = 4\sin\dfrac{A}{2}\sin\dfrac{B}{2}\sin\dfrac{C}{2}$,最终可得 $4\cos^2\dfrac{A}{2} = 1$.

34. 充分利用相交弦定理.

35. 先证明 A,T,L,C 共圆,再利用角度转换到相似三角形.

36. 过 A 作直线 $I_C I_B \parallel MN$,其中 I_C,I_B 分别在 $\angle ACB$ 和 $\angle ABC$ 的平分线上. 易知若设弧 $\widehat{AB}$,$\widehat{AC}$ 的中点分别是 C_0,B_0,则 $C_0 B_0$ 是 $\triangle II_C I_B$ 的中位线,接下来只要证明 M,N 在 $\triangle II_C I_B$ 的外接圆上,利用相交弦定理.

37. 设 AF 延长后交 $\odot BDF$ 于点 K,先证明 $S_{\triangle ABD} = S_{\triangle DCK} + S_{\triangle ADK}$.

38. 延长 EA 交 DF 于点 F',利用四点共圆角度转换证明 F' 与 F 重合.

39. 利用相似三角形证明 $\dfrac{S_{\triangle APEF}}{S_{\triangle ABP}} = \dfrac{S_{\triangle ACF}}{S_{\triangle ABP}} = \left(\dfrac{AC}{AB}\right)^2$.

40. 利用 $\triangle GDF \cong \triangle ADF$ 证明 $GF = AF$,再设法证明 $AF > BF$.

41. 运用等角变换,论证 $\angle P = \angle B'DC'$,以及 O,P 在 $\odot MND$ 上.

42. 设法证明此圆心即为三角形九点圆的圆心.

43. 直接利用内切圆、旁切圆半径,与三角形的边和面积的关系.

44. (1) 利用四点共圆直接计算角度.
(2) 证明 Q 在以 AA' 为直径的圆上,其余同理.
(3) 直接计算角度.
(4) 利用德萨格定理.
(5) 利用相似三角形和共圆点计算角度.

45. 延长 BI、CI 交 $\triangle ABC$ 外接圆于点 E,F,首先有 $IB \cdot IE =$

277

$IC \cdot IF = 2Rr$.

46. 作 $EF \perp AI$，交 AX，AY 于点 E，F，过 E，F 分别作 AX，AY 的垂线，其交点就是定圆圆心．

47. 先证明 AA'，BB'，CC' 共点．

48. 利用因完全四边形的四个三角形的外接圆共点（斯坦纳-密克定理），此点即为点 P（斯坦纳点，或密克点），以及考虑门奈劳斯定理或塞瓦定理．

49. 设 MG 与 $\odot O$ 交于点 P，证明 B，P，D，E 共圆，再使用同一法．或先证明结论：设 $\odot O$ 是 $\triangle ABC$ 的外接圆，$\odot OAC$ 交 BC 于另点 D，交 AB 于另点 E，又直线 AD、CE 与 $\odot O$ 交于点 G，H，则 $GH \parallel DE$；AL，CM 为 $\odot O$ 的切线，L，M 均在 DE 上，则 LH，MG，$\odot O$ 共点．

50. 利用门奈劳斯定理计算．

51. 作两圆的公切线，证明 $\triangle BTP \sim \triangle CTQ$．

习题 6.b

1. 利用面积比等．

2. 设两圆圆心分别为 O_1，O_2，联结各自的切点，并设直线 PC 交两圆于点 M，N，用相似三角形．

3. 利用 $BK^2 = BO \cdot BT$ 及 $AT = \sqrt{R^2 - OT^2}$，计算顺序为 BK，BO，OT，AT，注意有两种位置要讨论．

4. 本题用同一法不难证明，此题可推广为：$MSTN$ 是一普通直线，$\angle MRT = \angle SQN$，结论不变．

5. 利用 $\triangle ABC$ 中 $AH = BC |\cot A|$（H 是垂心）等重要结论．

6. 先证明 $AB \perp CD$，并可利用同一法．

7. 利用切线与圆心的关系，分情况讨论即可．

8. 联结圆心作计算即可，本结论由叶中豪先生提出．

9. 利用余弦定理计算．

10. 在射线 AF 上取一点 K，使得 $AB = AK = AC$，设法证明 K、F 关于 DE 对称．

11. 先证明一个结论,AB 的中点到 O_1O_2 中点的距离等于 PO. 本题由叶中豪先生提供,他做了推广并给出极其漂亮的证明,如果去除等圆,只要 $AB \perp CD$,亦有类似结论.

12. 为图形方便,可设 ω_1,ω_2 外离,不妨设 DA,CB 延长交于点 K,则问题等价于 ω_2,ω_1 的两切线夹角之差为 $\angle K$,然后可以用三角函数计算,也可用位似(一个旁切圆,一个内切圆).

13. (1) 利用面积比先得 $\dfrac{S_{\triangle A_1 B_1 C_1}}{S_{\triangle ABC}} \geqslant 1 + \dfrac{3(R_1^2 - R^2)}{(abc)^{\frac{2}{3}}}$ (a,b,c 是 $\triangle ABC$ 的三边长),再利用凸函数的 Jensen 不等式.

(2) 记 $AB = a$, $BC = b$, $CD = c$, $DA = d$,先证 $\dfrac{S_{A_1 B_1 C_1 D_1}}{S_{ABCD}} \geqslant 1 + \dfrac{4(R_1^2 - R^2)}{\sqrt{(ad + bc)(ab + cd)}}$,再利用凸函数的 Jensen 不等式.

14. 取 BC 的中点 N,$\triangle ABC$ 的外心为 M,ω_2 的圆心为 O_2,证明 MN,O_2N 为定值,M,O_2,N 共线.

15. 直接计算角度即可.

16. 直接利用四点共圆和弦切角性质即可证明.

17. 证明 $\triangle AXY \cong \triangle BZY$.

18. 先证明一个结论:在 $\triangle P_1 Q_1 R_1$,$\triangle P_2 Q_2 R_2$ 中,$\angle P_1 Q_1 R_1 = \angle P_2 Q_2 R_2$,$Q_1 T_1$,$Q_2 T_2$ 分别是各自的高,且 $\dfrac{P_1 T_1}{R_1 T_1} = \dfrac{P_2 T_2}{R_2 T_2}$,则 $\triangle P_1 Q_1 R_1 \backsim \triangle P_2 Q_2 R_2$.

19. (1) 计算角度即知.

(2) 设分别过 Q,R 的切线交于点 J,先证明 B,J,R,Q 共圆.

20. 证明 C 是所共圆的圆心,即 $CD = CF = CG = CE$.

21. 先证明 E,D,B 共线.

22. 设弧 $\overparen{BY}$ 的中点是 Z,证明 $\triangle MZB \cong \triangle MZC$,$\triangle BYC \cong \triangle BYD$.

23. 利用相似三角形和弦切角定理.

24. 通过角度换算易得 $AD = QA = PB$.

25. 考虑同一法.

26. 轨迹为以 O 为圆心、$r + \dfrac{R^2 - OI^2}{2r}$ 为半径的圆.

27. 先证明如下结论: T 是凸四边形 $ABCD$ 内一点,$\triangle BCT$ 和 $\triangle DAT$ 的外接圆切于点 T 的充要条件是 $\angle ADT + \angle BCT = \angle ATB$.

28. (1) 由旋转知结论显然.

(2) $\triangle AM_1M_2$ 中心的轨迹是 $\triangle AO_1O_2$ 的外接圆,运动线速度是 $\dfrac{v}{\sqrt{3}}$.

29. 分别证明 $\triangle ACD \backsim \triangle AEF$ 和 $\triangle ACD \backsim \triangle AMN$.

30. 利用相似三角形证明判定垂直的平方差等式.

31. 设直线 MT,BC 的交点为 K,设法利用门奈劳斯逆定理证明 P,Q,K 共线.

32. 设 AE 交 DC 于点 H,AF 交 BD 于点 G,先证明 H,B,C,E 共圆,再证明 A,G,H,B 共圆.

33. 利用相交弦定理和正弦定理.

34. 利用相似三角形与切割线定理.

35. 证明 $\triangle A_1A_2C$ 的外心在 $\triangle O_1O_2Q$ 的外接圆上.

36. 先证明一个引理:两圆交于 A,B 两点,一条外公切线分别与两圆切于点 C,D,则 $\dfrac{AC}{AD} = \dfrac{BC}{BD}$.

37. $\odot O_1$ 的过 B 切线在 $\odot O_2$ 内部分.

习题 6.c

1. 利用内切圆与三角形面积的关系计算.

2. 利用角度计算和比例线段证明 C 即是所共圆的圆心.

3. 利用内、外心距离的欧拉-查普尔公式 $OI = \sqrt{R^2 - 2Rr}$.

4. 设 L' 是 L 关于 BC 的对称点,先证明 $CK + BL' = KB + CL'$.

5. 先证明引理:设 $\odot OAC$ 交 BC 于另点 D、交 AB 于另点 E,又直线 AD,CE 与 $\odot O$(即 $\odot ABC$)交于点 G,H,则 $GH \parallel DE$;并且若

AL，CM 为 $\odot O$ 切线，L，M 均在直线 DE 上，则 LH，MG，$\odot O$ 共点.

6. 可考虑（角元形式的）塞瓦定理的逆定理，利用三圆的圆心.

7. (1) 设 I 是 $\triangle ABC$ 的内心，$\triangle ABC$ 外接圆的弧 $\overset{\frown}{BAC}$ 的中点是 D，DI 延长后交外接圆于点 K，证明 P，I_1，I_2，K 共圆.

(2) 以 $I_1 I_2$ 为直径的圆过 I.

(3) 分别记弧 $\overset{\frown}{AB}$，$\overset{\frown}{AC}$ 的中点是 R，S，设法证明 $I_1 I_2$ 的中点在以 RS 为直径的圆上.

8. 设内切圆与 BC，CA，AB 分别切于点 D，E，F，P，Q，R 分别是 EF，FD，DE 的中点，利用四点共圆证明 A'，B'，C' 分别就是 P，Q，R.

9. 先证明 $RT^2 = \dfrac{rr_a a^2}{(r_a - r)^2}$，其中 r，r_a 分别是 ω_2、ω_1 的半径，再用三角形面积代换.

10. （1）设 $BC = a$，$CA = b$，$AB = c$，则 $BM = \dfrac{a(a^2 + 2bc + 3c^2 - b^2)}{(b+c)^2 - a^2}$，$CN = \dfrac{a(a^2 + 2bc + 3b^2 - c^2)}{(b+c)^2 - a^2}$.

(2) 设法证明 $\tan \dfrac{1}{2} \angle BAM > \tan \dfrac{1}{2} \angle CAN$.

11. 用 K，L，M 分别表示这 3 个圆的圆心，O 是 $\triangle KLM$ 外心，$\triangle KLM$ 的三边分别平行于 $\triangle ABC$ 的三边.

12. 记 ω_1 的圆心为 P，ω_1 与 ω 切于点 K，与射线 AB 切于点 M，与射线 AC 切于点 L，考虑直角 $\triangle BMP$ 与直角 $\triangle CLP$.

13. 设 d 是 ω 的圆心 K 到 DE 的距离，利用边角关系分别求出 $p-d$ 和 $p+d$.

14. 利用塞瓦逆定理计算可得.

15. 利用三角计算证明 $\angle C = 90°$.

16. 证明 DE 是直径，并证明 $DE \perp BC$.

17. (1) 直接计算角度即可.

(2) 设 I 为 AC 与 BD 的交点，过 I 作平行于 AB 的直线，截 MN 于点 K，证明 I，K，N，C 共圆.

18. 证明这两个命题等价于 $\angle A = \angle B = 72°$.

19. 利用三角恒等式和不等式进行计算, 得最大值为 $9 + \dfrac{9\sqrt{3}}{2}$, 仅当 $\triangle ABC$ 为正三角形时取得.

20. 先证明 $r_1 = b - \dfrac{b^2}{c}$, $r_2 = a - \dfrac{a^2}{c}$.

21. 利用比例线段先证明 $\triangle BPH \backsim \triangle BEP$, $\triangle HDP \backsim \triangle QDA$.

22. 首先证明 K_A, K_B, K_C 均在 $\triangle ABC$ 的内切圆上.

23. 先证明 A, M, B 分别与 E, N, F 关于 O_1O_2 对称.

24. 证明 $A_2A_3 \perp BC$, A_1A_3 经过 $\triangle ABC$ 重心等.

25. 利用九点圆的性质, 考虑费尔巴哈定理(三角形九点圆与内切圆相切).

26. 考虑一系列旋转变换.

27. (1) 显然 $\odot O_1$, $\odot O_2$, $\odot O_3$ 均过 $\triangle ABC$ 的内心 I.
(2) 设 $\triangle ABC$ 外接圆弧 $\overset{\frown}{AB}$, $\overset{\frown}{BC}$, $\overset{\frown}{CA}$ 的中点分别为 W, U, V, 问题转化为证明直线 DU, EV, FW 共点. 为此先证明 $ID = IE = IF$ (设为 r), $OU = OV = OW$ (设为 r'). 取 OI 的外分比点 K, 满足 $\dfrac{OK}{KI} = \dfrac{r'}{r}$, 则 DU, EV, FW 均过 K.

28. 研究 A 至两内切圆 ω_B 和 ω_C 的切线长, 可考虑同一法.

29. 利用正弦定理和角元塞瓦定理计算.

30. 利用 A, O, O_1, O_2 共圆和相似三角形, 进行角度转换.

31. 设 L 是 O' 在直线 AO 上的垂足, F 是 N 在 BC 上的垂足, 证明 $\triangle AO'L \backsim \triangle NEF$.

32. 经过旁切圆在三角形边上的切点 A' 和 C' 分别作相应边的垂线, 它们分别经过旁切圆的圆心 I_1, I_3, 取 I_1I_3 中点 P, 证明 A, B, P, C 共圆.

33. 先证明 $\dfrac{r_a}{r} = \sec^2 \dfrac{A}{2}$ 等.

34. 先证明 A, M, R, N 共圆.

35. 设 $\triangle OAE$ 与 $\triangle OBF$ 的外接圆还交于点 G, 先证明 $\triangle BGF \backsim$

$\triangle AGE$.

36. (1) 利用弦切角定理和角平分线定理的逆定理.
(2) 证明：IB_1 与 $\triangle B_1B_2B_3$ 的外接圆相切等，或利用根轴亦可证此题.

37. 先证明若设 $\odot PAB$，$\odot PBC$，$\odot PCD$，$\odot PDA$ 的圆心分别为 O_1，O_2，O_3，O_4，则四边形 $O_1O_2O_3O_4$ 为平行四边形，设其对角线交于 O，证明 O 即是五点所共圆之圆心.

38. 先证明 X，X'，Y，Y' 等 3 组四点共圆，若三圆不同，则由戴维斯定理（或根轴、根心性质），可得直线 XX'，YY'，ZZ' 共点，矛盾.

39. 先证明一些点是等腰梯形之顶点.

40. 作过 A 的切线计算角度，利用西姆森线的性质.

41. 可先证明：12 个点分布在 $\triangle ABC$ 的 6 条内外角平分线上，每线 2 点；$\triangle ABC$ 的 3 条中位线上，每线 4 点.

42. 利用垂直的平方差等式和正弦定理进行计算.

43. 计算内切圆和旁切圆与三角形的边角关系.

44. 证明以 $\triangle AEF$，$\triangle BFD$，$\triangle CDE$ 内心为顶点的三角形与 $\triangle DEF$ 具有相等的面积和周长.

45. 设 3 个内切圆与 $\triangle DEF$ 的内切圆的对应切点分别为 P，Q，R，先证明 AP，BQ，CR 共点.

46. 利用四点共圆的性质和同一法.

47. 设 r_A，r_B，r_C 分别是对应的旁切圆半径，先证明 $OI^2 = R^2 - 2Rr$，$OI_A^2 = R^2 + 2Rr_A$ 等，再证明 $r_A + r_B + r_C - r = 4R$ 等.

习题 6.d

1. 利用弦切角和四点共圆、相似三角形的性质. Ω，Ω' 分别称为 $\triangle ABC$ 的正布洛卡（Brocard）点和负布洛卡点.

2. 直接计算角度，利用相似和比例线段即可.

3. 转化为共圆点问题，然后计算角度即可.

4. 先证明：联结 AE，CE，则 AE，CE 经过 U，V.

5. 先证明一个常见引理：两圆内切于点 C，大圆一弦 AB 与小圆相切于点 K，直线 CK 还交大圆于点 S，则 S 是弧 $\overset{\frown}{AB}$（不含 C）的中点，且 $SA^2 = SK \cdot SC$.

6. 本题可以计算内切圆半径的最大精确值,不过需解三次方程.

7. 作 $BO \perp AP$ 交 O_1O_2 于点 O, 证明 $OP \perp PB \Leftrightarrow \dfrac{BP}{BO} = \cos \angle PBO$.

8. (1) 设 $\odot O_1$, $\odot O_2$, $\odot O_3$, $\odot O_4$ 的直径分别为 d_1, d_2, d_3, d_4, 证明 $d_1 \leqslant \dfrac{2-\sqrt{2}}{2}(AO+BO)$ 等 4 个式子, 然后相加即可.

(2) 设 $\odot O_1$, $\odot O_2$, $\odot O_3$, $\odot O_4$ 的半径分别为 r_1, r_2, r_3, r_4, 证明 $O_1O_2 = \sqrt{2(r_1^2+r_2^2)} < \sqrt{2}(r_1+r_2)$ 等 4 个式子, 相加即可.

9. 设 T_1T_2 的中点在 ω_1, ω_2 上.

10. 先证明两外切圆的外公切线长等于两圆半径几何平均的两倍.

11. 显然 O_1, O_2, O_3, O_4 分别是 AB, BC, CD, DA 的中点, 问题即证明 $OO_1+O_1A=OO_2+O_2B=OO_3+O_3C=OO_4+O_4D$.

12. (1) 用余弦定理和正弦定理先证明 $2R^2 \sin^2 \angle ACB \geqslant CD^2(1-\cos \angle ADB)$.

(2) 该定点是 $\triangle AOB$ 的外接圆上不含 O 的弧 $\overparen{AB}$ 的中点.

13. 利用面积比和正弦函数证明此定点即 O.

14. 只需证两小圆与 AB 的切点连线段之长不小于两圆半径之和.

15. 设 A' 是 BC 的中垂线与 $\odot O$ 的交点, 使得 A, A' 在直线 BC 的同侧, 直线 $SP(S$ 是 $\odot O$ 和 $\odot O_1$ 的切点) 与 $\odot O$ 的不同于 S 的交点是 T, N 是 $A'Q$ 与 CT 的交点, 证明 N 是 $\odot O_2$ 的圆心.

16. 在射线 HG 上取点 M', 使 G, A, B, M' 四点共圆, 设法证明 M' 与 M 重合.

17. 先证明一组外公切线平行于 KM (同理另一组平行于 LN).

18. 直接利用内切圆切三角形的切线长与三角形三边之间的关系.

19. 证明 $\angle BAC = \angle BA'C$, 先得 A, B, C, A' 共圆.

20. (1) 计算角度即可.

(2) 先证明 Z,X,Q,Y 共线(设 $\odot YCA$, $\odot ZAB$ 交于点 Q).

21. 将共点圆问题转化为共圆点问题,计算角度即可.

22. 先证明 P'(及 P)在四边上的射影共圆,再利用同一法证明 Q, Q' 是四边形 $ABCD$ 的一对等角共轭点.

23. 分别证明 4 组共点圆.

24. 设一点 P 关于四边形 $ABCD$ 各边及对角线的垂足为 6 个点,先将问题转化为证明共圆点,再利用几组五点共圆(以 PA, PB, PC 或 PD 为直径)的性质.

25. 先证明 P,X,Z,B,B' 五点共圆等,计算角度即可.

26. 考虑以 $\odot PBC$, $\odot PCA$, $\odot PAB$ 的圆心为顶点的三角形的垂心;由 $\odot A'B'C'$, $\odot PBC$, $\odot PCA$, $\odot PAB$ 共点于 P 可得.

27. 先证明在四边形 $BCYZ$ 中,X 是 A 的等角共轭点,并计算角度即可.

28. (1) 先证明 P,D,C,E;P,E,A,F;P,F,B,D 均四点共圆(D、E、F 分别是 PX,PY,PZ 的中点).

(2) 由前知(1)的四圆共于点 Q,每三圆还有 3 个第二交点,则这 3 个交点所决定的四圆也共点.

(3) 设 PA, PB, PC, PQ 的中点为 A', B', C', Q',先证明 $\odot DEF$, $\odot DB'C'$, $\odot EC'A'$, $\odot FA'B'$ 所共之点即为 PQ 的中点.

29. 利用角度和相似三角形计算即可.

30. 充分利用完全四边形和密克点的性质,注意需考虑 3 个完全四边形,共有 3 个密克点.

31. (1)(2)(3) 直接计算角度即可.

32. (1) 直接计算角度.

(2) 先证明 X,Y,Z 共线.

(3) 设 $P'B'$ 交 $\odot O$ 于点 S,有 P,P',S,B 共圆,进一步证明 BS 与 PP' 的中垂线重合.

(4) 将共点圆问题转化为共圆点问题,计算角度便可.

(5) Q 对于 $\triangle AYZ$ 的西姆森线经过 Q 在 YZ 上的射影 H,先证明 Q 对于 $\triangle CXY$、$\triangle A'BC'$ 的西姆森线都经过 H.

33. (1) 利用中心对称.

(2) 由斯坦纳定理即知.

(3) 利用平行性质.

(4) 由(3)可以得知.

(5) 4个九点圆均过顶点和垂心连线的中点.

34. 利用四点共圆的性质,并利用每边中点所引对边的垂线共点这个结论.

35. 先证明:半径分别为 r_1,r_2 的 $\odot O_1$,$\odot O_2$ 相外切,且都内切半径为 r 的 $\odot O$ 于点 A,B,则 $AB = 2r\sqrt{\dfrac{r_1 r_2}{(r-r_1)(r-r_2)}}$.

36. 直接计算角度即可.

37. 利用解析几何等方法,计算得答案为 $3 + 2\sqrt{2}$.

38. 利用门奈劳斯定理和角平分线性质.

39. 先证明一个比较熟悉的结论:过 $\odot O$ 外一点 P 作切线 PA,PB 及割线 PCD,AB 的中点是 M,则 $\triangle DAC \backsim \triangle DMB \backsim \triangle BMC$.

习题 7.a

1. 分别对 A,B,E,C 和 A,C,D,B 使用托勒密不等式.

2. 证明 $AD \leqslant AF + AE$ 等 3 个不等式,并说明等号不能同时取到.

3. 充分运用相等的弦,代入托勒密定理计算.

4. 考虑(带正弦形式的)托勒密定理.

5. 利用 O,H,B,C 四点共圆,并对此使用托勒密定理,考虑极端情形,先猜出答案为 $\sqrt{3}$.

6. 反复利用托勒密定理可得.

7. 必要和充分条件分别使用托勒密定理和托勒密定理的逆定理.

8. 对 P,D,E,F 使用托勒密定理.

9. 设 ω 与 ω_1 切于 X,对 A,C,B,X 使用托勒密定理.

10. (1) 对 A,B,C,D 使用托勒密定理.

(2) 逆命题不成立,例如选择适当的矩形 $ABCD$.

11. 先证明 A,B,E,D 共圆,并利用托勒密定理.

12. 对 A,R,X',Q 考虑托勒密定理,此处 X' 在 $\triangle AQR$ 的外接圆上,且关于 $\angle A$ 与点 G 等角共轭.

13. (1) 利用余弦定理.
(2) 利用托勒密定理(对 Z,A,B,C 四点),答案为 2.

14. 对圆内接四边形 $AKML$ 使用托勒密定理,这里 M 是 $\angle BAD$ 的平分线与 $\triangle AKL$ 外接圆的交点.

15. 利用圆幂定理,再利用位似变换和托勒密定理即得.

16. 设 $\angle B$ 的平分线交 $\triangle ABC$ 的外接圆于点 P,对 A,B,C,P 使用托勒密定理证明 K 为 IP 的中点;再通过全等三角形证明 $IE = IK = ID$.

17. 分别记 $\angle BA_1C = \angle CAB_1 = \angle BAC_1 = \alpha$, $\angle CB_1A = \angle ABC_1 = \angle CBA_1 = \beta$, $\angle AC_1B = \angle BCA_1 = \angle ACB_1 = \gamma$,由托勒密定理和正弦定理,先证明 $PA_1 = \dfrac{\sin\beta}{\sin\alpha} \cdot PB + \dfrac{\sin\gamma}{\sin\alpha} \cdot PC$ 等三式.

18. 选择适当的顶点运用 3 次托勒密定理.

19. 利用托勒密定理和相似三角形.

20. 利用余弦定理或托勒密定理计算,读者可考虑反之如何.

21. 设 AC 与圆 ω 交于另一点 F,先证明 F 是 AC 的中点. 又由托勒密定理, $AE \cdot DF = EF \cdot DA + DE \cdot AF$. 而 $\dfrac{DF}{DA} = \dfrac{FC}{AB} = \dfrac{AF}{AB}$,所以 $AE \cdot AD = AB \cdot \dfrac{EF}{AF} \cdot DA + DE \cdot AB$. 于是 $\dfrac{AE}{AB} - \dfrac{DE}{DA} = 1 \Leftrightarrow AE \cdot DA = DE \cdot AB + AB \cdot DA \Leftrightarrow EF = AF(=FC) \Leftrightarrow AE \perp EC$.

22. 利用证明三点共线的所谓面积"张角关系"(基本想法是:若射线 AB,AC,AD 在一过 A 直线的同侧,且 AC 在 AB,AD 之间,则 B,C,D 共线仅当 $S_{\triangle ABD} = S_{\triangle ABC} + S_{\triangle ACD}$),注意期间还需用到(正弦形式的)托勒密定理.

23. 运用托勒密定理转化到对角线,然后再使用相似比和余弦定理. 本题是网友"易卜生"告诉老封的.

习题 7.b

1. 转化为平方差等式,并利用梯形性质和余弦定理.

2. 充要条件是 $AB+AD=CB+CD$.

3. 构造 3 组四点共圆,使得直线 BB', CC', HH' 成为它们的根轴.

4. 利用圆幂定理直接计算即可.

5. 证明 D 在 $\odot O_1$ 与 $\odot O_2$ 的根轴上,分两圆外切和内切两种情况讨论.

6. 利用相似三角形或极点、极线性质.

7. 由相交弦定理等圆幂性质计算即得.

8. 利用圆幂性质即可.

9. 利用布利安香定理和根轴的性质.

10. 证明 P 在分别以 TX, TY 为直径的两圆的根轴上.

11. 证明直线 CC' 是以 CH 为直径的圆与以 CO 为直径的圆的根轴,这里 H, O 分别是 $\triangle ABC$ 的垂心和外心.

12. 证明 O 关于 $\odot O_1$, $\odot O_2$, $\odot O_3$ 的幂相等(所以是根心),再考虑门奈劳斯定理,证明仅当 $k=1$ 或 $\dfrac{1}{2}$ 时,$\odot O_1$, $\odot O_2$, $\odot O_3$ 恰有两个交点.

13. 设 A_1B_1, A_2B_2, A_3B_3 三线交于点 O,则 O 是 $\varGamma_1$, $\varGamma_2$, $\varGamma_3$ 的根心.

14. 设法证明 $\triangle MNP$ 的外接圆直径为 MP,利用门奈劳斯定理和根轴.

15. 先证明 X_1, Y_1, X_2, Y_2 共圆,由此可设直线 X_1Y_1, X_2Y_2 交于点 R,证明 R 在 $\varGamma_1$, $\varGamma_2$ 的根轴上.

16. 充分利用圆幂定理,证明 C, D, N, O 共圆.

17. 运用极点极线的性质先证明直线 $D'N$, FE, BC 交于一点(或平行).

18. 设 AC 与 BD 交于点 R,则 P, B, R, D 为调和点列.

19. (1) 先证明 $AE=AF$.

(2) 利用幂和根轴的性质.

20. 先(用调和点列)证明一个引理：若(同方向的)$AB \mathbin{/\mkern-2mu/} PR$，$Q$ 为 PR 上一点，$AP \perp BQ$ 于点 S，$AQ \perp BR$ 于点 T，U，V 分别是 PQ，QR 的中点，则 AU，BV，ST 三直线共点.

21. 定点为 A 关于 O 的对称点.

22. 设 l 与 OA 交于点 R，OA 与 $\odot O$ 的第二个交点为 D，先证明 P，A，R，D 是调和点列，轨迹为线段 OA 内的点.

23. 记过 A 且平行于 BC 的直线与过 P 且垂直于 AD 的直线交于 Q'，直线 DI 与 AQ' 的交点为 U，直线 PQ' 与 $\odot I$ 的不同于 P 的交点为 V，先证明 A，F，I，E，U 共圆，A，P，U，V 共圆，此两圆与 $\odot I$ 有一个根心(三根轴交点)或三根轴平行，由此论证 Q 与 Q' 重合，再设法证明 $AX = AE = AY$.

24. (1) 设 Γ_1，Γ_2，Γ 的圆心分别为 O_1，O_2，O，则 $O_1 B_1 \mathbin{/\mkern-2mu/} OP \mathbin{/\mkern-2mu/} O_2 B_2$.

(2) 证明这个命题等价于 P 在 Γ_1，Γ_2 的根轴上.

25. 先证明关于调和点列的著名结果：若一直线上依次排列四点 A，B，C，D 构成调和点列，P 是直线外一点，满足 $\angle BPD = 90°$，则 PB，PD 分别是 $\angle APC$ 的内、外角平分线.

26. 设直线 EF 交 BC 于点 P，GP 交 AD 于点 K，并交 AC 的延长线于点 L，证明以下几点(利用门奈劳斯定理和塞瓦定理)：$PG \perp AO$；A，F，K，D 是调和点列；$AL = 2LC$.

27. 当 BG 平分 $\angle CBD$ 时，设法证明 $\angle RPS = \angle RQS$；反之若 P，Q，R，S 共圆，利用根轴和反证法.

28. 运用根轴证明 $\triangle O_1 O_2 O_3 \backsim \triangle ABC$，再考虑同一法.

29. 设直线 $O_2 O_3$ 和直线 $O_2' O_3'$ 交于点 D，利用幂证明 D 在两圆根轴上.

30. 设 $\triangle BPQ$ 与 $\triangle CPQ$ 的外接圆分别交射线 AB，AC 于点 D，E，K 是 DE 的中点. 利用圆幂定理先证明 $AD = AE$，再证明 Q 在线段 DE 上，$MD \mathbin{/\mkern-2mu/} OK \mathbin{/\mkern-2mu/} NE$.

31. 证明 M，N 都在 $\triangle ABC$ 的内切圆和外接圆的根轴上.

32. 先证明 MC 是以 X 为圆心，与 AB 相切的圆以及 $\triangle PQR$ 外接

圆的根轴．

33. 设直线 EC, FD 与 $\odot O_1$, $\odot O_2$ 的另一交点分别为 I, J, 证明 E, F, J, I 共圆，再考虑根轴的性质．

34. 利用四点共圆和圆幂性质即得．

35. 利用点 H 关于圆的幂的性质即可得出．

36. 分 A, B, C 共线或不共线两种情况讨论，并利用垂直的平方差等式．

37. 利用点对圆的幂的性质进行计算可得．

38. 利用调和点列知最小值为 $\dfrac{b^2}{a}$．

习题 7.c

1. 设 Ω 是一个与给定两圆相切于点 A, B 的圆，过 C 作 Ω 的切线 CR．又设 CA, CB 分别交 $\odot AXY$, $\odot BXY$ 于点 P, Q, 分别考虑以 A, B 为位似中心的位似变换，其中以 A 为位似中心的位似变换将直线 CR 变为 $\odot AXY$ 在 P 的切线，以 B 为位似中心的位似变换将直线 CR 变为 $\odot BXY$ 在 Q 的切线．

2. 考虑圆周角（$\angle DAE$ 和 $\angle CBF$），利用位似即可．

3. 记 $\triangle ABC$ 对应边的中点分别为 A_0, B_0, C_0, 内切圆切对应边的切点为 A_1, B_1, C_1, 利用位似变换证明 a, b, c 三线交于 $\triangle A_1 B_1 C_1$ 的垂心关于 $\triangle A_0 B_0 C_0$ 内心的对称点．

4. Q, P 分别是 K, M 在以 N 为中心的位似变换下的像．

5. 设 KL 与 ω 的交点记作 P, Q, 过 P, Q 分别作 ω 的切线 l_1, l_2, 在以 O 为中心，将 ω_1 变为 ω 的位似变换下，过 K 的切线 BC 变为 l_2, 在将 ω_2 变为 ω 的位似变换下，直线 AD 变为 l_1．

6. 先证明（将 $\triangle ABC$ 内切圆看成一与之位似的三角形的旁切圆，利用旁切圆位似）$BF = CD$.

7. （1）利用复数.
（2）利用相似变换证明这一定点为 $\triangle ABC$ 的外心．

8. 分情况讨论，当 Γ 与 Γ' 为等圆时，结论显然成立；当 Γ 与 Γ' 不等时，设两圆外公切线交于点 O, 则 O, B, C 共线，再考虑位似变换．

9. 利用位似变换即可得,是很漂亮的证明.

10. 将 $\triangle PAB$, $\triangle PBC$, $\triangle PCD$, $\triangle PDA$ 分别按 $PC \cdot PD$, $PD \cdot PA$, $PA \cdot PB$, $PB \cdot PC$ 的相似比得到 $\triangle PB'A'$, $\triangle PC'B'$, $\triangle PD'C'$, $\triangle PA'D'$,证明四边形 $A'B'C'D'$ 是平行四边形.

11. 记 KO, LO, MO 的中点分别是 K', L', M',则易知 O 是 $\triangle K'L'M'$ 的内心,而 $\triangle K'L'M'$ 与 $\triangle KLM$ 位似.

12. 先以 A 为中心、作系数为某一正数的位似变换,将 $\odot O_1$ 变为与 $\odot O_2$ 相等的圆.

13. 利用 $\triangle ABC$ 到 $\triangle A'B'C'$ 的位似变换(位似中心是 $\triangle ABC$ 的重心),可以证明 P_a, P_b, P_c 三点均在 $\triangle ABC$ 的外接圆和九点圆的根轴上.

14. 设 I, A_1, B_1, C_1 是 $\triangle ABC$, $\triangle AFE$, $\triangle BDF$, $\triangle CED$ 的内心,则 $\triangle A_1B_1C_1$ 与 $\triangle ABC$ 位似, I 是位似中心.

15. 设过 E 的平行于 CL 的直线交 CD 于点 K',易知 B, D, E, K' 共圆,设此圆为 $\odot O_1$,考虑从 $\odot O_1$ 到 $\odot O$ 的位似变换.

16. 易知 $\triangle ABC$ 的内切圆与 BC 边上的旁切圆位似, X, D 是对应点.

17. AB 经过 Γ_1, Γ_2 的外位似中心, AB 中点的轨迹是以 Γ_1, Γ_2 两圆心连线为直径的圆,除去两圆心.

18. (1) 过 S_2 作 $\odot S_1$ 的两条切线 S_2M, S_2N, $\triangle ABC$ 的内心轨迹是 $\angle MS_2N$ 内 $\odot S_2$ 的那段弧.

(2) $\triangle ABC$ 垂心的轨迹是以 S_2 为位似中心、位似比为 $\dfrac{2r_2^2}{S_1S_2^2 - r_1^2}$ 的 $\odot S_1$ 所对应的圆.

19. 考虑位似或门奈劳斯定理.

20. 利用位似证明 $p_a \parallel BC$, $p_b \parallel CA$, $p_c \parallel AB$.

21. 存在一个以 P 为位似中心的位似变换,将 Γ_A 变为 Γ,读者可考虑 Γ_A 与 AB, AC 延长线及 Γ 均相切(与 Γ 外切, Γ_B, Γ_C 类似)等情形如何.

22. 利用位似旋转变换,证明 $\triangle CYM \backsim \triangle AXM \backsim \triangle KNM$.

23. (1) P 的轨迹为 $\triangle ABC$ 的垂心(仅仅一个点).

(2) 证明 $AB // O_aO_b$ 等.

(3) 证明 X 是 $\triangle ABC$ 的九点圆圆心.

24. 设 O 是 PQ 的中点,构造以 O 为位似中心,位似比为 -1 的位似变换,并利用四点共圆的性质.

25. (1) 原问题可以改述为:已知线段 PA, PB, PC,若 PA, PB 的中垂线交点在 PC 上, PB, PC 的中垂线交点在 PA 上,则 PC, PA 的中垂线交点在 PB 上.

(2) 设 A', B', C' 分别是 PA, PB, PC 的中点,考虑 $\triangle PBC$ 是 $\triangle PB'C'$ 的位似变换.

26. 设 AS 交 ST 的中垂线于点 R,利用位似或四点共圆 (P, B, T, H 共圆,其中 H 是 RT 的中点).

27. 设 S 是 $\triangle ADP$ 内切圆和 $\triangle CDQ$ 内切圆的正位似中心(即外公切线交点),设法证明四边形 $ABCD$ 有内切圆当且仅当 S 在直线 PQ 上.

28. 证明四边形 $KLMN$ 与 $K'L'M'N'$ 同位位似.

29. 记 M 是 I_AI_B 的中点, O_A, O_B 分别是 $\triangle I_ACP$ 和 $\triangle I_BCP$ 的外心,设法证明 O_A, O_B, O 在直线 I_AI_B 上的投影可由 I_A, I_B, M 通过以 C 为中心作位似得到.

30. 利用相似三角形和陪位中线的性质.

31. 利用位似变换,三角形的中位线三角形的内切圆及旁切圆又叫做原三角形的斯皮克圆.

32. 利用三角形面积与边的关系计算.

33. 利用位似即可,各内切圆的公切圆圆心是三角形外心、内心连线的中点.

34. 利用位似和等角共轭点的性质.

35. 设 BC 切 Γ 于点 T,证明所求定点为 T,再利用位似.

36. 先证明若 $\triangle ABC$ 外心 O 关于 BC 的对称点是 S,则九点圆圆心是 AS 的中点,再考虑位似.

37. (1) 作直线 l 与 Γ 切于点 P,设与 Γ_1 切于点 B_1 的直线和与 Γ_2 切于点 B_2 的直线分别为 l_1, l_2,由位似变换证明 $l // l_1$, $l // l_2$.

(2) 利用四点共圆证明 P 对于 Γ_1, Γ_2 的幂相等.

习题 7.d

1. 记以 N 为圆心，NS 为半径的圆为 $\odot N$，以 $\odot N$ 为基圆作反演变换.

2. 以 $\odot O$ 为基圆，证明 AC 为 P 的极线；此题运用平方差等式计算或根轴、根心(P)判定垂直也可.

3. EF 是 Q 的极线，再利用塞瓦定理和门奈劳斯定理.

4. 以 ω 为基圆作反演变换，则 A，Z 不动，D 变为 AE 与 BC 的交点 H，$\triangle ADZ$ 的外接圆变为 $\triangle AHZ$ 的外接圆.

5. 设 CD 与 EF 交于点 K，证明 A 在 K 的极线上.

6. 以 A 为反演中心、任意正数为反演半径作反演变换，再利用正弦定理和圆幂定理.

7. 以 A 为反演中心、$AB \cdot AC$ 为反演幂作反演变换，E 的反演点是 Q 关于 AP 的对称点，AZ，AU 关于 AP 对称，其中 Z 是 $\triangle QPC$ 的外心，再利用(角元形式的)塞瓦定理.

8. 设两相似四边形的旋转中心为 O，并作 $\triangle O'AB \backsim \triangle OA_iB_i$，$i=1,2,3,4$，在射线 OA_i 上截取 $OD_i=OC_i$，由于 D_i 是 A_i 的反演像，D_1，D_2，D_3，D_4 一定共圆.

9. 以 A 为反演中心，$r=1$ 为反演半径作反演变换，并利用帕斯卡定理得 $AP=\sqrt{2}$.

10. 以 H 为反演中心进行反演变换，充分利用垂心和内心的性质.

11. 利用反演进行计算即得.

12. 利用反演即可，反演中心是 A.

13. 先用反演证明开世(Casey)定理：四圆 c_1，c_2，c_3，c_4 有一公切圆 k 的充要条件为 $\pm t_{41} \cdot t_{23} \pm t_{42} \cdot t_{31} \pm t_{43} \cdot t_{12} = 0$，式中的 t_{ij} 表示 c_i 与 c_j 的公切线长，其为外公切线还是内公切线，要看 c_i，c_j 与 k 相切的状况而定，即 c_i，c_j 均与 k 外切或内切，或 c_i，c_j 与 k 一外切一内切. 当 k 未出现时，式中的 t_{ij} 必须符合下列三种情况之一：(1) 都是外公切线；(2) 有一下标相同的同是内公切线，其余都是外公切线；(3) 其中一项的两条同是外公切线,其他两项的四条都是内公切线. 若 c_i 与 $\tilde{c}_j$ 无公切线,可用下述两式代替: $t_{ij}=\sqrt{d_{ij}^2-(r_i-r_j)^2}$, $t_{ij}=\sqrt{d_{ij}^2-(r_i+r_j)^2}$, 前者表示外公切线,后者表示内公切线, r_i、r_j 是两圆半径, d_{ij} 是圆心距.

14. 利用开世定理计算.

15. 利用开世定理计算.

16. 以 P 为反演中心进行反演,任意正数为反演半径,设法证明 A,B,C,D 的反演像是一个矩形的顶点.

17. 以 C 为反演中心, $\triangle ABC$ 的半周长 p 为反演半径进行反演,利用反演的保角性.

习题 8

1. (1) 考虑四点共圆(三角形两顶点和对应高的垂足),进行角度换算.

(2) 作内切圆求出中点离内心距离的表达式(用三边和高长表示).

2. 这一问题的解法见同一系列的《组合几何》第 86~88 页,之所以要在此处提,是因为那本书上的方法基本正确,但有一小疏忽(遗漏一句话),沿用那里的图和字母, $\triangle AGH$ 有可能与 $\triangle BEG$ 全等,如果发生这样的事情,就将 GH 适当向下平移,使得小三角形增加到 8 个,这个时候就不会有全等三角形出现了.

3. 利用过 B,G,C 的圆证明最小值为 $\frac{1}{3}(a^2+b^2+c^2)$,仅当 P 与 G 重合时达到.

4. 考虑反问题,寻找最大的外接三角形.

5. 利用三角形面积与内切圆半径的关系,可直接求出三边长.

6. 先证明结论对圆外切四边形成立,再做一般四边形情形(注意此时要作一个周长与之相等且对应边平行的圆外切四边形).

7. 设 O 为 $\triangle ABC$ 的外心,先证明它到三边距离之和等于 $R+r$,再利用切比雪夫不等式.

8. 利用三角函数和复数(三次单位根)进行计算可得.

9. 利用复数不等式取等号条件证明一系列四点共圆.

10. 作 $\angle KDC$ 的平分线,交 AB 直线于点 B',先证明 C, K, B, B' 共圆.

11. 先证明 $CS = \dfrac{AC+BC}{4\cos\dfrac{C}{2}}$.

12. 先证明 $\triangle APB$, $\triangle BQC$, $\triangle CRA$ 内心均在 $\triangle ABC$ 的外接圆上. $\triangle PQR$ 的最大面积是 4.

13. 先证明 $(AP+BP+CP) \cdot AQ = bc$, $(AP+BP+CP) \cdot BQ = ca$, $(AP+BP+CP) \cdot CQ = ab$.

14. $\angle BAD = 54°$. 先作 $\angle ABE = 6°$, $\angle ADE = 60°$, 且 E 与 D 在 AB 两侧, E 与 B 在 AD 同侧, 证明 B, C, D, E 共圆.

15. 作 $\triangle ABD$ 外接圆(易知此圆半径为1),由此得出所求五边形面积并运用基本不等式.

16. $0 < \alpha \leqslant \arccos\dfrac{2\sqrt{6}-1}{4}$.

17. 设 BC 上中线延长后交外接圆的弧 $\overparen{BC}$ 于点 A_1,利用 $AA_1 = m_a + \dfrac{a^2}{4m_a} \leqslant d$ 等和中线长公式.

18. 考虑以 $a+b$, $b+c$, $c+a$ 为边构作 $\triangle ABC$,以 A, B, C 为圆心,分别以 a, b, c 为半径作圆,设 $\odot O$ 与上述三圆均外切,则 $\odot O$ 半径即为原方程的正根,可以得出最终答案为
$$\dfrac{abc}{ab+bc+ca+2\sqrt{abc(a+b+c)}}.$$

19. 先证明 $\triangle ABC$ 是钝角三角形,通过位置讨论得另外两个角为 $30°$, $120°$.

20. 最小值是 4 160,最大值是 7 772.

21. 周长为 $\dfrac{38}{7}$.

22. 设 $\triangle ABC$ 三对应边长分别为 a, b, c,又令 $d = \dfrac{s-c}{2}$, $e =$

$\frac{s-b}{2}, f = \frac{s-a}{2}, g = t - \frac{s}{2},$

证明 $g = \dfrac{def}{de+ef+fd+2\sqrt{def(d+e+f)}}$. 参见本节习题第 18 题.

23. 以线段 AC 的端点为基点作一个阿波罗尼斯圆 Γ_1, 满足圆上任一点 X, 有 $\dfrac{AX}{XC} = \dfrac{a}{b}$; 再以线段 BD 的端点为基点作一个阿波罗尼斯圆 Γ_2, 满足圆上任一点 Y, 有 $\dfrac{BY}{YD} = \dfrac{b}{c}$. 证明 P 就是 Γ_1, Γ_2 的一个交点, 再证明 P 存在的充要条件就是 Γ_1, Γ_2 有交点, 而这个条件就是 $(a+b)(b+c) < 4ac$.